21世纪全国高职高专电子信息系列实用规划教材

EDA技术与VHDL

主　编　宋振辉　杜　德
副主编　吴守霞　张小义
参　编　李　纯　王　帆

北京大学出版社
PEKING UNIVERSITY PRESS

内容简介

本书主要内容有 Altera 公司可编程器件及器件的选用、Quartus Ⅱ开发工具的使用；VHDL 硬件描述语言及丰富的数字电路和电子数字系统 EDA 设计实例。

本书在取材和编排上，循序渐进，并注重理论联系实际。全书共分为 9 章：前 3 章阐述了 Altera 公司可编程器件 CPLD 和 FPGA 芯片的结构及特点，以及 EDA 技术设计与开发过程；第 4、5 章详尽介绍了 VHDL 的基本语言和实用技术，以及 Quartus Ⅱ开发工具的使用；第 6、7 章列举大量设计实例来介绍典型数字系统的设计方法，帮助读者很好地掌握 EDA 的开发设计方法；第 8 章通过介绍 GW48 - PK2/CK 实验与开发系统的使用方法，使读者了解 VHDL 逻辑设计所必需的硬件仿真和实验验证的方法与过程；第 9 章列出的实验程序均在 Quartus Ⅱ开发环境下通过了仿真，并在 GW48 - PK2/CK 实验与开发系统上通过了硬件测试，所选实例对大部分实验现象和结果进行了详细分析。

本书实用性、应用性强，适合作为高职高专类院校的专业教材，也可供有关专业人员参考。

图书在版编目(CIP)数据

EDA 技术与 VHDL/宋振辉，杜德主编. —北京：北京大学出版社，2009.3
(21 世纪全国高职高专电子信息系列实用规划教材)
ISBN 978 - 7 - 301 - 14453 - 4

Ⅰ. E… Ⅱ. ①宋… ②杜… Ⅲ. ①电子电路-电路设计：计算机辅助设计-高等学校：技术学校-教材 ②硬件描述语言，VHDL-程序设计-高等学校：技术学校-教材 Ⅳ. TN 702 TP 312

中国版本图书馆 CIP 数据核字(2009)第 005927 号

书　　名：EDA 技术与 VHDL
著作责任者：宋振辉　杜　德　主编
策 划 编 辑：王显超　赖　青
责 任 编 辑：王显超
标 准 书 号：ISBN 978 - 7 - 301 - 14453 - 4/TP · 0975
出　版　者：北京大学出版社
地　　址：北京市海淀区成府路 205 号　100871
网　　址：http://www.pup.cn　http://www.pup6.com
电　　话：邮购部 62752015　发行部 62750672　编辑部 62750667　出版部 62754962
电 子 邮 箱：pup_6@163.com
印　刷　者：涿州市星河印刷有限公司
发　行　者：北京大学出版社
经　销　者：新华书店
787mm×1092mm　16 开本　17.25 印张　398 千字
2009 年 3 月第 1 版　2009 年 3 月第 1 次印刷
定　　价：28.00 元

前　言

EDA 技术是 20 世纪 90 年代初以来迅速发展起来的现代电子工程领域的一门新技术。它是以可编程逻辑器件 CPLD/FPGA 为载体，计算机为工作平台，EDA 工具软件为开发环境，硬件描述语言 HDL 作为电子系统功能描述方式，电子系统设计为应用方向的电子产品自动化设计过程。

为适应 EDA 技术的发展和 EDA 技术教学实验的要求，突出实验中 EDA 技术的实用性，以及面向工程实际的特点和电子设计的自主创新性，本书在实验类型和内容上都力求接近工程实际，注重学生设计能力和自主创新能力的培养，注重与工程实际相结合的动手能力的培养。另一方面，在 CPLD/FPGA 器件的理论知识方面尽量遵循能够理解即可的原则，主要掌握选择器件和使用器件的方法。

本书在内容的安排上，既考虑 EDA 技术本身的系统性和完整性，又考虑了 EDA 技术的实用性和实践性，做到理论与实践的有机结合。无论是器件和硬件描述语言的讲解，还是 EDA 工具软件、EDA 应用系统的介绍，都以当前被广泛应用的主流内容为主，力求做到内容新颖、重点突出、讲解精炼、强化实践。EDA 是一门实践性很强的技术，本书特别注重对读者应用能力的培养。通过对第 6 章、第 7 章及第 9 章大量的设计实例的学习，读者可以较好地掌握用 VHDL 进行电子系统设计的方法。第 9 章有多个实验，读者完全可以通过这些实际操作，很好地掌握 EDA 的开发设计方法。

本书是作者在多年开发和教授 EDA 技术经验的基础上编写而成的。书中所有设计程序均在 Quartus Ⅱ开发环境下通过了仿真，并在杭州康芯公司生产的 GW48 - PK2/CK 实验与开发系统上通过了硬件测试，实例对大部分实验现象和结果进行了详细分析。

本书按照 CPLD/FPGA 器件介绍、VHDL 介绍、Quartus Ⅱ开发工具介绍、基本电路和应用电路设计、实验操作的顺序编写。第 1 章重点介绍 EDA 技术和 ASIC 的基本概念、EDA 技术实现目标及应用。第 2 章以 Altera 公司 Cyclone 系列产品为例介绍了目前广泛使用的大规模可编程逻辑器件的特点、性能及开发应用选择。第 3 章介绍了开发大规模可编程逻辑器件的 EDA 设计流程、方法及开发环境和硬件语言的选择。第 4 章重点介绍 VHDL 程序基本结构、语言要素、常用的并行、顺序语句。第 5 章介绍 Quartus Ⅱ开发工具使用方法及设计流程，EDA 的核心是利用计算机实现电路设计的全程自动化，掌握 EDA 工具软件的使用方法，是 EDA 技术学习的第一步。第 6 章 VHDL 应用实例中，分别介绍了组合逻辑电路、时序逻辑电路和综合数字电子系统的设计方法，通过这些设计，读者可以进一步掌握数字系统的 EDA 设计方法，为复杂系统的设计打下坚实的基础。第 7 章重点介绍用 VHDL 设计不同类型有限状态机的方法，有限状态机及其设计技术是实用数字系统设计中的重要组成部分，也是实现高效率高可靠逻辑控制的重要途径。第 8 章 EDA 实验开发系统，介绍杭州康芯电子有限公司研制的系统性能相对较好的 GW48 - PK2/CK 实验与开发系统的使用方法，以便读者了解 VHDL 逻辑设计所必需的硬件仿真和实验验证的方法与过程。第 9 章 EDA 技术实验，通过本章提供的 10 个实验操作，使读者很好地掌握 EDA 的开发设计方法和 Quartus Ⅱ等工具软件的使用技能，提高 EDA 技术的应用和实践能力。

本书可作为高等职业技术院校电子类、电气类、通信类、自动化类和计算机类专业的教材，电子产品制作、科技创新实践、课程设计和毕业设计等实践活动的指导书，也可作为职业技术培训及从事电子产品设计与开发的工程技术人员的参考书。

本书第1章、8章、9章由宋振辉编写；第2章、3章由杜德编写；第4章由吴守霞编写；第5章由张小义编写；第6章由李纯编写；第7章由王帆编写。全书由宋振辉统稿。

由于编者水平有限，书中疏漏与不足之处在所难免，恳请读者批评指正。

编　者

2008年12月

目　录

第 1 章 EDA 技术概述

【学习目标】

了解 EDA 技术的发展情况，了解主要 EDA 厂商，了解 EDA 技术的发展趋势；掌握 EDA 技术的涵义、基本特征，掌握半定制或全定制 ASIC 技术，掌握 EDA 技术的应用形式及应用场合。

【学习要求】

能力目标	知识要点	相关知识	权重	自测分数
掌握 EDA 技术的 3 个发展阶段	EDA 的 3 个发展阶段	EDA 的发展过程	10	
掌握 EDA 技术的涵义及基本特征	EDA 的技术涵义及基本特征	大规模集成电路制造技术	40	
掌握半定制或全定制 ASIC 技术	半定制或全定制 ASIC 技术	ASIC 设计技术	20	
掌握 EDA 技术应用形式及应用场合	EDA 技术应用形式及应用场合	FPGA/CPLD 系统设计	10	

1.1 EDA 技术及其发展

1.1.1 EDA 技术的发展

现代电子设备如工作生活中所使用的微型计算机、手机、VCD，工业上使用的智能仪器仪表，网络设备中使用的交换机、路由器，通信设备中雷达、微波设备等现代电子装置，其核心构成都是数字电子系统。随着微电子技术和计算机技术的发展，集成电路不断更新换代，出现了现场可编程逻辑器件，数字电子系统的设计方法和设计手段也发生了很大的变化。进入 20 世纪末，EDA(电子设计自动化)技术的发展和普及给电子系统的设计带来了革命性的变化，并已渗透到电子系统设计的各个领域。由于 EDA 技术丰富的内容以及与电子技术各学科领域的相关性，其发展的历程同大规模集成电路设计技术、计算机辅助工程、可编程逻辑器件以及电子设计技术和工艺的发展是同步的。就过去近 30 年电子技术的发展历程来看，大致可以将 EDA 技术的发展分为 3 个阶段。

20 世纪 70 年代，在集成电路制作方面，MOS 工艺已得到广泛的应用。可编程逻辑技术及其器件已经问世，计算机作为一种运算工具已在科研领域得到广泛应用；而在后期，

CAD 的概念已见雏形。这一阶段人们开始利用计算机取代手工劳动，辅助进行集成电路版图编辑、PCB 布局布线等工作。

20 世纪 80 年代，集成电路设计进入了 CMOS(互补场效应管)时代。复杂可编程逻辑器件已进入商业应用，相应的辅助设计软件也已投入使用。在 20 世纪 80 年代末，出现了 FPGA，CAE 和 CAD 技术的应用更为广泛，它们在 PCB 设计方面的原理图输入、自动布局布线、PCB 分析，以及逻辑设计、逻辑仿真、布尔方程综合和化简等方面担任了重要角色，特别是各种硬件描述语言的出现及其在应用和标准化方面的重大进步，为电子设计自动化必须解决的电路建模、标准文档及仿真测试奠定了基础。

进入 20 世纪 90 年代，随着硬件描述语言的标准化得到进一步的确立，计算机辅助工程、辅助分析和辅助设计在电子技术领域获得更加广泛的应用，与此同时，电子技术在通信、计算机及家电产品生产中的市场需求和技术需求，极大地推动了全新的电子设计自动化技术的应用和发展。特别是集成电路设计工艺步入了超深亚微米阶段，近千万门以上的大规模可编程逻辑器件的陆续面世，以及基于计算机技术的面向用户的低成本大规模 ASIC 设计技术的应用，促进了 EDA 技术的形成。更为重要的是，各 EDA 公司致力于推出兼容各种硬件实现方案和支持标准硬件描述语言的 EDA 工具软件的研究，都有效地将 EDA 技术推向成熟。

EDA 技术在进入 21 世纪后，得到了更大的发展，突出表现在以下几个方面。

(1) 使电子设计成果以自主知识产权的方式得以明确表达和确认成为可能。

(2) 在仿真和设计两方面支持标准硬件描述语言的功能强大的 EDA 软件不断推出。

(3) 电子技术全方位进入 EDA 领域，除了日益成熟的数字技术外，传统的电路系统设计建模理念发生了重大的变化：软件无线电技术的崛起，模拟电路系统硬件描述语言的表达和设计的标准化，系统可编程模拟器件的出现，数字信号处理和图像处理的全硬件实现方案的普遍接受，软/硬件技术的进一步融合等。

(4) EDA 使得电子技术领域各学科的界限更加模糊，更加互相包容，如模拟与数字、软件与硬件、系统与器件、ASIC 与 FPGA、行为与结构等。

(5) 更大规模的 FPGA 和 CPLD 器件不断推出。

(6) 基于 EDA 工具、用于 ASIC 设计的标准单元已涵盖大规模电子系统及复杂 IP 核模块(IP 即 Intellectual Property，即知识产权的简称，往往指一个公司出售给另一个公司的硬件设计包)。

(7) 软/硬件 IP 核在电子行业的产业领域、技术领域和设计应用领域得以进一步确认和广泛应用。

(8) SOC(System On Chip)高效低成本设计技术的成熟。

(9) 系统级、行为验证级硬件描述语言(如 System C)的出现，使复杂电子系统的设计和验证趋于简单。

1.1.2 EDA 技术的涵义

EDA(Electronic Design Automation)技术作为现代电子设计技术的核心，它依赖功能强大的计算机，在 EDA 工具软件平台上，对以硬件描述语言 HDL(Hardware Description Language)为系统逻辑描述手段完成的设计文件，自动地完成逻辑编译、逻辑化简、逻辑分割、逻辑综合、结构综合(布局布线)，以及逻辑优化和仿真测试，直至实现既定的电子线路系统功能。EDA 技术使得设计者的工作仅限于利用软件的方式，即利用硬件描述语言和

EDA 软件来完成对系统硬件功能的实现。

在现代高新电子产品的设计和生产中，微电子技术和现代电子设计技术是相互促进、相互推动又相互制约的两个技术环节。前者代表了物理层在广度和深度上硬件电路实现的发展，后者则反映了现代先进的电子理论、电子技术、仿真技术、设计工艺和设计技术与最新的计算机软件技术有机地融合和升华。因此，严格地说，EDA 技术应该是这两者的结合，是这两个技术领域共同孕育的奇葩。

EDA 技术在硬件实现方面融合了大规模集成电路制造技术、IC 版图设计技术、ASIC 测试和封装技术、FPGA(Field Programmable Gate Array)/CPLD(Complex Programmable Logic Device)编程下载技术、自动测试技术等；在计算机辅助工程方面融合了计算机辅助设计(CAD)、计算机辅助制造(CAM)、计算机辅助测试(CAT)、计算机辅助工程(CAE)技术以及多种计算机语言的设计概念；而在现代电子学方面则容纳了更多的内容，如电子线路设计理论、数字信号处理技术、数字系统建模和优化技术及基于微波技术的长线技术理论等。因此，EDA 技术为现代电子理论和设计的表达与实现提供了可能性。在现代技术的所有领域中，许多得以飞速发展的科学技术多为计算机辅助设计，而非自动化设计。显然，最早进入设计自动化的技术领域是电子技术，这就是为什么电子技术始终处于所有科学技术发展最前列的原因之一。

不难理解，EDA 技术已不是某一学科的分支，或某种新的技能技术，它应该是一门综合性学科。它融合多学科于一体，又渗透于各学科之中。它打破了软件和硬件间的壁垒，使计算机的软件技术与硬件实现、设计效率和产品性能合二为一，它代表了电子设计技术和应用技术的发展方向。

1.1.3　EDA 技术的基本特征

现代 EDA 技术的基本特征是采用高级语言描述，具有系统级仿真和综合能力。下面介绍与这些基本特征有关的几个新概念。

1.“自顶向下”设计方法

“自顶向下”的设计方法首先从系统级设计入手，在顶层进行功能方框图的划分和结构设计；在方框图级进行仿真、纠错，并用硬件描述语言对高层次的系统行为进行描述；在功能级进行验证，然后用逻辑综合优化工具生成具体的门级逻辑电路的网表，其对应的物理实现级可以是印制电路板或专用集成电路。“Top - Down”设计方法有利于在早期发现结构设计中的错误，提高设计的一次成功率，因而在现代 EDA 系统中被广泛采用。

2. 硬件描述语言(HDL)

用硬件描述语言进行电路与系统的设计是当前 EDA 技术的一个重要特征。与传统的原理图输入设计方法相比较，硬件描述语言更适合于规模日益增大的电子系统，它还是进行逻辑综合优化的重要工具。硬件描述语言使得设计者在比较抽象的层次上描述设计的结构和内部特征。它的突出优点是：语言的公开可利用性，设计与工艺的无关性，宽范围的描述能力，便于组织大规模系统的设计，便于设计的复用和继承等。目前最常用的硬件描述语言有 VHDL 和 Verilog - HDL，它们都已经成为 IEEE 标准。

3. 逻辑综合优化

逻辑综合功能将高层次的系统行为设计自动翻译成门级逻辑的电路描述，做到了设计与工艺的独立。优化则是对于上述综合生成的电路网表，根据布尔方程功能等效的原则，用更小更快的综合结果替代一些复杂的逻辑电路单元，根据指定的目标库映射成新的网表。

4. 开放性和标准化

框架是一种软件平台结构，它为 EDA 工具提供了操作环境。框架的关键在于提供与硬件平台无关的图形用户界面以及工具之间的通信、设计数据和设计流程的管理等，此外还应包括各种与数据库相关的服务项目。任何一个 EDA 系统只要建立了一个符合标准的开放式框架结构，就可以接纳其他厂商的 EDA 工具一起进行设计工作。这样，框架作为一套使用和配置 EDA 软件包的规范，就可以实现各种 EDA 工具间的优化组合，并集成在一个易于管理的统一的环境之下，实现资源共享。

近年来，随着硬件描述语言等设计数据格式的逐步标准化，不同设计风格和应用的要求导致各具特色的 EDA 工具被集成在同一个工作站上，从而使 EDA 框架标准化。新的 EDA 系统不仅能够实现高层次的自动逻辑综合、版图综合和测试码生成，而且可以使各个仿真器对同一个设计进行协同仿真，进一步提高了 EDA 系统的工作效率和设计的正确性。

5. 库(Library)的引入

EDA 工具之所以能够完成各种自动设计过程，关键是有各类库的支持，如逻辑模拟时的模拟库、逻辑综合时的综合库、版图综合时的版图库、测试综合时的测试库等。这些库都是 EDA 设计公司与半导体生产厂商紧密合作、共同开发的。

集成电路技术的发展不断对 EDA 技术提出新的要求，促进了 EDA 技术的发展。EDA 工具的发展经历了两个大的阶段，即物理工具阶段和逻辑工具阶段。

物理工具用来完成设计中的实际物理问题，如芯片布局、印制电路板布线等。另外它还能提供一些设计的电气性能分析，如设计规则检查。这些工作现在主要由集成电路厂家来完成。

逻辑工具是基于网表、布尔逻辑、传输时序等概念的。首先由原理图编辑器或硬件描述语言进行设计输入，然后利用 EDA 系统完成逻辑综合、仿真、优化等过程，最后生成物理工具可以接受的网表或 VHDL、Verilog - HDL 的结构化描述。

1.2 EDA技术的主要内容及主要的EDA厂商

1.2.1 EDA技术的主要内容

EDA 技术涉及面广，内容丰富，从教学和实用的角度看，主要应掌握如下 4 个方面的内容。

(1) 大规模可编程逻辑器件。

(2) 硬件描述语言。

(3) 软件开发工具。

(4) 实验开发系统。

其中，大规模可编程逻辑器件是利用 EDA 技术进行电子系统设计的载体，硬件描述语言是利用 EDA 技术进行电子系统设计的主要表达手段，软件开发工具是利用 EDA 技术进行电子系统设计的智能化设计工具，实验开发系统则是利用 EDA 技术进行电子系统设计的下载工具及硬件验证工具。

下面对EDA技术的主要内容进行概要的介绍。

1. 大规模可编程逻辑器件

可编程逻辑器件(PLD)是一种由用户编程来实现某种逻辑功能的新型逻辑器件，主要包括现场可编程门阵列(FPGA)和复杂可编程逻辑器件(CPLD)两大类。国际上生产FPGA/CPLD的主流公司并且在国内占据市场份额较大的主要是Xilinx、Altera和Lattice 3家公司。

FPGA在结构上主要分为3个部分：可编程逻辑单元、可编程输入/输出单元和可编程连线。CPLD在结构上主要包括3个部分：可编程逻辑宏单元、可编程输入/输出单元和可编程内部连线。

FPGA/CPLD最明显的特点是高集成度、高速度和高可靠性，时钟延时可小至纳秒级，结合其并行工作方式，在超高速应用领域和实时测控方面有着非常广阔的应用前景。在高可靠应用领域，如果设计得当，将不会存在类似于MCU的复位不可靠和PC的跑飞等问题。FPGA/CPLD的高可靠性还表现在几乎可将整个系统下载于同一芯片中，实现所谓片上系统，从而大大缩小了体积，易于管理和屏蔽。

与ASIC设计相比，FPGA/CPLD显著的优势是开发周期短、投资风险小、产品上市速度快、市场适应能力强和硬件升级回旋余地大，而且当产品定型和产量扩大后，可将在生产中达到充分检验的VHDL设计迅速实现ASIC投产。

对于一个开发项目，究竟是选择FPGA还是选择CPLD，主要看开发项目本身的需要。对于普通规模，且产量不十分大的产品项目，通常使用CPLD比较好。对于大规模的ASIC设计或单片系统设计，则多采用FPGA。另外，FPGA掉电后将丢失原有的逻辑信息，所以在使用中需要为FPGA芯片配置一个专用的ROM。

2. 软件开发工具

目前比较流行的EDA软件工具有Altera公司的MAX+plusⅡ和Quartus Ⅱ，Lattice公司的ispEXPERT，Xilinx公司的Foundation Series等。

MAX+plusⅡ是Altera公司推出的一个使用广泛的EDA软件工具，它支持原理图、VHDL和Verilog语言的文本文件，以及波形图与EDIF等格式的文件作为设计输入，并支持这些文件的任意混合设计。它具有门级仿真器，可以进行功能仿真和时序仿真，能够产生精确的仿真结果。在适配之后，MAX+plusⅡ生成供时序仿真用的EDIF、VHDL和Verilog共3种不同格式的网表文件。MAX+plusⅡ界面友好，使用便捷，被誉为业界最易学易用的EDA软件，并支持主流的第三方EDA工具，支持除APEX20K系列之外的所有Altera公司的FPGA/CPLD大规模逻辑器件。

Quartus Ⅱ是Altera公司新近推出的EDA软件工具，其设计工具完全支持VHDL和Verilog的设计流程，其内部嵌有VHDL、Verilog逻辑综合器。与第三方的综合工具，如Leonardo Spectrum、Synplify Pro和FPGA Compiler Ⅱ有着更好的综合效果，Quartus Ⅱ可以直接调用这些第三方工具，因此，通常建议使用这些工具来完成VHDL或Verilog源程序的综合。同样，Quartus Ⅱ具备仿真功能，也支持第三方的仿真工具，如Modelsim。此外，Quartus Ⅱ为Altera DSP开发包进行系统模型设计提供了集成综合环境，它与MATLAB和DSP Builder综合可以进行基于FPGA的DSP系统开发，是DSP硬件系统实现的关键EDA工具。Quartus Ⅱ还可与SOPC Builder结合，实现SOPC系统开发。

ispEXPERT是Lattice公司的主要集成环境。通过它可以进行VHDL、Verilog及ABEL语言的设计输入、综合、适配、仿真和系统下载。ispEXPERT是目前流行的EDA软件中最容易掌握的设计工具之一，它界面友好、操作方便、功能强大，并与第三方EDA工具兼容良好。

Foundation Series是Xilinx公司较成熟的EDA集成开发工具。它采用自动化的、完整的集成设计环境。Foundation项目管理器集成了Xilinx实现工具，并包含了强大的Synopsys FPGA Express综合系统，是业界最强大的EDA设计工具之一。

3. 输入方式

EDA设计通常采用硬件描述语言文本输入方式，另外还有简单易学的原理图和波形图输入方式。

常用的硬件描述语言有VHDL、Verilog语言和ABEL语言。VHDL作为IEEE的工业标准硬件描述语言，在电子工程领域已成为事实上的通用硬件描述语言。Verilog语言支持的EDA工具较多，适用于RTL级和门电路级的描述，其综合过程较VHDL稍简单，但在高级描述方面不如VHDL。ABEL语言是一种支持各种不同输入方式的HDL，被广泛用于各种可编程器件的逻辑功能设计。由于其语言描述的独立性，因而适用于各种不同规模的可编程器件的设计。有专家认为，在新世纪中，VHDL与Verilog语言将承担几乎全部的数字系统设计任务。

4. 实验开发系统

提供芯片下载电路及EDA实验、开发的外围资源(类似于用单片机开发的仿真器)，供硬件验证用。一般包括：

(1) 实验或开发所需的各类基本信号发生模块，包括时钟、脉冲、高低电平等。

(2) FPGA/CPLD输出信息显示模块，包括数码显示、发光管显示、声响指示等。

(3) 监控程序模块，提供“电路重构软配置”。

(4) 目标芯片适配座以及上面FPGA/CPLD目标芯片和编程下载电路。

1.2.2 主要EDA厂商概述

作为一名优秀的电子器件设计工程师，为使设计得心应手，对相关厂商应有一定的了解。下面对主要EDA厂商进行介绍。

(1) Altera：Altera公司在20世纪90年代以后发展很快，是最大的可编程逻辑器件供应商之一。其主要产品有MAX3000/7000、FLEX6000、FLEX8000、FLEX10K、APEX20K、Stratix和Cyclone等，提供门数为5000～250000，开发软件为MAX＋plus Ⅱ和Quartus Ⅱ。

(2) Xilinx：FPGA的发明者，老牌PLD公司，是最大的可编程器件供应商之一。其产品种类较全，主要有XC2000、XC3000、XC4000、XC4000E、XC4000XLA、XC52000、Coolrunner(XPLA3)、Spartan和Virtex Xk系列等，可用门数为1200～18000，开发软件为Foundation、Alliance和ISE。

(3) Lattice：Lattice是ISP技术的发明者。ISP技术极大地促进了PLD产品的发展。与Altera公司和Xilinx公司相比，Lattice的开发工具略逊一筹，大规模PLD、FPGA的竞争力还不够强，但其中小规模 PLD 比较有特色。Lattice 公司于 1999 年推出可编程模拟器件，同时收购 Vantis 公司，又于 2001 年 12 月收购 Agere 公司的 FPGA 部门，成为全球第三大可编程逻辑器件供应商。其主要产品有 ispLSI2000/5000/8000、MACH4/5 和 ispMACH 4000 等，集程度可多达 25000 个 PLD 等效门。

(4) Actel：反熔丝(一次性烧写)PLD 的领导者。由于反熔丝 PLD 抗辐射、耐高低温、功耗低、速度快，因此，在军品和宇航级上有较大优势。Altera 和 Xilinx 则一般不涉足军品和宇航级市场。

(5) Quicklogic：专业 PLD/FPGA 公司，以一次性反熔丝工艺为主，有一些集成硬核的 FPGA 比较有特色，但总体上在中国地区销售量不大。

(6) Atmel：FPGA/CPLD 不是 Atmel 的主要业务，但其中小规模 PLD 做得不错。Atmel 也做了一些与 Altera 和 Xinlinx 兼容的芯片，但在品质上和原厂产品还有一些差距，在高可靠性产品中使用极少，多用在低端产品上。

表 1-1 列出了主要厂商开发的 EDA 软件特性。

表 1-1 可编程逻辑器件 EDA 开发软件的特性

厂商	EDA 软件名称	适用器件系列	输入方式
Lattice	Synario	MACH、GAL、ispLSI、pLSI 等	原理图、ABEL、VHDL 文本等
Lattice	Expert、LEVER	ispLSI、pLSI、MACH 等	原理图、VHDL 文本等
Altera	MAX+plus Ⅱ	MAX、FLEX 等	原理图、波形图、VHDL、AHDL 文本等
Altera	Quartus Ⅱ	MAX、FLEX、APEX 等	原理图、波形图、VHDL、Verilog 文本
Xilinx	Alliance	Xilinx 各种系列	原理图、VHDL 文本等
Xilinx	Foundation	XC 系列	原理图、VHDL 文本等
Actel	Actel designer	SX 系列、MX 系列	原理图、VHDL 文本等

1.3 EDA 技术实现目标

一般地，利用 EDA 技术进行电子系统设计的最终目标，是完成专用集成电路 ASIC (Application Specific Integrated Circuit)的设计和实现，ASIC 作为最终的物理平台，集中容纳了用户通过 EDA 技术将电子应用系统的既定功能和技术指标具体实现的硬件实体。一般而言，专用集成电路就是具有专门用途和特定功能的独立集成电路器件，根据这个定义，作为 EDA 技术最终实现目标的 ASIC，可以通过 3 种途径来完成。

1.3.1 超大规模可编程逻辑器件

FPGA 和 CPLD 是实现这一途径的主流器件，它们的特点是直接面向用户，具有极强的灵活性和通用性，使用方便，硬件测试和实现快捷，开发效率高，成本低，上市时间短，技术维护简单，工作可靠性好等。FPGA 和 CPLD 的应用是 EDA 技术有机融合软/硬件电子设计技术、SOC和ASIC设计，以及对自动设计与自动实现最典型的诠释。由于FPGA和CPLD的开发工具、开发流程和使用方法与ASIC有类似之处，因此这类器件通常也被称为可编程专用IC，或可编程ASIC。

1.3.2 半定制或全定制ASIC

基于EDA设计技术的半定制或全定制ASIC，根据它们的实现工艺，可统称为掩模(Mask)ASIC，或直接称为ASIC。可编程ASIC与掩模ASIC相比，不同之处在于前者具有面向用户的灵活多样的可编程性。

掩模ASIC大致可分为门阵列ASIC、标准单元ASIC和全定制ASIC。

(1) 门阵列ASIC。门阵列芯片包括预定制相连的PMOS和NMOS晶体管行。设计中，用户可以借助EDA工具将原理图或硬件描述语言模型映射为相应门阵列晶体管配置，创建一个指定金属互连路径文件，从而完成门阵列ASIC开发。由于有掩模的创建过程，门阵列有时也称掩模可编程门阵列(MPGA)。但是MPGA与FPGA完全不同，它不是用户可编程的，也不属于可编程逻辑范畴，而是实际的ASIC。MPGA出现在FPGA之前，FPGA技术源自MPGA。

(2) 标准单元ASIC。目前大部分ASIC是使用库(Library)中的不同大小的标准单元设计的，这类芯片一般称作基于单元的集成电路(Cell-Based Integrated Circuits，CBIC)。在设计者一级，库包括不同复杂性的逻辑元件：SSI逻辑块、MSI逻辑块、数据通道模块、存储器、IP乃至系统级模块。库包含每个逻辑单元在硅片级的完整布局，使用者只需利用EDA软件工具与逻辑块描述打交道即可，完全不必关心电路布局的细节。标准单元布局中，所有扩散、接触点、过孔、多晶通道及金属通道都已完全确定。当该单元用于设计时，通过EDA软件产生的网表文件将单元布局块“粘贴”到芯片布局之上的单元行上。标准单元ASIC设计与FPGA设计的开发流程相似。

(3) 全定制芯片。全定制芯片中，在针对特定工艺建立的设计规则下，设计者对于电路的设计有完全的控制权，如线的间隔和晶体管大小的确定。该领域的一个例外是混合信号设计，使用通信电路的ASIC可以定制设计其模拟部分。

1.3.3 混合ASIC

混合ASIC(不是指数模混合的ASIC)主要指既具有面向用户的FPGA可编程功能和逻辑资源，同时也含有可方便调用和配置的硬件标准单元模块，如CPU、RAM、ROM、硬件加法器、乘法器、锁相环等。Xilinx、Atmel和Altera公司已经推出了这方面的器件，如Virtex-4系列和Straix Ⅱ系列等。混合ASIC成为SOC和SOPC(System on a Programmable Chip)设计实现的便捷途径。

至此，EDA已被理解为一个整体的概念，即电子系统设计自动化。

1.4 EDA技术应用

1.4.1 EDA技术应用形式

随着EDA技术的深入发展和EDA技术软/硬件性价比的不断提高，EDA技术的应用将向广度和深度两个方面发展。根据利用 EDA 技术所开发产品的最终主要硬件构成来分，EDA 技术的应用发展将表现为如下几种形式。

(1) CPLD/FPGA 系统：使用 EDA 技术开发 CPLD/FPGA，作为电子系统、控制系统和信息处理系统的主体。

(2) CPLD/FPGA＋MCU 系统：使用 EDA 技术与单片机相结合，使自行开发的 CPLD/FPGA＋MCU 作为电子系统、控制系统、信息处理系统的主体。

(3) CPLD/FPGA＋专用 DSP 处理器系统：将 EDA 技术与 DSP 专用处理器配合使用，构成一个数字信号处理系统的整体。

(4) 基于 FPGA 实现的现代 DSP 系统：基于 SOPC(System on a Programmable Chip)技术、EDA 技术与 FPGA 技术实现方式的现代 DSP 系统。

(5) 基于 FPGA 实现的 SOC 片上系统：使用超大规模的 FPGA 实现的，内含一个或数个嵌入式 CPU 或 DSP，能够实现复杂系统功能的单一芯片系统。

(6) 基于 FPGA 实现的嵌入式系统：使用 CPLD/FPGA 实现的，内含嵌入式处理器，能满足对象系统要求实现特定功能，能够嵌入到宿主系统的专用计算机应用系统。

1.4.2 EDA 技术应用场合

1. EDA 技术将广泛应用于高校电类专业的实践教学中

各种数字集成电路芯片，用 VHDL 可以进行方便的描述，经过生成元件后可以作为一个标准元件进行调用。同时，借助于 VHDL 开发设计平台，可以进行系统的功能仿真和时序仿真，借助于实验开发系统可以进行硬件功能验证等，因而可以大大地简化数字电子技术的实验，并可以根据学生的设计不受限制地开展各种实验。

对于电子技术课程设计，特别是数字系统性的课题，在 EDA 实验室不需添加任何新的东西，即可设计出各种比较复杂的数字系统，并且借助于实验开发系统可以方便地进行硬件验证，如设计频率计、交通控制灯、秒表等。

自 1997 年全国第三届电子技术设计竞赛采用 FPGA/CPLD 器件以来，FPGA/CPLD 已被越来越多的选手所利用，并且给定的课题如果不借助于 FPGA/CPLD 器件可能根本无法实现。因此，EDA 技术将成为各种电子技术设计竞赛选手必须掌握的基本技能与制胜的法宝。

现代电子产品的设计离不开 EDA 技术，作为电类专业的毕业生，借助于 EDA 技术在毕业设计中可以快速、经济地设计各种高性能的电子系统，并且很容易实现、修改及完善，同时还可以大大地提高学生的实践动手能力、创新能力和计算机应用能力。

2. EDA 技术将广泛应用于科研和新产品的开发中

由于可编程逻辑器件性价比的不断提高，开发软件功能的不断完善，使 EDA 技术设计电子系统具有以下特点：用软件的方式设计硬件；设计过程中可用有关软件进行各种仿真；系统可现场编程，在线升级；整个系统可集成在一个芯片上。这些特点使 EDA 技术将广泛应用于科研和新产品的开发工作中。

3. EDA 技术将广泛应用于专用集成电路的开发

可编程器件制造厂家可以按照一定的规格以通用器件大量生产，用户可按通用器件从市场上选购，然后按自己的要求通过编程实现专用集成电路的功能。因此，对于集成电路制造技术与世界先进的集成电路制造技术尚有一定差距的我国，开发具有自主知识产权的专用集成电路，已成为相关专业人员的重要任务。

4. EDA 技术将广泛应用于传统机电设备的升级换代和技术改造

传统机电设备的电气控制系统，如果利用 EDA 技术进行重新设计或技术改造，不但设计周期短、设计成本低，而且将提高产品或设备的性能，缩小产品体积，提高产品的技术含量和附加值。

1.5 EDA 技术的发展趋势

1.5.1 可编程器件的发展趋势

1. 向高密度、大规模的方向发展

电子系统的发展必须以电子器件为基础。随着集成电路制造技术的发展，可编程 ASIC 器件的规模不断扩大，从最初的几百门到现在的几百万门。目前，高密度的可编程 ASIC 产品已经成为主流器件。可编程 ASIC 已具备了片上系统(SOC)集成的能力，产生了巨大的飞跃，制造工艺也不断进步。随着每次工艺的改进，可编程 ASIC 器件的规模都有很大的扩展。高密度、大容量的可编程 ASIC 的出现，给现代复杂电子系统的设计与实现带来了巨大的帮助。

2. 向系统内可重构的方向发展

系统内可重构是指可编程 ASIC 在置入用户系统后仍具有改变其内部功能的能力。采用系统内可重构技术，使得系统内硬件的功能可以像软件那样通过编程来配置，从而在电子系统中引入"软硬件"的全新概念。它不仅使电子系统的设计以及产品性能的改进和扩充变得十分简便，还使新一代电子系统具有极强的灵活性和适应性，为许多复杂信号的处理和信息加工的实现提供了新的思路和方法。

3. 向低电压、低功耗的方向发展

集成技术的飞速发展，工艺水平的不断提高，节能潮流在全世界的兴起，也为半导体工业提出了降低工作电压的要求。可编程 ASIC 产品作为电子系统的重要组成部分，也不可避免地向 3.3V→2.5V→1.8V 的标准靠拢，以便适应其他数字器件，扩大应用范围，满足节能的要求。

4. 向混合可编程技术方向发展

可编程 ASIC 的广泛应用使得电子系统的构成和技术方法均发生了很大的变化。但是迄今为止，有关可编程 ASIC 的研究和开发的大部分工作基本都集中在数字逻辑电路上。在未来几年里，这一局面将会有所改变，模拟电路及数模混合电路的可编程技术将得到发展。可编程模拟 ASIC 是今后模拟电子线路设计的一个发展方向。它们的出现使得模拟电子系统的设计也变得和数字系统设计一样简单易行，为模拟电路的设计提供了一个崭新的途径。

1.5.2 软件开发工具的发展趋势

1. 具有混合信号处理能力的 EDA 工具

目前，数字电路设计的 EDA 工具远比模拟电路的 EDA 工具多，模拟集成电路 EDA 工具开发的难度较大。但是，由于物理量本身多以模拟形式存在，因此，实现高性能的复杂电子系统的设计离不开模拟信号。20 世纪 90 年代以来，EDA 工具厂商都比较重视数模混合信号设计工具的开发。对数字信号的语言描述，IEEE 已经制定了 VHDL 标准，而对模拟信号的语言正在制定 AHDL 标准，此外，还提出了对微波信号的 MHDL 描述语言。

具有混合信号设计能力的 EDA 工具能完成含有数字信号处理、专用集成电路宏单元、数模变换和模数变换以及各种压控振荡器在内的混合系统设计。美国 Cadence、Synopsys 等公司开发的 EDA 工具已经具有了混合设计能力。

2. 有效的仿真工具的发展

通常，可以将电子系统设计的仿真过程分为两个阶段：设计前期的系统级仿真和设计过程中的电路级仿真。系统级仿真主要验证系统的功能；电路级仿真主要验证系统的性能，决定怎样实现设计所需的精度。在整个电子设计过程中，仿真是花费时间最多的工作，也是占有 EDA 工具资源最多的一个环节。通常，设计活动的大部分时间在做仿真，如验证设计的有效性、测试设计的精度、处理和保证设计要求等。仿真过程中仿真收敛的快慢同样是关键因素之一。要提高仿真的有效性，一方面是建立合理的仿真算法，另一方面是更好地解决系统级仿真中系统级模型的建模和电路级仿真中电路级模型的仿真技术。预计在下一代 EDA 工具中，仿真工具将有一个较大的发展。

3. 理想的设计综合工具的开发

今天，电子系统和电路的集成规模越来越大，几乎不可能直接面向版图做设计，若要找出版图中的错误，更是难上加难。将设计者的精力从繁琐的版图设计和分析中转移到设计前期的算法开发和功能验证上，是设计综合工具要达到的目的。高层次设计综合工具可以将低层次的硬件设计一起转换到物理级的设计，实现不同层次、不同形式的设计描述转换，通过各种综合算法实现设计目标所规定的优化设计。

面对当今飞速发展的电子产品市场，电子设计人员需要更加实用、快捷的 EDA 工具，实用统一的集成化设计环境，改变传统设计思路(即优先考虑具体物理实现方式)，将精力集中到设计构思、方案比较和寻找优化设计等方面，以最快的速度开发出性能优良、质量一流的电子产品。总之，今天的 EDA 工具将向着功能强大、简单易学、实用方便的方向发展。

1.5.3　输入方式的发展趋势

1. 输入方式简便化

早期的 EDA 工具设计输入时普遍采用原理图输入方式，以文字和图形作为设计载体和文件，将设计信息加载到后续的 EDA 工具上，完成设计分析工作。原理图输入方式的优点是直观，能满足以设计分析为主的一般要求，但原理图输入方式不适合用 EDA 综合工具。20 世纪 80 年代末，电子设计开始采用新的综合工具，设计描述由原理图设计描述转向以各种硬件描述语言为主的编程方式。用硬件描述语言描述设计，更接近系统行为描述，且便于综合，更适于传递和修改设计信息，还可以建立独立于工艺的设计文件，不便之处是不太直观，要求设计师会编程。

很多电子设计师都具有原理图设计的经验，不具有编程经验，所以仍然希望继续在比较熟悉的符号与图形环境中完成设计，而不是利用编程来完成设计。为此，一些 EDA 公司在 20 世纪 90 年代相继推出了一批图形化免编程的设计输入工具。这些输入工具允许设计师用他们最方便并熟悉的设计方式(如框图、状态图、真值表和逻辑方程)建立设计文件，然后由 EDA 工具自动生成综合所需的硬件描述语言文件。

2. 输入方式高效化和统一化

今天，在电子设计领域形成了这样一种分工：软件设计和硬件设计。相应地，工程师也被分成软件工程师和硬件工程师。对于复杂算法的实现，人们通常先建立系统模型，根据经验分析任务，然后将一部分工作交给软件工程师，将另一部分工作交给硬件工程师。硬件工程师为了实现复杂的系统功能，使用硬件描述语言设计高速执行的芯片，而这种设计是富有挑战性的，也是费时的，需要一定的硬件工程技巧。人们希望能够找到一种方法，在更高的层次下设计更复杂、更高速的系统，并希望将软件设计和硬件设计统一到一个平台下。C/C++语言是软件工程师在开发商业软件时的标准语言，也是使用最为广泛的高级语言。人们很早就开始尝试在 C 语言的基础上设计下一代硬件描述语言，许多公司已经提出了不少方案，目前有两种相对成熟的硬件 C 语言：SystemC 和 Handle C，它们相应的开发系统为 CoCentric System Stadio 和 Celoxica DK1。这两种硬件 C 语言都是在 C/C++的基础上根据硬件设计的需求加以改进和扩充的，用户可以在它们的开发环境中编辑代码，调用库文件，甚至可以引进 HDL 程序并进行仿真，最终生成网表文件，放到 FPGA 中执行。软件工程师不需要特别的培训，利用他们熟悉的 C 语言就可以直接进行硬件开发，减轻了硬件开发的压力。随着算法描述抽象层次的提高，使用这种 C 语言设计系统的优势将更加明显。

现在有很多硬件描述语言的人才，也有很多的资深 C 语言编程者，他们能够利用这种工具，轻松地转到 FPGA 设计上。过去因为太复杂而不能用硬件描述语言表示的算法以及由于处理器运行速度太慢而不能处理的算法，现在都可以利用 C 语言在大规模 FPGA 硬件上得以实现。设计者可以利用 C 语言快速而简洁地构建功能函数。通过标准库和函数调用技术，设计者还能在很短的时间里创建更庞大、更复杂和更高速的系统。

C 语言输入方式的广泛使用还有待于更多 EDA 软件厂家和 FPGA 公司的支持。随着 EDA 技术的不断成熟，软件和硬件的概念将日益模糊，使用单一的高级语言直接设计整个系统将是一个统一化的发展趋势。

本章小结

EDA 技术作为现代电子设计技术的核心，它依赖功能强大的计算机，在 EDA 工具软件平台上，对以硬件描述语言 HDL 为系统逻辑描述手段完成的设计文件，自动地完成逻辑编译、逻辑化简、逻辑分割、逻辑综合、结构综合(布局布线)，以及逻辑优化和仿真测试，直至下载到可编程逻辑器件 CPLD/FPGA 或专用集成电路(ASIC)芯片中，实现既定的电子电路设计功能。EDA 技术极大地提高了电子电路设计效率，缩短了设计周期，节省了设计成本。

EDA 技术主要内容有：大规模可编程逻辑器件，硬件描述语言，软件开发工具，实验开发系统。目前比较流行的 EDA 软件工具有 Altera 公司的 MAX＋plus Ⅱ、Quartus Ⅱ，Lattice 公司的 ispEXPERT，Xilinx 公司的 Foundation Series 等。常用的硬件描述语言有 VHDL、Verilog 语言和 ABEL 语言。VHDL 作为 IEEE 的工业标准硬件描述语言，在电子工程领域已成为事实上的通用硬件描述语言。

EDA 技术最终的实现目标是完成 ASIC 的设计和实现。用户通过 EDA 技术将电子应用系统的既定功能和技术指标通过 ASIC 硬件实现。

EDA 技术将广泛应用于科研和新产品的开发、专用集成电路的开发以及传统机电设备的升级换代和技术改造。

思考题和习题

1. EDA 的英文全称是什么？EDA 的中文含义是什么？

2. 什么叫 EDA 技术？简述 EDA 技术的发展历程。

3. 简述用 EDA 技术设计电路的设计流程。

4. 常用的硬件描述语言有哪几种？目前被 IEEE 采纳的硬件描述语言有哪几种？VHDL 有哪些主要特点？

5. 与软件描述语言相比，VHDL 有什么特点？

6. EDA 技术与 ASIC 设计和 FPGA 开发有什么关系？

7. 从使用的角度来讲，EDA 技术主要包括几个方面的内容？这几个方面在整个电子系统的设计中分别起什么作用？

8. 什么叫可编程逻辑器件(PLD)？FPGA 和 CPLD 的中文含义分别是什么？FPGA 和 CPLD 各包括几个基本组成部分？

9. FPGA/CPLD 在 EDA 技术中有什么作用？

10. 国际上生产 FPGA/CPLD 的主流公司主要有哪几家？其产品系列有哪些？其可用逻辑门数大约在什么范围？

11. FPGA/CPLD 有什么特点？两者在存储逻辑信息方面有什么区别？在实际使用中，什么情况下选用 CPLD？什么情况下选用 FPGA？

12. 目前比较流行的 EDA 软件工具有哪些？这些开发软件的主要区别是什么？

第 2 章　大规模可编程逻辑器件

【学习目标】

了解 PLD 的发展过程；掌握 PLD 的种类及分类方法，常用 FPGA 和 CPLD 的系列、品种、性能指标、标识；掌握 FPGA/CPLD 的基本结构、工作原理，以及 FPGA/CPLD 的应用技术，掌握在系统可编程逻辑器件 ispLSI/pLSI 的基本结构、工作原理，对 FPGA/CPLD 在开发应用中的选择方法能简单应用。

【学习要求】

能力目标	知识要点	相关知识	权重	自测分数
掌握 PLD 的 3 个发展阶段	PLD 的 3 个发展阶段	PLD 的发展过程	10	
掌握 PLD 的种类及分类方法	PLD 的种类及分类方法	PLD 的种类及分类方法	10	
掌握 FPGA/CPLD 的结构、原理	FPGA/CPLD 的基本结构、工作原理	FPGA/CPLD 的基本结构、工作原理	30	
掌握 ispLSI/pLSI 的结构、原理	在系统可编程逻辑器件 ispLSI/pLSI 的基本结构、工作原理	在系统可编程逻辑器件 ispLSI/pLSI 的基本结构、工作原理	20	
掌握 FPGA/CPLD 的选择方法	FPGA/CPLD 在开发应用中的选择方法	FPGA/CPLD 的区别以及在开发应用中的选择方法	30	

2.1　可编程逻辑器件概述

2.1.1　PLD 的发展进程

PLD 是可编程逻辑器件(Programmable Logic Device)的英文缩写，是 EDA 得以实现的硬件基础，通过编程，可灵活、方便地构建和修改数字电子系统。

可编程逻辑器件是集成电路技术发展的产物。20 世纪 70 年代，集成电路技术迅猛发展，随着集成电路规模的增大，中规模集成电路 MSIC(Medium Scale Integrated Circuit)、大规模集成电路 LSIC(Large Scale Integrated Circuit)的出现，可编程逻辑器件才得以诞生和迅速发展。

随着大规模集成电路、超大规模集成电路（VLSIC）技术的发展，可编程逻辑器件发展迅速，从 20 世纪 70 年代至今，大致经过了以下几个阶段。

1. 第一阶段：PLD诞生及简单PLD发展阶段

20世纪70年代，熔丝编程的PROM(Programmable Read Only Memory)和PLA(Programmable Logic Array)的出现，标志着PLD的诞生。可编程逻辑器件最早是根据数字电子系统组成基本单元即门电路可编程来实现的，任何组合电路都可用与门和或门组成，时序电路可用组合电路加上存储单元来实现。早期PLD就是用可编程的与阵列和(或)可编程的或阵列组成的。

PROM是采用固定的与阵列和可编程的或阵列组成的PLD，由于输入变量的增加会引起存储容量的急剧上升，只能用于简单组合电路的编程。PLA是由可编程的与阵列和可编程的或阵列组成的，克服了PROM随着输入变量的增加规模也迅速增加的问题，利用率高，但由于与阵列和或阵列都可编程，软件算法复杂，编程后器件运行速度慢，只能在小规模逻辑电路上应用。现在这两种器件在EDA上已不再采用，但PROM作为存储器，PLA作为全定制ASIC设计技术，还在应用。

20世纪70年代末，AMD公司对PLA进行了改进，推出了PAL(Programmable Array Logic)器件，PAL与PLA相似，也由与阵列和或阵列组成，但在编程接点上与PLA不同，而与PROM相似，或阵列是固定的，只有与阵列可编程。或阵列固定、与阵列可编程的结构，简化了编程算法，运行速度也提高了，适用于中小规模可编程电路。但PAL为适应不同应用的需要，输出I/O结构也要跟着变化，输出I/O结构很多，而一种输出I/O结构方式就有一种PAL器件，给生产、使用带来不便。且PAL器件一般采用熔丝工艺生产，一次可编程，修改电路需要更换整个PAL器件，成本太高。现在，PAL已被GAL所取代。

2. 第二阶段：乘积项可编程结构PLD发展与成熟阶段

20世纪80年代初，Lattice公司开始研究一种新的乘积项可编程结构PLD。1985年，推出了一种在PAL基础上改进的GAL(Generic Array Logic)器件。GAL器件首次在PLD上采用EEPROM工艺，能够电擦除重复编程，使得修改电路不需更换硬件，可以灵活方便地应用，乃至更新换代。

在编程结构上，GAL沿用了PAL或阵列固定、与阵列可编程的结构，而对PAL的输出I/O结构进行了改进，增加了输出逻辑宏单元OLMC(Output Logic Macro Cell)，OLMC设有多种组态，使得每个I/O引脚可配置成专用组合输出、组合输出双向口、寄存器输出、寄存器输出双向口、专用输入等多种功能，为电路设计提供了极大的灵活性。同时，也解决了PAL器件一种输出I/O结构方式就有一种器件的问题，具有通用性。而且GAL器件是在PAL器件基础上设计的，与许多PAL器件是兼容的，一种GAL器件可以替换多种PAL器件，因此，GAL器件得到了广泛的应用。目前，GAL器件主要应用在中小规模可编程电路，而且，GAL器件也加上了ISP功能，称ispGAL器件。

20世纪80年代中期，Altera公司推出了EPLD(Erasable PLD)器件，EPLD器件比GAL器件有更高的集成度，采用EPROM工艺或EEPROM工艺，可用紫外线或电擦除，适用于较大规模的可编程电路，也获得了广泛的应用。

3. 第三阶段：复杂可编程器件发展与成熟阶段

20世纪80年代中期，Xilinx公司提出了现场可编程(Field Programmability)的概念，并生产出世界上第一片FPGA器件，FPGA是现场可编程门阵列(Field Programmable Gate Array)的英文缩写，现在已经成了大规模可编程逻辑器件中一大类器件的总称。FPGA器件一般采用 SRAM 工艺，编程结构为可编程的查找表(Look - Up Table，LUT)结构。FPGA 器件的特点是电路规模大，配置灵活，但 SRAM 需掉电保护，或开机后重新配置。

20 世纪 80 年代末，Lattice 公司提出了在系统可编程(In - System Programmability，ISP)的概念，并推出了一系列具有 ISP 功能的 CPLD 器件，将 PLD 的发展推向了一个新的发展时期。CPLD 即复杂可编程逻辑器件(Complex Programmable Logic Device)的英文缩写，Lattice 公司推出 CPLD 器件，开创了 PLD 发展的新纪元，加速了复杂可编程逻辑器件的快速推广与应用。CPLD 器件采用 EEPROM 工艺，编程结构在 GAL 器件基础上进行了扩展和改进，使得 PLD 更加灵活，应用更加广泛。

复杂可编程逻辑器件 CPLD 和现场可编程门阵列 FPGA，进入 20 世纪 90 年代后，两种结构都得到了飞速发展，尤其是 FPGA 器件现在已超过 CPLD，走入成熟期，因其规模大，拓展了 PLD 的应用领域。目前，器件的可编程逻辑门数已达上千万门以上，可以内嵌许多种复杂的功能模块，如 CPU 核、DSP 核、PLL(锁相环)等，可以实现单片可编程系统(System on a Programmable Chip，SOPC)。

拓展了的在系统可编程性(ispXP)，是 Lattice 公司集中了 EEPROM 和 SRAM 工艺的最佳特性而推出的一种新的可编程技术。ispXP 兼收并蓄了 EEPROM 的非易失单元和 SRAM 的工艺技术，从而在单个芯片上同时实现了瞬时上电和无限可重构性。ispXP 器件上分布的 EEPROM 阵列储存着器件的组态信息。在器件上电时，这些信息以并行的方式被传递到用于控制器件工作的 SRAM 位。新的 ispXFPGATM FPGA 系列与 ispXPLD^{TM} CPLD 系列均采用了 ispXP 技术。

现在，除了数字可编程器件外，模拟可编程器件也受到了大家的重视，Lattice 公司提供有 ispPAC 系列产品供选用。

2.1.2 PLD 的种类及分类方法

PLD 的种类繁多，各生产厂家命名不一，一般可按以下几种方法进行分类。

(1) 集成度是可编程逻辑器件的一项很重要的指标，如果从集成密度上分类，可分为简单可编程逻辑器件(SPLD)和高密度可编程逻辑器件(HDPLD)。通常将 PROM、PLA、PAL 和 GAL 这 4 种 PLD 产品划归为简单可编程逻辑器件，而将 CPLD 和 FPGA 统称为高密度可编程逻辑器件，如图 2.1 所示。

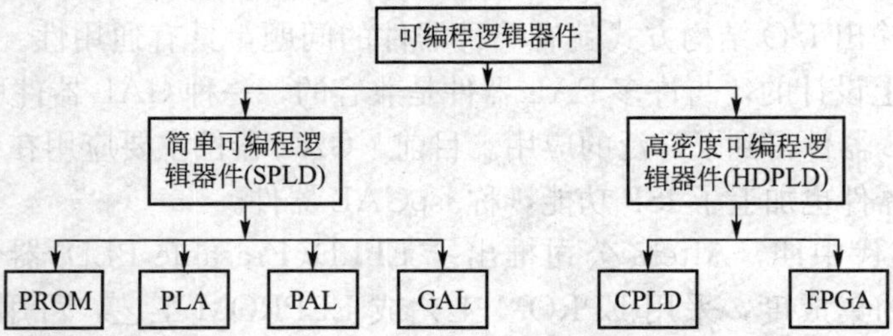

图 2.1 可编程逻辑器件按集成度分类

(2) 从编程结构来区分，分为两大类。

① 乘积项结构 PLD，包括 PROM、PLA、PAL、GAL、EPLD、CPLD 等器件。

② 查找表结构 PLD，FPGA 属此类器件。

(3) 从互连结构来分，分为两大类。

① 确定型 PLD。确定型 PLD 提供的互连结构，每次用相同的互连线布线，其时间特性可以确定预知(如由数据手册查出)，是固定的，如 CPLD。

② 统计型 PLD。统计型结构是指设计系统时，其时间特性是不可以预知的，每次执行相同的功能时，却有不同的布线模式，因而无法预知线路的延时，如 Xilinx 公司的 FPGA 器件。

(4) 从编程工艺来区分，分为 5 大类。

① 熔丝型 PLD，如早期的 PROM 器件。编程过程就是根据设计的熔丝图文件来烧断对应的熔丝，获得所需的电路。

② 反熔丝型 PLD，如 OTP 型 FPGA 器件。其编程过程与熔丝型 PLD 相类似，但结果相反，在编程处击穿漏层使两点之间导通，而不是断开。

OTP 是一次可编程(One Time Programming)的英文缩写，以上两类都是 OTP 器件。

③ EPROM 型 PLD，EPROM 是可擦可编程只读存储器(Erasable PROM)的英文缩写，EPROM 型 PLD 采用紫外线擦除，电可编程，但编程电压一般较高，编程后，下次编程前要用紫外线擦除上次编程内容。在制造 EPROM 型 PLD 时，如果不留用于紫外线擦除的石英窗口，也就成了 OTP 器件。

④ EEPROM 型 PLD，EEPROM 是电可擦可编程只读存储器(Electrically Erasable PROM)的英文缩写，与 EPROM 型 PLD 相比，不用紫外线擦除，可直接用电擦除，使用更方便，GAL 器件和大部分 EPLD、CPLD 器件都是 EEPROM 型 PLD。

⑤ SRAM 型 PLD，SRAM 是静态随机存取存储器(Static Radom Access Memory)的英文缩写，可方便快速地编程(也叫配置)，但掉电后，其内容即丢失，再次上电需要重新配置，或加掉电保护装置以防掉电。大部分 FPGA 器件都是 SRAM 型 PLD。

2.2 简单可编程逻辑器件

PLD 器件种类较多，不同厂商生产的 PLD 器件结构差别较大，不能够逐一介绍，本节选择 PLD 器件中一些具有代表性的结构来说明其实现的主要逻辑功能。图 2.2 所示为 PLD 器件的基本结构框图，它由输入缓冲电路、与阵列、或阵列、输出缓冲电路等 4 部分组成。其中与阵列和或阵列是 PLD 器件的主体，逻辑函数靠它们实现；输入缓冲电路主要用来对输入信号进行预处理，以适应各种输入情况；输出缓冲电路主要用来对输出信号进行处理，用户可以根据需要选择各种灵活的输出方式(组合方式、时序方式等)。众所周知，任何组合逻辑函数均可化为与或式，用“与门-或门”二级电路实现，而任何时序电路又都是由组合电路加上存储元件(触发器)构成的，因而 PLD 的这种结构对实现数字电路具有普遍的意义。

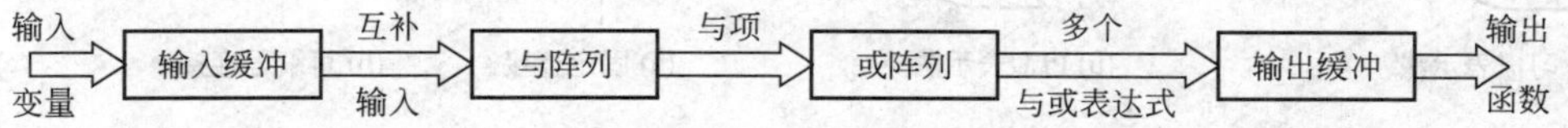

图 2.2　PLD 器件的基本结构框图

2.2.1　PLD 电路的表示方法及有关符号

可编程逻辑器件有一个相同的基本结构，其核心由与阵列和或阵列构成。由于阵列规模一般远大于普通电路，用传统的器件符号已不能满足 PLD 原理图的需要，因此在 PLD 中，有关器件有其专门的表示方法。

1. PLD 缓冲器表示法

为了使输入信号具有足够的驱动能力并产生原码和反码两个互补的信号，PLD 的输入缓冲器和反馈缓冲器都采用互补的输出结构，如图 2.3 所示。图中 $B=A$，$C=\overline{A}$。

2. PLD 与门表示法

图 2.4(a)、(b)所示分别为一个三输入与门的习惯表示法和 PLD 表示法，图中

$$Y=A \cdot B \cdot C$$

若有逻辑表达式 $Y=A \cdot \overline{A} \cdot B \cdot \overline{B}$，则显然此时 Y 恒为电平“0”，PLD 对此有专门的简化表示法，如图 2.4(c)、(d)所示。

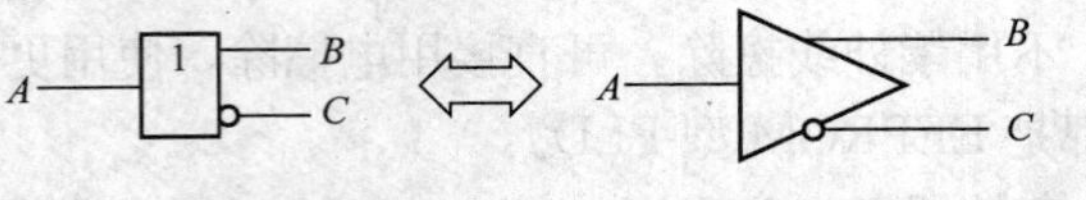

(a) 习惯表示法　(b) PLD表示法

图 2.3　PLD 输入缓冲器电路

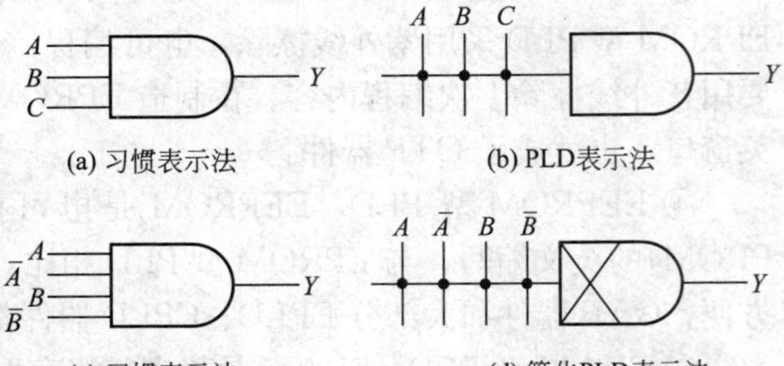

(a) 习惯表示法　(b) PLD表示法　(c) 习惯表示法　(d) 简化PLD表示法

图 2.4　与门表示法

3. 或门表示法

图 2.5 所示为一个三输入或门的习惯表示法和 PLD 表示法，图中 $D=A+B+C$。

4. PLD 连接的表示法

图 2.6 所示为 PLD 中阵列交叉点上 3 种连接方式的表示法。其中，交叉处为“·”的表示纵、横两线固定连接，不能通过“编程”手段使其断开；交叉处为“×”的表示该处为可编程连接，即通过“编程”可使该处断开；交叉处无任何符号的表示纵、横不连接。

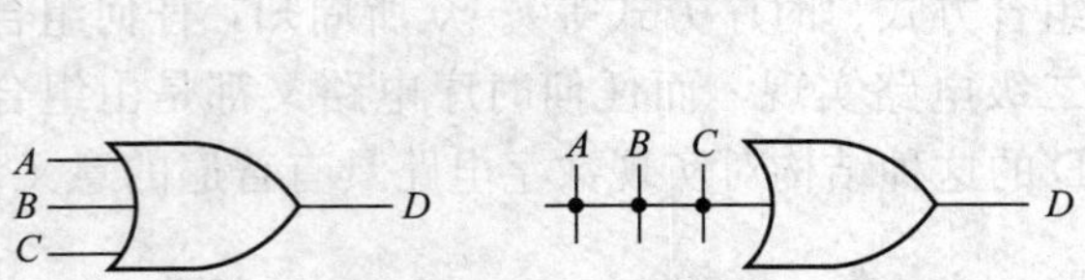

(a) 习惯表示法　(b) PLD表示法

图 2.5　或门表示法

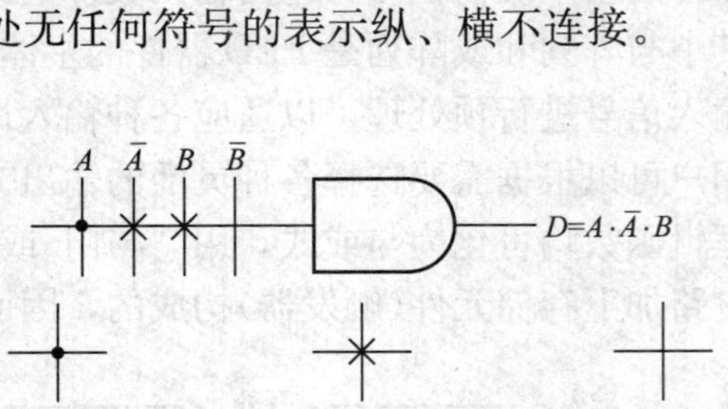

(a) 固定连接　(b) 可编程连接　(c) 不连接

图 2.6　PLD 连接表示法

2.2.2　PROM 基本结构

可编程只读储存器 PROM 除了用作只读存储器外，还可作为 PLD 使用。一个 PROM 器件主要由地址译码部分、PROM 单元阵列和输出缓冲部分构成。图 2.7 是对 PROM 通常

的认识，也可以从可编程逻辑器件的角度来分析 PROM 的基本结构，图 2.8 所示为 PROM 逻辑阵列结构。

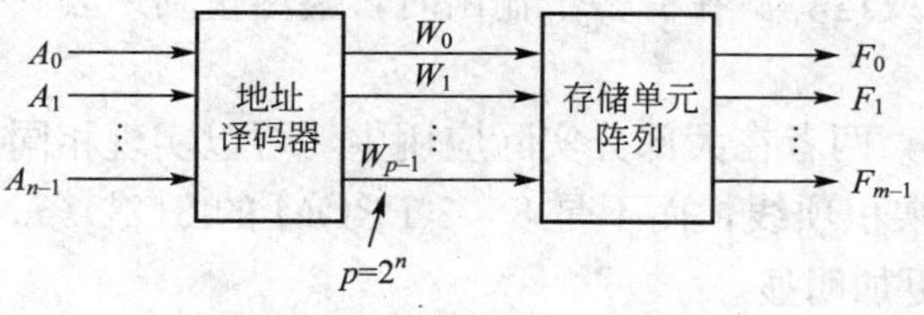

图 2.7　PROM 基本结构

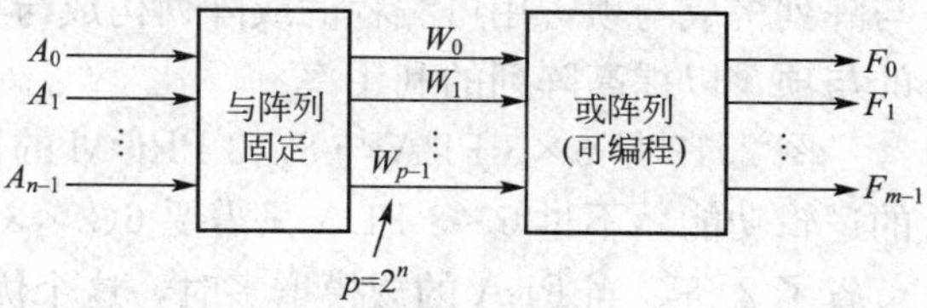

图 2.8　PROM 逻辑阵列结构

为了更清晰直接地表示 PROM 中固定的与阵列和可编程的或阵列，PROM 可以表示为 PLD 图阵列。以 4×2 的 PROM 为例，如图 2.9 所示。

以下是已知半加器的逻辑表达式，可用 4×2 的 PROM 编程实现。

$$S=A_0\oplus A_1$$
$$C=A_0\cdot A_1$$

图 2.10 的连接结构表达的是半加器逻辑阵列

$$F_0=A_0\bar{A}_1+\bar{A}_0A_1 \tag{2-1}$$
$$F_1=A_1A_0 \tag{2-2}$$

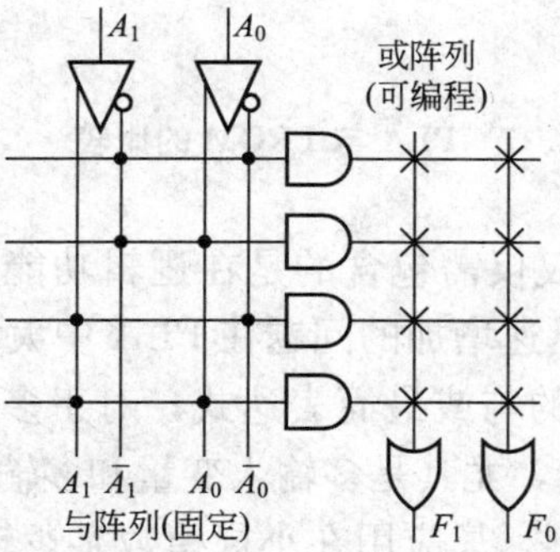

图 2.9　PROM 表达的 PLD 图阵列

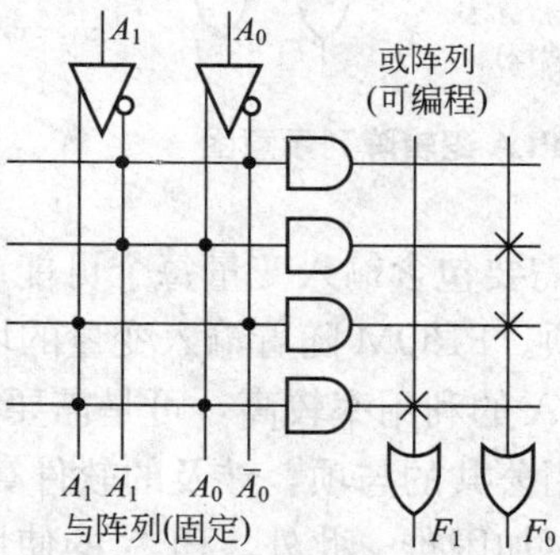

图 2.10　用 PROM 完成半加器逻辑阵列

式(2-1)和式(2-2)是图 2.10 结构的布尔表达式，即所谓的“乘积项”方式。式中的 A_1 和 A_0 分别是加数和被加数；F_0 为和，F_1 为进位。反之，根据半加器的逻辑关系，就可以得到如图 2.10 所示的阵列点连接关系，从而可以形成阵列点文件，这个文件对于一般的 PLD 器件称为熔丝图文件(Fuse Map)。对于 PROM，则为存储单元的编程数据文件。

PROM 只能用于组合电路的可编程用途上。因为输入变量的增加会引起存储容量的增加，由前面可知，这种增加是按 2 的幂次增加的，所以多输入变量的组合电路函数不适合用单个 PROM 来编程表达。

2.2.3　PLA 基本结构

PROM 实现组合逻辑函数在输入变量增多时，PROM 存储单元的利用效率大大降低。PROM 的与阵列是全译码器，产生了全部最小项，而在实际应用时，绝大多数组合逻辑函数并不需要所有的最小项。可编程逻辑阵列 PLA 对 PROM 进行了改进。PROM 的或阵列可编程，而与阵列不可编程；PLA 则是与阵列和或阵列都可编程，图 2.11 是 PLA 的阵列图表示。

任何组合函数都可以采用 PLA 来实现，但在实现时，由于与阵列不采用全译码的方式，标准的与或表达式已不适用。因此需要把逻辑函数化成最简的与或表达式，然后用可编程的与阵列构成与项，用可编程的或阵列构成与项的或运算。在有多个输出时，要尽量利用公共的与项，以提高阵列的利用率。

图 2.12 是 6×3 PLA 与 8×3 PROM 的比较，两者在大部分实际应用中，可以实现相同的逻辑功能，不过 6×3 PLA 只需要 6(2×3)条乘积项线，而不是 8×3 PROM 的 8(2^3)条，节省了 2 条。当 PLA 的规模增多时，这个优势更加明显。

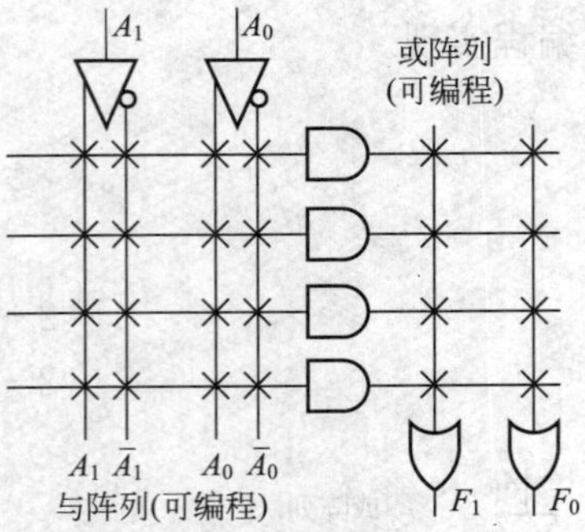

图 2.11　PLA 逻辑阵列示意图

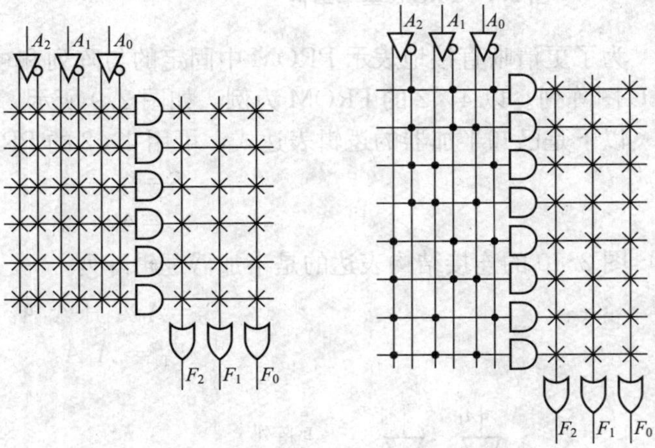

图 2.12　PLA 与 PROM 的比较

PLA 不需要包含输入变量每个可能的最小项，仅仅需包含的是在逻辑功能中实际要求的那些最小项。PROM 随着输入变量的增加，规模迅速增加的问题在 PLA 中大大缓解。

虽然 PLA 的利用率较高，可是需要有逻辑函数的与或最简表达式，对于多输出函数需要提取、利用公共的与项，涉及的软件算法比较复杂，尤其是多输入变量和多输出的逻辑函数，处理上更加困难。此外，PLA 的使用受到了限制，只应用在小规模数字逻辑上，现在，现成的 PLA 芯片已被淘汰。但由于其面积利用率较高，在全定制 ASIC 设计中获得了广泛的使用，这时，逻辑函数的化简则由设计者手工完成。

2.2.4　PAL 基本结构

PLA 的利用率很高，但是与阵列、或阵列都可编程的结构使软件算法过于复杂，运行速度下降。人们在 PLA 后又设计了另外一种可编程器件，即可编程阵列逻辑 PAL。PAL 的结构与 PLA 相似，也包含与阵列、或阵列，但是或阵列是固定的，只有与阵列可编程。PAL 的结构如图 2.13 所示，由于 PAL 的或阵列是固定的，一般用图 2.14 来表示。

与阵列可编程、或阵列固定的结构避免了 PLA 存在的一些问题，运行速度也有所提高。从 PAL 的结构可知，各个逻辑函数输出化简不必考虑公共的乘积项。送到或门的乘积项数目是固定的，大大简化了设计算法，同时也使单个输出的乘积项为有限。图 2.15 中表示的 PAL 只允许有 2 个乘积项。对于多个乘积项，PAL 通过输出反馈和相互的方式解决，即允许输出端的信号再馈入下一个与阵列。图 2.15 是一种 PAL16V8 的部分结构图，从中可看到 PAL 的输出反馈。

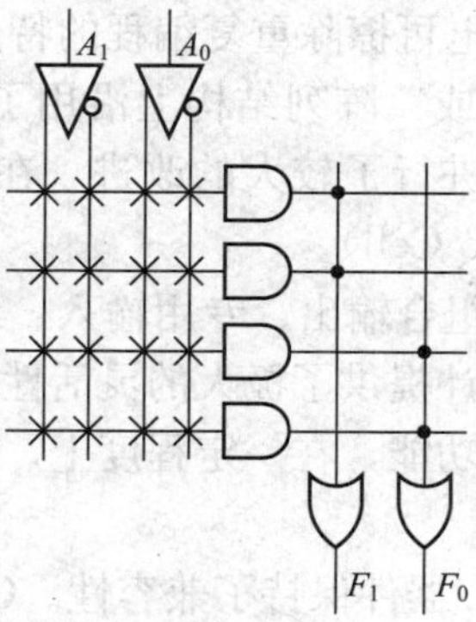

图 2.13　PAL 结构

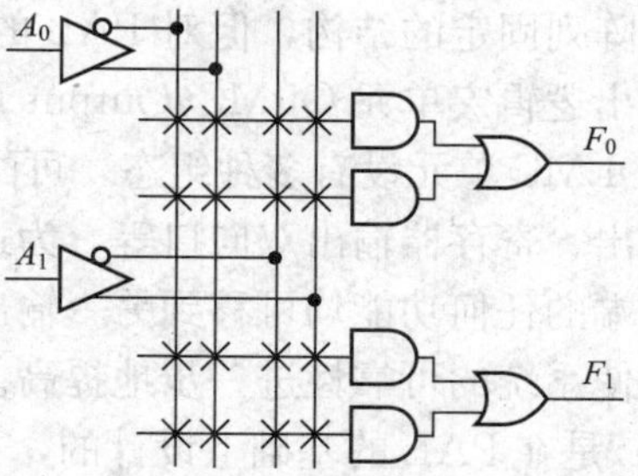

图 2.14　PAL 的常用表示

上述提到的可编程结构只能解决组合逻辑的可编程问题，而对时序电路却无能为力。由于时序电路是由组合电路及存储单元(锁存器、触发器、RAM)构成的，其中的组合电路部分的可编程问题已经解决，所以只要再加上锁存器、触发器即可。PAL 加上了输出寄存器单元后，就实现了时序电路的可编程，如图 2.15 所示。

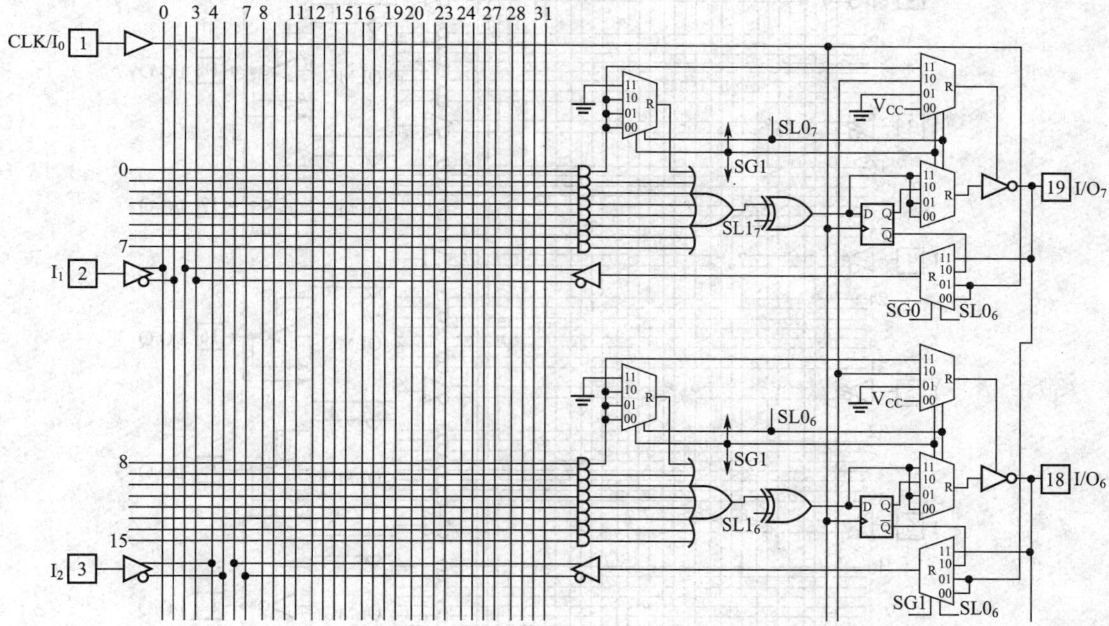

图 2.15　一种 PAL16V8 的部分结构图

但是，为适应不同应用的需要，PAL 的 I/O 结构很多，往往一种结构方式就有一种 PAL 器件，PAL 的应用设计者在设计不同功能的电路时，要采用不同 I/O 结构的 PAL 器件。PAL 种类变得十分丰富，同时也带来了使用、生成的不便。此外，PAL 一般采用熔丝工艺生产，一次可编程，修改不方便。

如今，PAL 也已被淘汰。在中小规模可编程应用领域，PAL 已经被 GAL 取代。

2.2.5　GAL 基本结构

1985 年，Lattice 在 PAL 的基础上，设计出了 GAL 器件，即通用阵列逻辑器件。GAL

首次在 PLD 上采用了 EEPROM 工艺，使得 GAL 具有电可擦除重复编程的特点，彻底解决了熔丝型可编程器件的一次可编程问题。GAL 在“与-或”阵列结构上沿用了 PAL 的与阵列可编程、或阵列固定的结构，但对 PAL 的 I/O 结构进行了较大的改进，在 GAL 的输出部分增加了输出逻辑宏单元 OLMC(Output Logic Macro Cell)。

GAL 的 OLMC 单元设有多种组态，可配置成专用组合输出、专用输入、组合输出双向口、寄存器输出、寄存器输出双向口等，为逻辑电路设计提供了极大的灵活性。由于具有结构重构和输出端的任何功能均可移到另一输出引脚上的功能，在一定程度上，简化了电路板的布局布线，使系统的可靠性进一步地提高。

由于 GAL 是在 PAL 的基础上设计的，与多种 PAL 器件保持了兼容性。GAL 能直接替换多种 PAL 器件，方便应用厂商升级现有产品。因此，GAL 器件仍被广泛应用。

图 2.16 是型号为 GAL16V8 器件的结构图。GAL 的输出逻辑宏单元 OLMC 中有 4 个

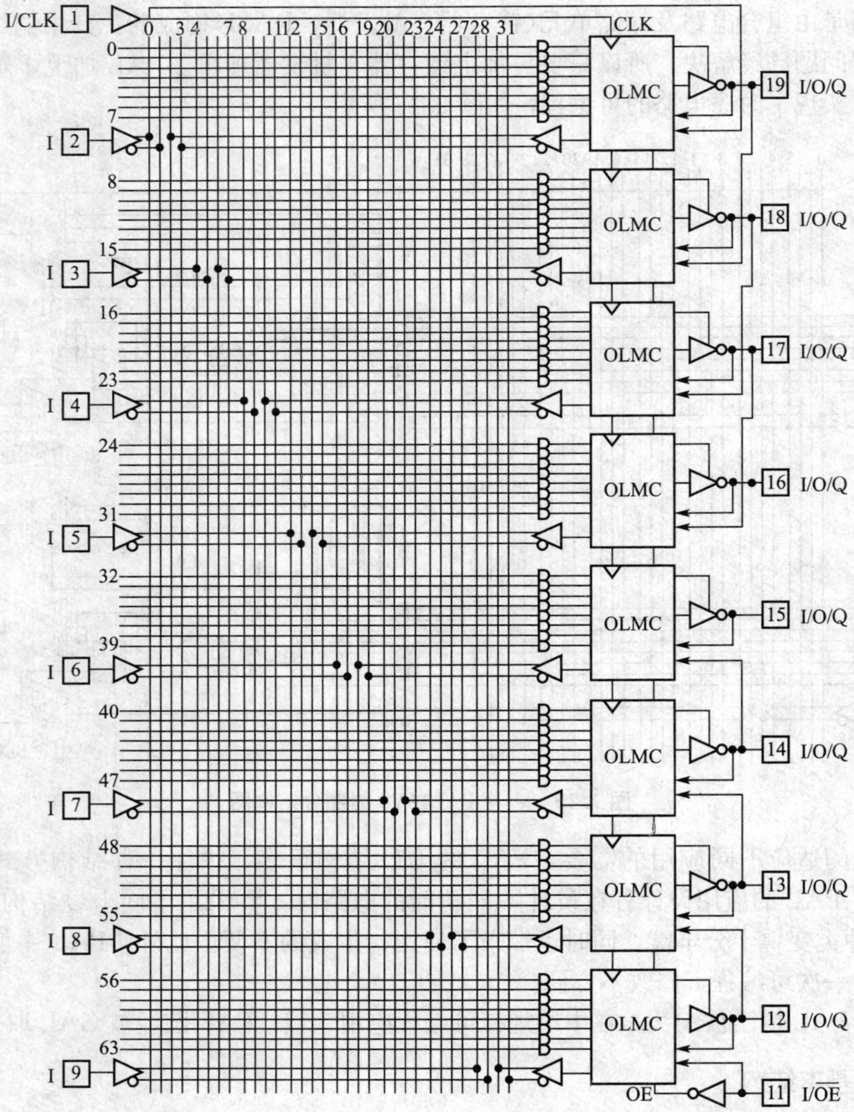

图 2.16　GAL16V8 的结构图

多路选择器，通过不同的选择方式可以产生多种输出结构，分别属于 3 种模式，一旦确定了某种模式，所有的 OLMC 都将工作在同一种模式下。3 种输出模式分别为：

（1）寄存器模式。在寄存器模式下，OLMC 有如下两种输出结构。

① 寄存器输出结构(图 2.17)：异或门输出经 D 触发器至三态门，触发器的时钟端 CLK 连公共 CLK 引脚、三态门的使能端 OE 连公共 OE 引脚，信号反馈来自触发器。

② 寄存器模式组合输出双向结构(图 2.18)：输出三态门受控，输出反馈至本单元，组合输出无触发器。

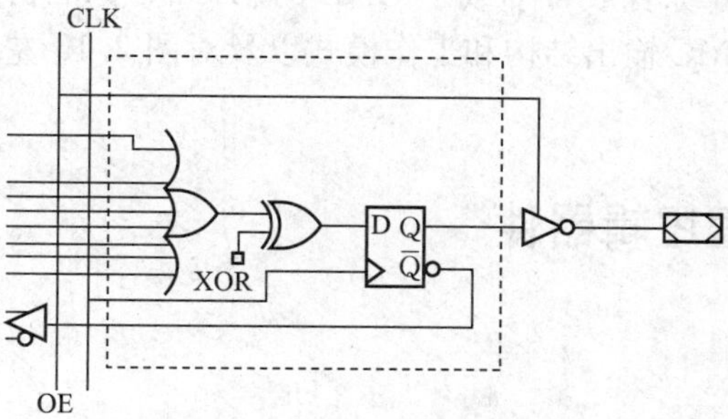

图 2.17　寄存器输出结构

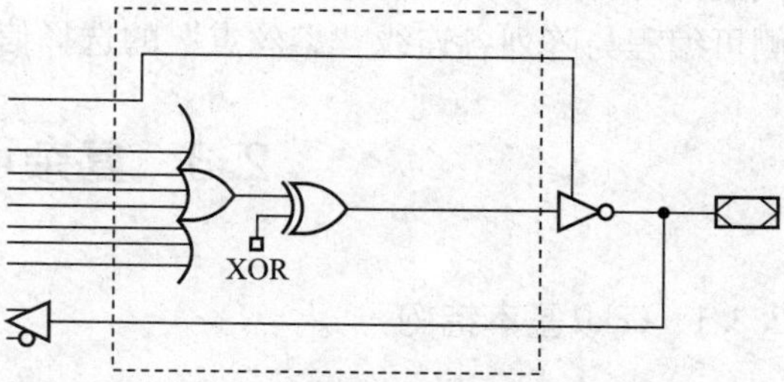

图 2.18　寄存器模式组合输出双向结构

（2）复合模式。在复合模式下，OLMC 则有如下两种结构。

① 组合输出双向结构(图 2.19)：大致与寄存器模式下组合输出双向结构相同，区别是引脚 CLK、OE 在寄存器模式下为专用公共引脚，不可它用。

② 复合型组合输出结构(图 2.20)：无反馈，其他同组合输出双向结构。

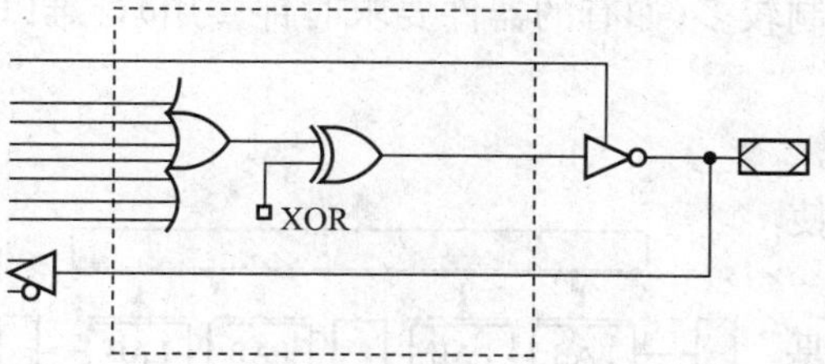

图 2.19　组合输出双向结构

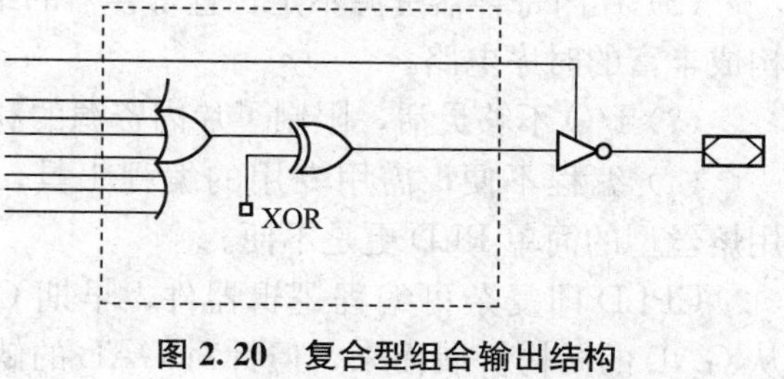

图 2.20　复合型组合输出结构

（3）简单模式。在简单模式下，OLMC 可定义为如下 3 种输出结构。

① 反馈输入结构(图 2.21)：输出三态门被禁止，该单元的“与-或”阵列没有输出功能，但可作为相邻单元的信号反馈输入端，该单元反馈输入端的信号来自另一个相邻单元。

② 输出反馈结构(图 2.22)：输出三态门被恒定打开，该单元的“与-或”阵列不具有输出功能，但可作为相邻单元的信号反馈输入端，该单元反馈输入端的信号来自另一个相邻单元。

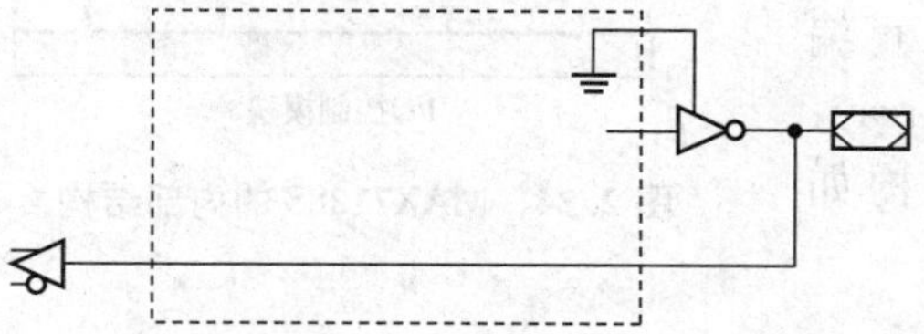

图 2.21　反馈输入结构

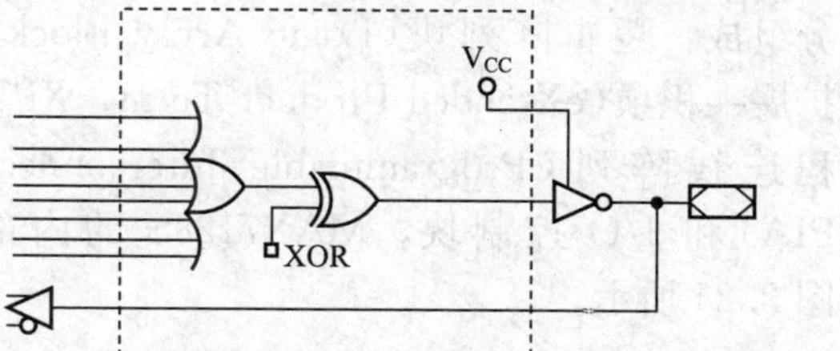

图 2.22　输出反馈结构

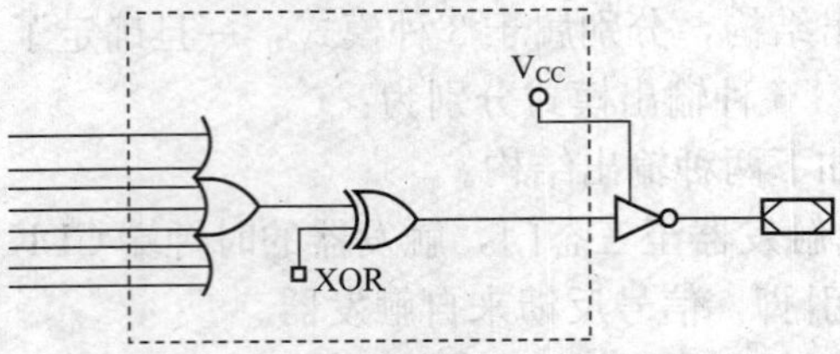

图 2.23　简单模式输出结构

③ 输出结构(图 2.23)：异或门输出不经触发器，直接通过使能的三态门输出。该单元的输出通过相邻单元反馈，此单元的信号反馈无效。

OLMC 的所有这些输出结构和工作模式的选择和确定(即对其中的多路选择器的控制)均由计算机根据 GAL 的逻辑设计文件的逻辑关系自动形成控制文件。在编译工具(如 ABEL 3.0)的帮助下，计算机用 ABEL 或其他硬件语言描述的文件综合成可下载于 GAL 的 JEDEC 标准格式文件(俗称熔丝图文件)，该文件中包含了对 OLMC 输出结构和工作模式以及对图 2.16 左侧可编程与阵列各连线"熔丝点"的选择信息。

2.3　复杂可编程逻辑器件

2.3.1　CPLD 基本结构

2.2 节介绍了简单 PLD 的结构和可编程基本原理。现在这种简单 PLD 器件基本上已被淘汰，只有 GAL 还在应用，主要应用于中小规模数字逻辑方面。现在的可编程逻辑器件以大规模、超大规模集成电路工艺制造的 CPLD、FPGA 为主。

简单 PLD 器件被取代的原因如下。

(1) 阵列规模较小，资源不够用于设计数字系统。当设计较大的数字逻辑时，需要多片器件，性能、成本及设计周期都受影响。

(2) 片内寄存器资源不足，且寄存器的结构限制较多(如有的器件要求时钟共用)，难以构成丰富的时序电路。

(3) I/O 不够灵活，限制了片内资源的利用率。

(4) 编程不便，需用专用的编程工具，对于使用熔丝型的简单 PLD 更是不便。

CPLD 即复杂可编程逻辑器件，早期 CPLD 是从 GAL 的结构扩展而来，但针对 GAL 的缺点进行了改进，如 Lattice 公司的 ispLSI1032 器件等。在流行的 CPLD 中，Altera 公司的 MAX7000S 系列器件具有一定的典型性，下面以此为例介绍 CPLD 的结构和工作原理。

Altera 公司的 MAX 系列 CPLD 与 Lattice 公司的 ispLSI 系列 CPLD 的结构类似，逻辑结构主要由 4 部分组成：逻辑阵列块(Logic Array Block，LAB)、扩展乘积项(eXtended Product Term，XPT)、可编程连线阵列(Programmable Interconnect Array，PIA)和 I/O 控制块，MAX7128S 的内部结构如图 2.24 所示。

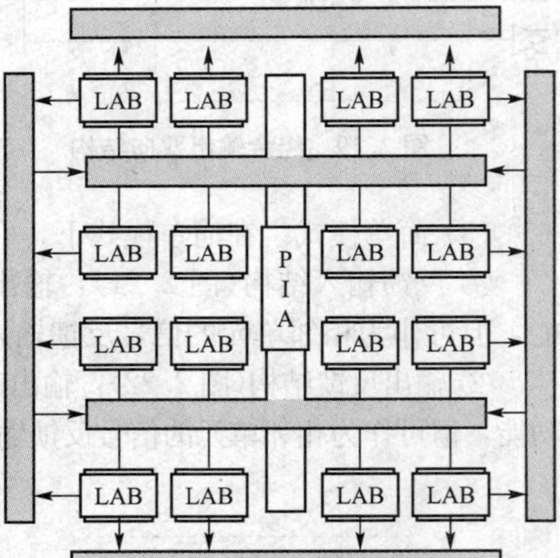

图 2.24　MAX7128S 的内部结构

1. 逻辑阵列块 LAB

MAX 系列 CPLD 的内部结构主要是由若干个通过 PIA 互连的逻辑阵列块 LAB 组成，LAB 不仅通过 PIA 互连，而且还通过 PIA 和全局总线连接起来，全局总线又和 PLD 的所有专用输入引脚、I/O 引脚及宏单元馈入信号相连，这样，LAB 就和输入信号、I/O 引脚及反馈信号连接在一起。

对于 MAX7128S 而言，每个 LAB 的输入信号有：通用逻辑输入信号 32 个，全局控制信号，从 I/O 引脚到寄存器的直接输入信号。

每个逻辑阵列块 LAB 又是由 16 个逻辑宏单元组成的阵列，MAX7128S 宏单元的结构如图 2.25 所示。

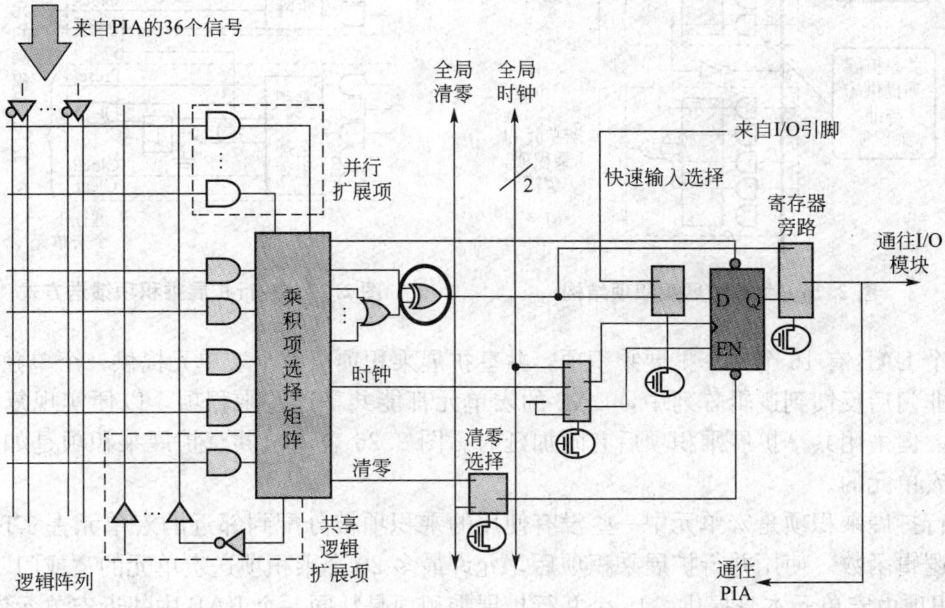

图 2.25 MAX7128S 宏单元结构

MAX7128S 的逻辑宏单元是 PLD 的基本组成结构，由逻辑阵列、乘积项选择矩阵和可编程寄存器 3 部分组成，可编程实现组合逻辑和时序逻辑。

逻辑阵列用于实现组合逻辑，为宏单元提供 5 个乘积项。每个宏单元中有一组共享扩展乘积项，经非门后反馈到逻辑阵列中；还有一组并行扩展乘积项，从邻近宏单元输入。

乘积项选择矩阵把逻辑阵列提供的乘积项有选择地提供给“或门”和“异或门”作为输入，实现组合逻辑函数，或作为可编程寄存器的辅助输入，用于清 0、置位、时钟、时钟使能控制。

可编程寄存器用于实现时序逻辑，可配置为带可编程时钟的 D、T、JK、RS 触发器，或被旁路掉实现组合逻辑。触发器有 3 种时钟输入模式。

(1) 全局时钟模式，全局时钟输入直接和寄存器的 CLK 端相连，实现最快的输出。

(2) 全局时钟带高电平有效时钟使能信号模式，使用全局时钟，但由乘积项提供的高电平有效的时钟使能信号控制，输出速度较快。

(3) 乘积项时钟模式，时钟来自 I/O 引脚或隐埋的宏单元，输出速度较慢。

寄存器支持异步清 0 和异步置位，由乘积项驱动的异步清 0 和异步置位信号高电平有效。寄存器的复位端由低电平有效的全局复位专用引脚 GCLRn 信号来驱动。

2. 扩展乘积项 XPT

MAX7128S 中，有共享扩展乘积项和并行扩展乘积项(图 2.26、图 2.27)，用于复杂逻辑函数的构造。

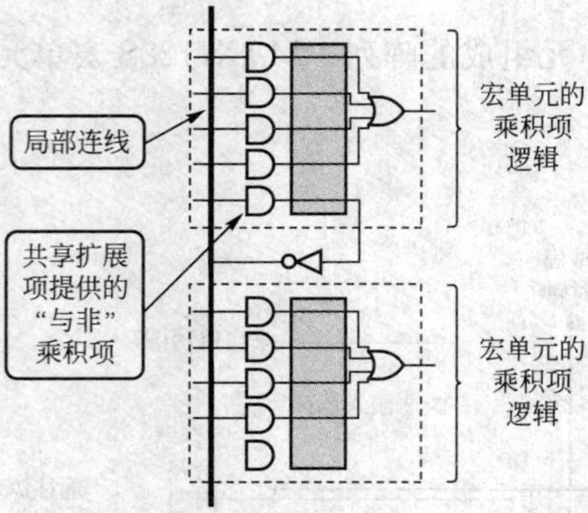

图 2.26　共享扩展乘积项结构

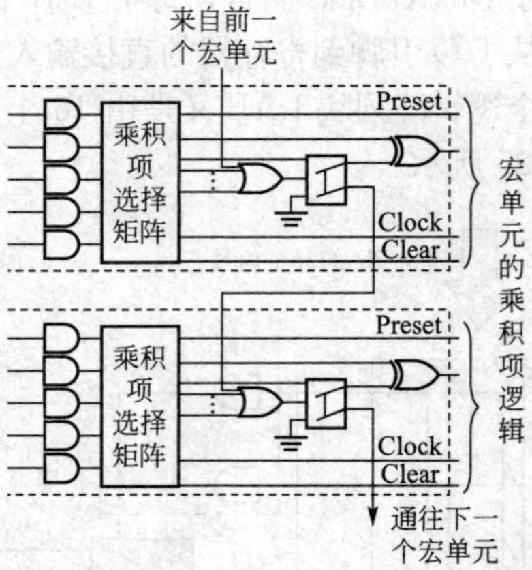

图 2.27　并行扩展乘积项馈送方式

每个 LAB 有 16 个共享扩展乘积项，共享扩展乘积项由每个宏单元提供一个单独的乘积项，经非门后反馈到逻辑阵列中，LAB 的宏单元都能共享这些乘积项，以便实现复杂的逻辑函数。但采用共享扩展乘积项后有附加延时。图 2.26 表示出共享扩展乘积项是如何馈送到多个宏单元的。

并行扩展乘积项是宏单元中一些没有使用的乘积项被分配到邻近的宏单元去实现快速、复杂的逻辑函数。使用并行扩展乘积项后，允许最多 20 个乘积项送宏单元的“或门”，其中 5 个乘积项由宏单元本身提供，15 个并行扩展乘积项是从同一个 LAB 中邻近宏单元借用的。当需要并行扩展时，“或”逻辑的输出通过一个选择分频器送往下一个宏单元的并行扩展“或”逻辑输入端。图 2.27 表示出并行扩展乘积项是如何从邻近宏单元借用的。

3. 可编程连线阵列 PIA

PIA 是实现布线的，LAB 通过 PIA 相互连接，实现所需的逻辑功能。通过全局总线，器件中的任何信号可达器件中的任意一个地方，如图 2.28 所示。

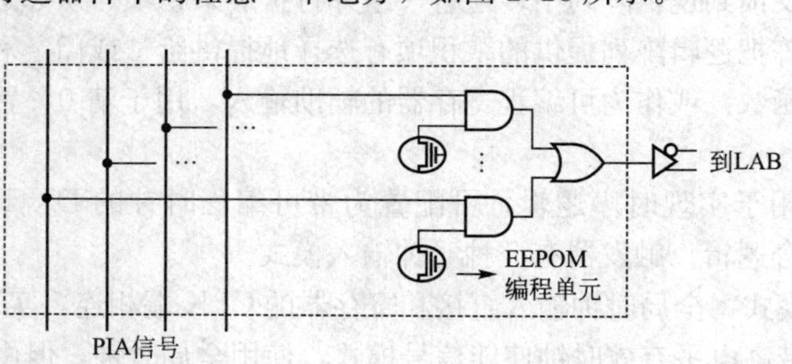

图 2.28　PIA 信号布线到 LAB 的方式

4. I/O 控制块

I/O 控制块把每个引脚单独配置成所需工作方式，包括：输入、输出和双向 3 种工作方式。

所有 I/O 引脚的 I/O 控制都是由一个三态缓冲器来实现的，三态缓冲器的控制信号来自一个多路选择器，可以用全局输出使能信号(如 MAX7128S 的 OE1、OE2 等)来控制或接地或接电源。

三态缓冲器的控制端接地时，其输出为高阻态，I/O 引脚可作为专用输入引脚使用；三态缓冲器的控制端接电源时，表示是输出使能，I/O 引脚可作为专用输出引脚使用；三态缓冲器的控制端接全局输出使能信号时，通过高低电平的控制，可实现输入/输出双向工作方式，如图 2.29 所示。

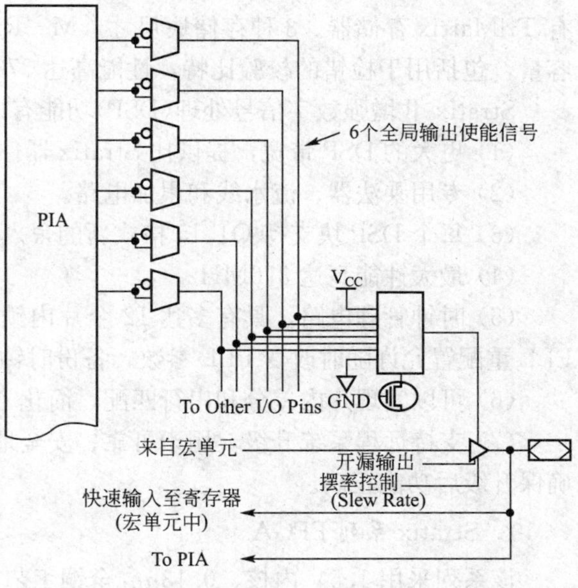

图 2.29　MAX7128S 器件的 I/O 控制块

2.3.2　Altera 公司器件

Altera 是著名的 PLD 生产厂商，多年来一直占据着行业领先的地位。Altera 的 PLD 具有高性能、高集成度和高性价比的优点，此外，它还提供了功能全面的开发工具和丰富的 IP 核、宏功能库等，因此，Altera 的产品获得了广泛的应用。Altera 的产品有多个系列，按照推出的先后顺序依次为 Classic 系列、MAX(Multiple Array Matrix)系列、FLEX(Flexible Logic Element Matrix)系列、APEX(Advanced Logic Element Matrix)系列、ACEX 系列、APEX Ⅱ 系列、Cyclone 系列、Stratix 系列、MAX Ⅱ 系列、Cyclone Ⅱ 系列以及 Stratix Ⅱ 系列等。

1. Stratix Ⅱ 系列 FPGA

Stratix Ⅱ 器件采用 TSMC 90nm 低绝缘工业技术的 300mm 晶圆制造。采用革新性的逻辑结构，基于自适应逻辑模块(ALM)，它将更多的逻辑封装到更小的面积内，并赋予更快的性能。Stratix Ⅱ 中带有专用算法功能模块，能高效地实现加法树等其他大计算量的功能。为了支持通信设计应用，Stratix Ⅱ 提供了高速 I/O 信号和接口。

(1) 专用串行/解串(SERDES)电路。实现 1Gbps 源同步 I/O 信号。

(2) 动态相位调整(DPA)电路。动态地消除外部板子和内部器件的偏移，更易获得最大的性能。

(3) 支持差分 I/O 信号电平，包括 Hyper Transport、LVDS、LVPECL 及差分 SSTL 和 HSTL。

(4) 提供外部存储器接口。专用电路支持最新外部存储接口，包括 DDR2 SDRAM、RLDRAM Ⅱ 和 QDRII SRAM 器件。I/O 引脚支持多种标准的 64 位或 72 位、168/144 脚双直列存储模块(DIMM)接口。

为需要设计安全性的新应用提供可编程逻辑功能和优势。配置比特流加密技术的 128 位高级加密标准(AES)设计安全，密匙存放在 FPGA 中，无需电池备份或占用逻辑资源。含有 TriMatrix 存储器。3 种存储块尺寸：M-RAM、M4K 和 M512，提供多达 9MB 的存储容量，包括用于检错的校验比特，性能高达 370MHz，混合宽度数据和混合时钟模式。

Stratix Ⅱ增强数字信号处理(DSP)功能有以下几个。

(1) 更大的 DSP 带宽，提供比 Stratix 器件多 4 倍的 DSP 带宽。

(2) 专用乘法器、流水线和累加电路。

(3) 每个 DSP 块支持 Q1.15 格式新的舍入和饱和。

(4) 最大性能高达 370MHz。

(5) 时钟管理电路。具有多达 12 个片内锁相环(PLL)支持器件和板子时钟管理，动态 PLL 重配置允许随时改变 PLL 参数，备份时钟切换用于差错恢复和多时钟系统。

(6) 可以实现片内差分和串行匹配，简化了电路板设计的复杂性，降低了设计成本。

(7) 支持远程系统升级，用于可靠、安全地进行系统升级和差错修复。专用看门狗电路确保升级后功能正确。

2. Stratix 系列 FPGA

该系列采用 1.5V 内核、0.13μm 全铜工艺。芯片由 Quartus Ⅱ软件支持。主要特点是：

(1) 内嵌 3 级存储单元，可配置为移位寄存器的 512B 小容量 RAM，4KB 容量的标准 RAM(M4K)，512KB 的大容量 RAM(MegaRAM)，并自带奇偶校验。

(2) 内嵌乘加结构的 DSP 块(包括硬件乘法器、硬件累加器和流水线结构)，适于高速数字信号处理和各类算法的实现。

(3) 全新的布线结构，分为 3 种长度的行列布线，在保证延时可预测的同时，提高资源利用率和系统速度。

(4) 增强时钟管理和锁相环能力，最多可有 40 个独立的系统时钟管理区和 12 组锁相环 PLL，实现 $K \cdot M/N$ 的任意倍频/分频，且参数可动态配置。

(5) 增加片内终端匹配电阻，提高信号的完整性，简化 PCB 布线。

(6) 增强远程升级能力，增加配置错误纠正电路，提高系统可靠性，方便远程维护升级。

3. ACEX 系列 FPGA

ACEX 是 Altera 公司专门为通信(如 xDSL 调制解调器、路由器等)、音频处理及其他一些场合的应用而推出的芯片系列。ACEX 器件的工作电压为 2.5V，芯片的功耗较低，集成度在 3 万门到几十万门之间，基于查找表结构。在工艺上，采用先进的 1.8V/0.18μm、6 层金属连线的 SRAM 工艺制成，封装形式则包括 BGA、QFP 等。

4. FLEX 系列 FPGA

FLEX 系列是 Altera 为 DSP 设计应用最早推出的 FPGA 器件系列、包括 FLEX10K、FLEX10KE、FLEX8000 和 FLEX6000 等系列器件。器件采用连续式互连和 SRAM 工艺，可用门数 1 万门至 25 万门。FLEX10K 器件由于具有灵活的逻辑结构和嵌入式存储器块，能够实现各种复杂的逻辑功能，是应用广泛的一个系列。

5. MAX 系列 CPLD

MAX 系列包括 MAX9000、MAX7000A、MAX7000B、MAX7000S、MAX7000、

MAX5000、MAX3000A 和 Classic 等器件系列。这些器件的基本结构单元是乘积项，在工艺上采用 EEPROM 和 EPROM。器件的编程数据可以永久保存，可加密。MAX 系列的集成度在数百门到 2 万门之间。所有 MAX9000 和 MAX7000 系列的器件都具有 ISP 在系统编程的功能，支持 JTAG 边界扫描测试。

6. Cyclone 系列 FPGA(低成本 FPGA)

Altera 公司的低成本系列 FPGA，平衡了逻辑、存储器、锁相环和高级 I/O 接口，Cyclone FPGA 是价格敏感应用的最佳选择。Cyclone FPGA 具有以下特性。

(1) 新的可编程构架通过设计实现低成本。

(2) 嵌入式存储资源支持各种存储器应用和数字信号处理(DSP)实施。

(3) 专用外部存储接口电路集成了 DDR FCRAM 和 SDRAM 器件以及 SDR SDRAM 存储器件。

(4) 支持串行、总线和网络接口及各种通信协议。

(5) 使用 PLL 管理片内和片外系统时序。

(6) 支持单端 I/O 标准和差分 I/O 技术，支持高达 311Mbps 的 LVDS 信号。

(7) 处理能力支持 Nios Ⅱ 系列嵌入式处理器。

(8) 采用新的串行配置器件的低成本配置方案。

(9) 通过 Quartus Ⅱ 软件 OpenCore 评估特性，免费评估 IP 功能。

7. Cyclone Ⅱ 系列 FPGA

Cyclone Ⅱ 器件的制造基于 300mm 晶圆，采用 TSMC 90mm、低 K 值电介质工艺，Cyclone Ⅱ FPGA 系列是低成本系列 FPGA，其功能如下。

(1) 多达 68416LE，用于高密度应用。

(2) 多达 1.1MB 的嵌入式处理器，用于通用存储。

(3) 多达 150 个 18×18 嵌入式处理器，用于低成本 DSP 应用。

(4) 专用外部存储器接口电路用以连接 DDR2、DDR 和 SDR SDRAM 以及 QDRII SRAM 存储器件。

(5) 最多 4 个嵌入式 PLL，用于片内和片外系统时钟管理。

(6) 支持单端 I/O 标准用于 64 位、66MHz PCI 和 64 位、100MHz PCI - X(模式 1)协议。

(7) 具有差分 I/O 信号，支持 RSDS、mini - LVDS、LVPECL 和 LVDS，数据速率接收端最高达 805Mbps，发送端最高 622Mbps。

(8) 对安全敏感应用进行自动 CRC 检测。

(9) 具有支持完全定制 Nios Ⅱ 嵌入式处理器。

(10) 采用串行配置器件的低成本配置解决方案。

8. Altera 宏功能块及 IP 核

随着百万门级 FPGA 的推出，单片系统成为可能。Altera 公司提出的概念为 SOPC，即可编程芯片系统，将一个完整的系统集成在一个可编程逻辑器件内。为了支持 SOPC 的实现，方便用户的开发与应用，Altera 公司还提供了众多性能优良的宏模块、IP 核以及系统集成等完整的解决方案。这些宏功能模块、IP 核都经过了严格的测试，使用这些模块将大大减小设计的风险，缩短开发周期，并且可使用户将更多的精力和时间放在改善和提高设计系统的性能上，而不是重复开发已有的模块。

Altera通过以下两种方式开发IP模块。

(1) AMPP(Altera Megafunction Partners Program)。AMPP是Altera宏功能模块和IP核开发伙伴组织，通过这个组织，提供基于Altera器件的优化宏功能模块和IP核。

(2) MegaCore。又称为兆功能模块，是Altera自行开发完成的。兆功能模块拥有高度的灵活性和一些固定功能的器件达不到的性能。

Altera公司的MAX+plus Ⅱ和Quartus Ⅱ平台提供对各种宏功能模块进行评估的功能，允许用户在购买某个宏功能模块之前对该模块进行编译和仿真，以测试其性能。

Altera公司能够提供以下宏功能模块。

(1) 数字信号处理类。即DSP基本运算模块，包括快速加法器、快速乘法器、FIR滤波器和FFT等，这些参数化的模块均针对Altera FPGA的结构做了充分的优化。

(2) 图像处理类。Altera为数字视频处理所提供的模块，包括旋转、压缩和过滤等应用模块，均针对Altera器件内置存储器的结构进行了优化，包括离散余弦变换和JPEG压缩等。

(3) 通信类。包括信道编解码、Viterbi编解码和Turbo编解码等模块，还能够提供软件无线电中的应用模块，如快速傅里叶变换和数字调制调节器等。在网络通信方面也提供了诸多选择，从交换机到路由器、从桥接器到终端适配器，均提供了一些应用模块。

(4) 接口类。包括PCI、USB、CAN等总线接口，SDRAM控制器、IEEE1394等标准接口。其中PCI总线包括64位、66MHz的PCI总线和32位、33MHz的PCI总线等几种方案。

(5) 处理器及外围功能模块。包括嵌入式微处理器、微控制器、CPU核、Nios核、UART和中断控制器等。此外还有编码器、加法器、锁存器、寄存器和各类FIFO等IP。

2.4 现场可编程逻辑器件

2.4.1 FPGA整体结构

FPGA是采用查找表(LUT)结构的可编程逻辑器件的统称，大部分FPGA采用基于SRAM的查找表逻辑结构形式，但不同公司的产品结构也有差异。下面首先介绍SRAM的查找表的原理，然后通过Cyclone器件介绍FPGA的基本结构和工作原理。

1. SRAM查找表

SRAM查找表是通过存储方式，把输入与输出关系保存起来，通过输入查找到对应的输出的。一个N个输入的查找表要实现N个输入的逻辑功能，需要2的N次幂个位的SRAM存储单元。如果N很大时，存储容量将像PROM器件一样增大，因此，N很大时，要采用多个查找表分开实现。

一个N输入LUT可以实现N个输入变量的任何逻辑功能，如N输入"与"、N输入"异或"等。图2.30是4输入LUT。

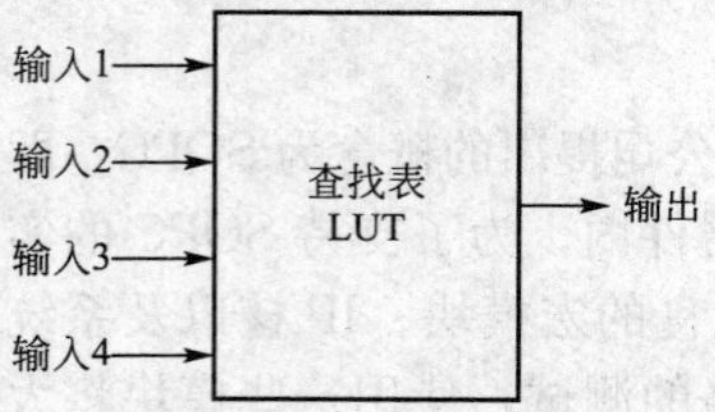

图2.30 4输入LUT

下面给出一个4与门电路的例子来说明LUT实现逻辑功能的原理。

【例 2-1】 给出一个使用 LUT 实现 4 输入与门电路的真值表，见表 2-1。

表 2-1　4 输入与门的真值表

实际逻辑电路		LUT 的实现方式	
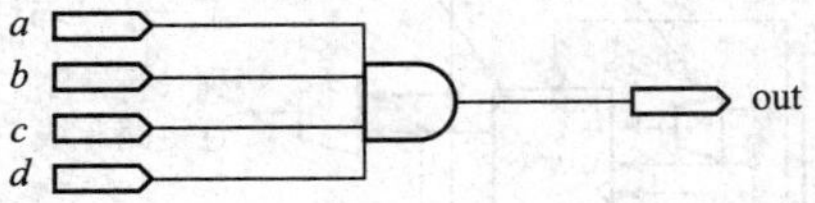		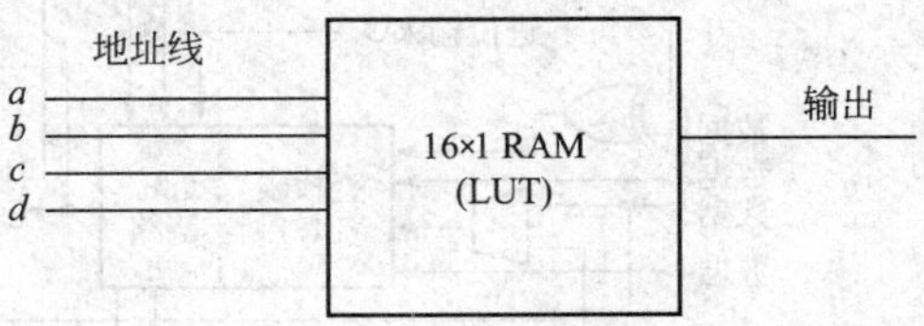	
abcd 输入	逻辑输出	地址	RAM 中存储的内容
0000	0	0000	0
0001	0	0001	0
…	…	…	…
1111	1	1111	1

从表中可以看到，LUT 具有和逻辑电路相同的功能。实际上，LUT 具有更快的执行速度和更大的规模。

2. Altera 公司 FPGA 的基本结构

Cyclone 器件基于一种全新的低成本架构，从设计之初就充分考虑了成本的节省，因此可以为价格敏感的应用提供全新的可编程解决方案。

Cyclone 器件的平面图如图 2.31 所示，其主要由逻辑阵列块(LAB)、嵌入式存储器块、I/O 单元和 PLL 等模块构成，各个模块之间存在丰富的互连线和时钟网络。

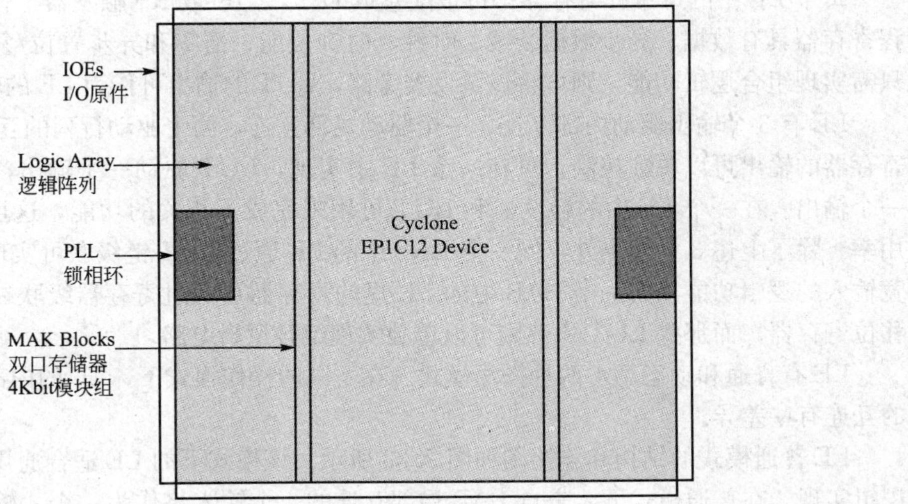

图 2.31　Cyclone 系列 FPGA 整体结构

Cyclone 器件的可编程资源主要来自逻辑阵列块(LAB)。每个 LAB 是由多个逻辑单元(Logic Element，LE)构成的。LE 是 Cyclone 器件中最基本的可编程单元，LE 的内部结构如图 2.32 所示。

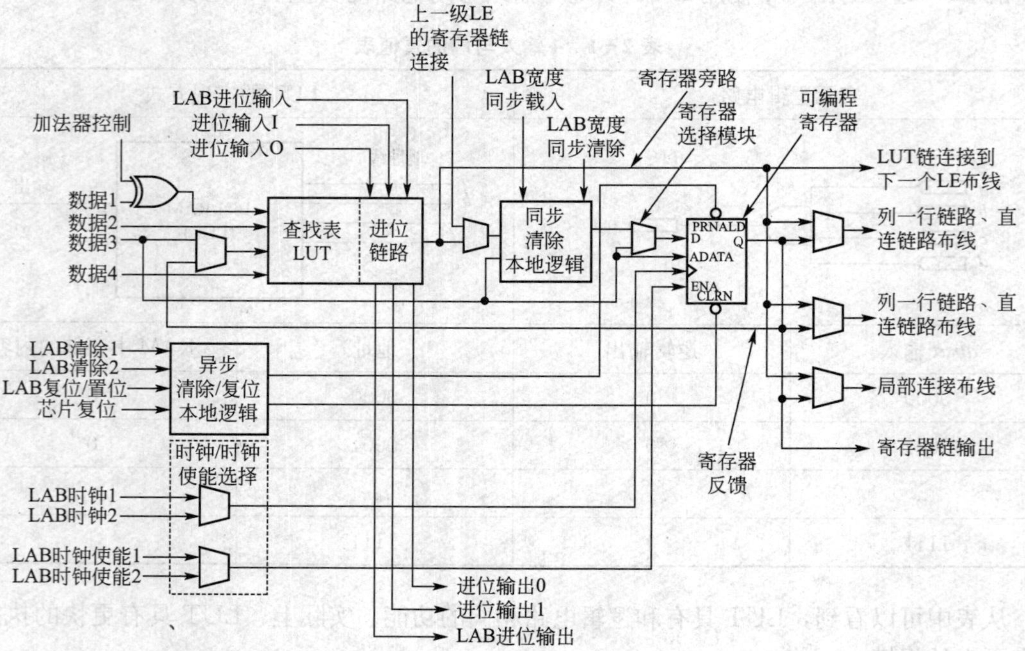

图 2.32　LE 内部结构

由 LE 的内部结构图可以看出，LE 主要由一个 4 输入的查找表(LUT)、进位链逻辑和一个可编程的寄存器构成。4 输入 LUT 可以完成所有 4 输入 1 输出的组合逻辑功能，进位链逻辑带有进位选择，可以灵活地构成 1 位加法或者减法逻辑，并可以切换。每一个 LE 的输出都可以连接到局部布线、行列、LUT 链、寄存器链等布线资源。

每个 LE 中的可编程寄存器都可被配置成 D、T、JK 或 RS 触发器工作方式。每个可编程寄存器具有数据、异步数据装载、时钟、时钟使能、清零和异步置位/复位输入信号。若只需实现组合逻辑功能，则可将该触发器旁路，LUT 的输出可作为 LE 的输出。

LE 有 3 个输出驱动内部互连，一个驱动局部互连，两个驱动行列的互连资源。LUT 和寄存器的输出可以单独控制，可在一个 LE 中实现，LUT 驱动一个输出，而寄存器驱动另一个输出。在一个 LE 中的触发器和 LUT 可用来完成不相关的功能，这可提高 LE 资源利用率。除了上述 3 个输出外，同一个 LAB 中的 LE 通过 LUT 链级联可实现输入多于 4 个的宽输入的逻辑功能。同一个 LAB 中的 LE 里的寄存器可通过寄存器级联在一起，构成一个移位寄存器，而那些 LUT 资源则可以单独实现组合逻辑电路。

LE 有普通和动态算术两种操作模式。在不同的操作模式下，LE 的内部结构和 LE 之间的互连有些差异。

LE 普通模式的结构和连接图如图 2.33 所示。该模式下的 LE 适合通用逻辑应用和普通逻辑实现。在普通模式下，来自 LAB 局部互连的 4 个输入将作为一个 4 输入 1 输出的查找表(LUT)的输入端。可选择仅为输入 Cin，或者 DATA3 信号作为 LUT 的其中一个输入信号。每个 LE 都可以通过 LUT 链直接连到在同一个 LAB 中的下一个 LE。普通模式下 LE 的输入信号可作为 LE 中寄存器的异步装载信号。

Cyclone 器件中的 LE 动态算术模式的结构和连接图如图 2.34 所示。该模式下的 LE 可

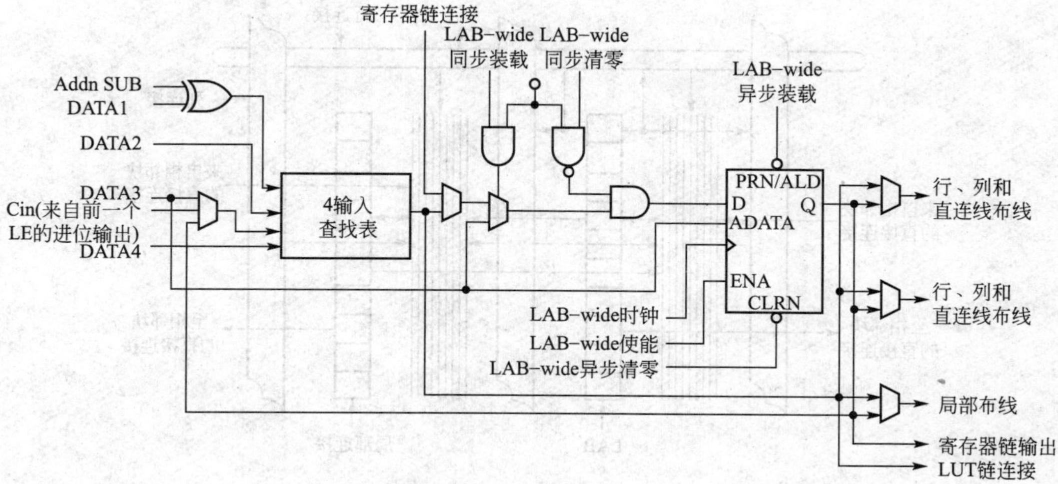

图 2.33　LE 普通模式

更好地实现加法器、计数器、累加器宽输入奇偶校验功能和比较器。动态算术模式下的 LE 可被配置成动态的加/减法器结构。其中两个 2 输入 LUT 用于计算两个数相加之和与进位值。另外两个 2 输入 LUT 用来生成进位输出信号，该信号送给进位选择电路的两条信号链。

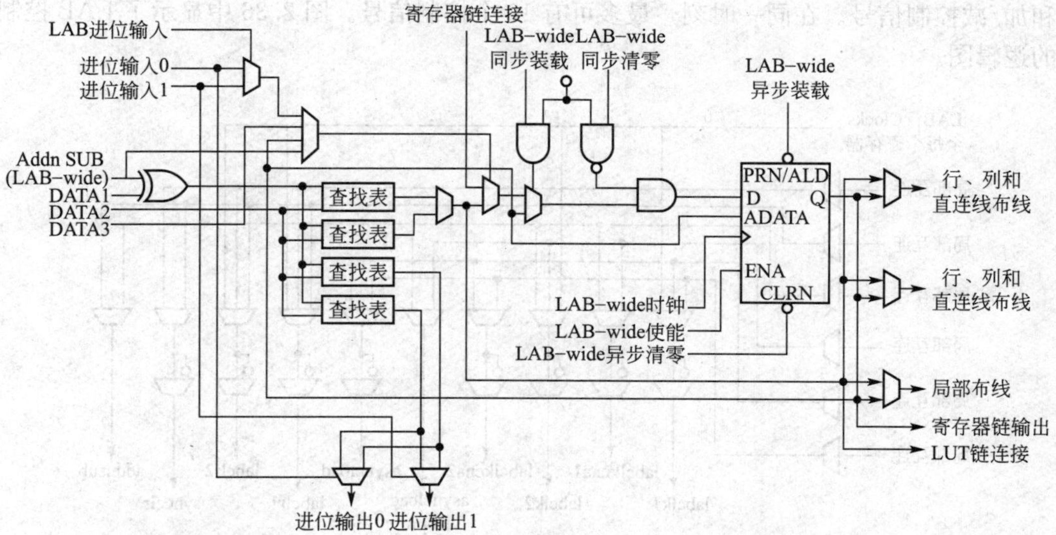

图 2.34　LE 动态算术模式

Cyclone 器件的逻辑阵列块(LAB)是由一系列相邻的 LE 构成的。每个 LAB 包含 10 个 LE、LE 进位链和级联链、LAB 控制信号、LAB 局部互连、LUT 链和寄存器链。Cyclone 器件 LAB 的结构如图 2.35 所示。

局部互连可以用来在同一个 LAB 的 LE 之间传输信号；LUT 链用来连接 LE 的 LUT 输出和下一个 LE(在同一个 LAB 中)的 LUT 的输入；寄存器链用来连接同一个 LAB 中的下一个 LE 的寄存器输出和下一个 LE 的寄存器的数据输入。

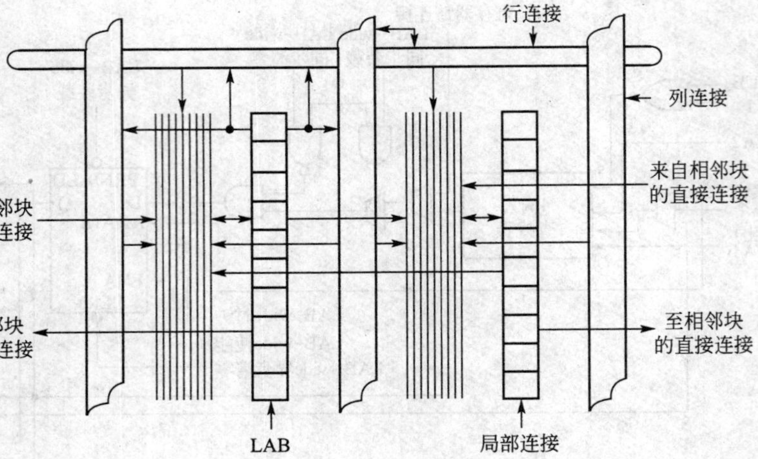

图 2.35　Logic Array Blocks(LAB)结构

LAB 中的局部互连信号可以驱动在同一个 LAB 中的 LE，可以连接行与列互连和在同一个 LAB 中的 LE，相邻的 LAB、左侧或者右侧的锁相环(PLL)和 M4K RAM 块通过直接连线也可以驱动一个 LAB 的局部互连。

每个 LAB 都有专用的逻辑来生成 LE 控制信号，这些 LE 的控制信号包括两个时钟(Clock)信号、两个时钟使能信号、两个异步清零、同步清零、异步预置/装载信号、同步装载和加/减控制信号。在同一时刻，最多可有 10 个控制信号。图 2.36 中显示了 LAB 控制信号的逻辑图。

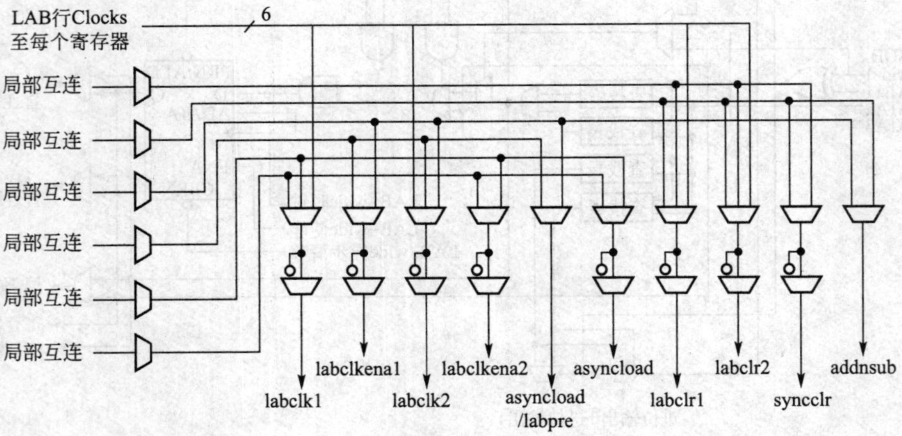

图 2.36　LAB 控制信号

动态算术模式下 LE 的快速进位选择功能由进位选择链(进位链)提供，通过冗余的进位计算的方式来提高进位功能的速度。如图 2.37 所示，在计算进位的时候，预先对进位输入为 0 和 1 的两种情况都计算，然后进行选择。

在 LE 之间也存在进位链，在 Cyclone 器件的一个 LAB 中存在两条进位链，如图 2.37 所示。在 LAB 之间的进位也可以通过进位链连接起来。

LE 之间除了 LAB 局部互连和进位外，还有 LUT 链、寄存器链。使用 LUT 链可以把

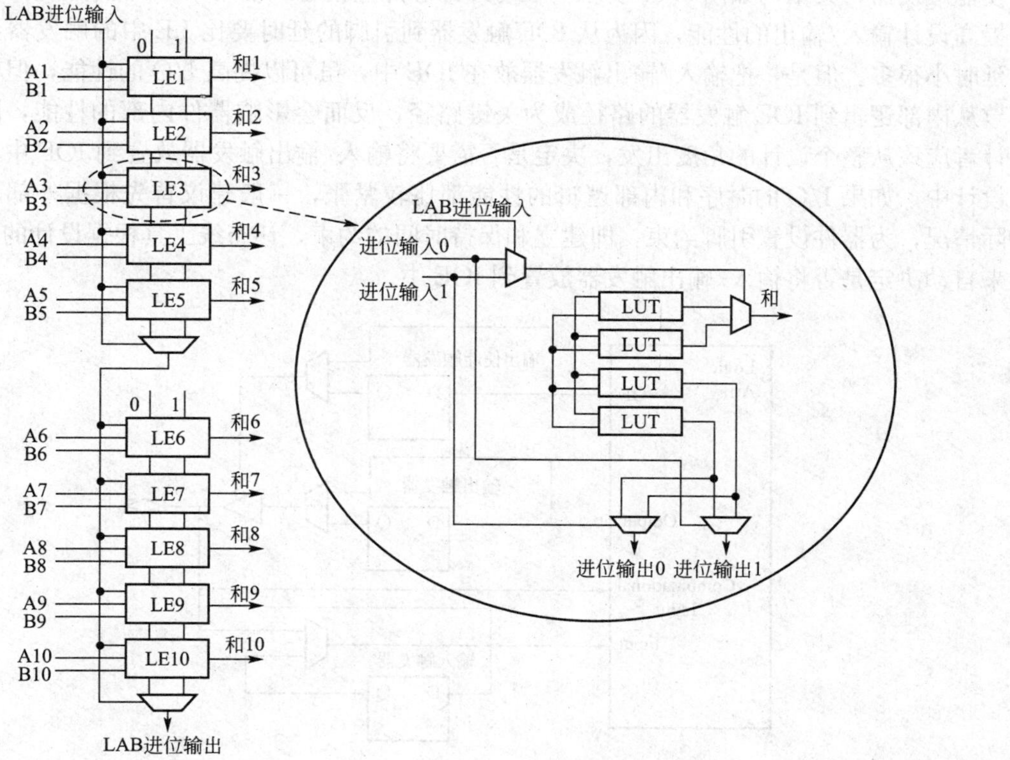

图 2.37　快速进位选择链

相邻的 LE 中的 LUT 互连起来构成复杂的组合逻辑，寄存器链可以把相邻的 LE 中的寄存器连接起来，构成诸如移位寄存器的功能。

Cyclone 器件连接 LE、M4K 存储器块、I/O 引脚之间使用多路径(MultiTrack)互连结构，这种结构采用 DirectDrive 技术。具有 DirectDrive 技术的 MultiTrack 互连线由不同长度、性能优化的布线组成，可以实现不同设计模块之间的通信。DirectDrive 技术可以确保任何功能无论在器件中的什么位置都具有一致的布线资源。该技术避免了因设计改变而重新进行系统优化的过程，简化了模块设计的系统集成过程，使设计者可以自由添加、修改和移动设计的不同部分，而不会对设计性能造成不利影响。

Cyclone 器件中的嵌入式存储器(Embedded Memory)由数十个 M4K 的存储器块构成。每个 M4K 存储器块 具有很强的伸缩性，可以实现的功能有：4608 位 RAM，200MHz 高速性能，真正的双端口存储器，单个双端口存储器，单端口存储器，字节使能，校验位，FIFO 设计，ROM 设计，混合时钟模式。

Cyclone 器件中的嵌入式存储器可以通过多种连线与可编程资源实现互连，这大大增强了 FPGA 的性能，扩大了 FPGA 的应用范围。

在数字逻辑电路的设计中，时钟(Clock)和复位信号常常需要作用于系统中的每个时序逻辑单元，因此，在 Cyclone 器件中设有全局控制信号。由于系统的时钟延时会大大影响系统的性能，在 Cyclone 中设置了复杂的全局时钟网络，以减少时钟信号的传输延时。另外 Cyclone 器件中还含有 1～2 个 PLL，可用来调整时钟信号的波形、频率和相位。

Cyclone 器件的 IOE 中有 3 个 IOE 触发器，它们分别是输入触发器、输出触发器和输出使能触发器，其结构如图 2.38 所示，在与外部芯片连接时，使用 IOE 中的触发器可以显著提高设计输入/输出的性能，因为从 IOE 触发器到引脚的延时要比 LE 中的触发器到引脚的延时小很多。但是，把输入/输出触发器放在 IOE 中，虽可以提高 I/O 的性能，但有时会导致从内部逻辑到 IOE 触发器的路径成为关键路径，反而会影响器件内部的性能，因此，设计者应该从整个设计的角度出发，决定是否需要将输入/输出触发器放置到 IOE 中。在实际设计中，如果 I/O 的时序和内部逻辑的性能都比较紧张，一般建议首先根据外部芯片的实际情况，为器件设置引脚约束，即建立和保持时间的约束，让布线工具根据设计的具体情况来自动决定是否将输入/输出触发器放置到 IOE 中。

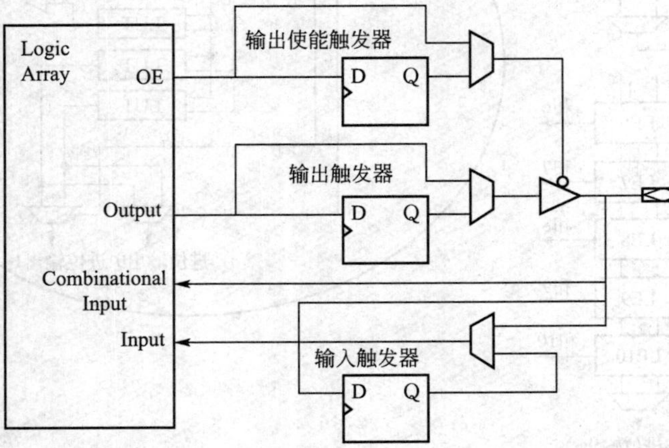

图 2.38　IOE 结构

Cyclone 器件的 I/O 支持多种 I/O 接口，符合多种 I/O 标准，可以支持差分的 I/O 标准，如低压差分串行(LVDS)和去抖动差分信号(RSDS)，也支持普通的 I/O 标准，如 LVTTL、LVCMOS、SSTL 和 PCI 等，通过这些常用的端口与板上的其他芯片沟通。

Cyclone 器件最多可以支持 129 个通道的 LVDS 和 RSDS。Cyclone 器件内的 LVDS 缓冲器可以支持最高达 640Mbps 的数据传输速率。与单端的 I/O 标准相比，这些内置于 Cyclone 器件的 LVDS 缓冲器保持了信号的完整性，并具有低的电磁干扰、更好的电磁兼容性(EMI)和更低的电源功耗。

Cyclone 器件的电源支持采用内核电压和 I/O 电压分开供电的方式，I/O 电压取决于使用时需要的 I/O 标准，而内核电压使用 1.5V 供电，Cyclone Ⅱ器件内核电压为 1.2V。

Cyclone 器件的时钟资源如图 2.39 所示。Cyclone 器件内部有 8 个内部全局时钟网络，可以由全局时钟引脚 CLK0～CLK3、复用的时钟引脚 DPCLK0～DPCLK7、锁相环(PLL)或内部逻辑来驱动。器件中 PLL 只能由全局时钟引脚 CLK0～CLK3 来驱动。CLK0 和 CLK1 可以作为 PLL1 两个可选的时钟输入端，也可作为一对差分 LVDS 的时钟输入引脚；CLK0 作为正端输入 LVDSCLK1p，而 CLK1 作为负端输入 LVDSCLK1n。同样，CLK2 和 CLK3 可作为 PLL2 的两个可选的时钟输入端，也可作为一对差分 LVDS 的时钟输入引脚。

Cyclone 器件的锁相环(PLL)结构如图 2.40 所示。一个 PLL 的输出可以驱动两个内部全局时钟网络和一个或一对 I/O 引脚。Cyclone 器件的锁相环支持 3 种反馈模式。

(1) 正常反馈模式。在该模式下，内部被补偿的时钟网络的末端相位与时钟输入引脚

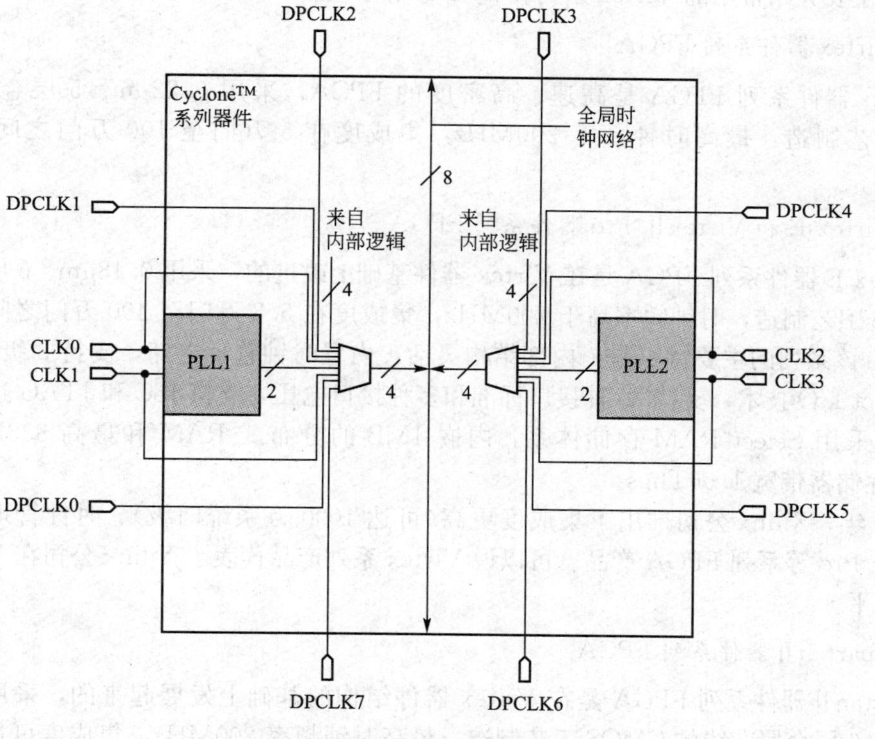

图 2.39　Cyclone 器件的时钟资源

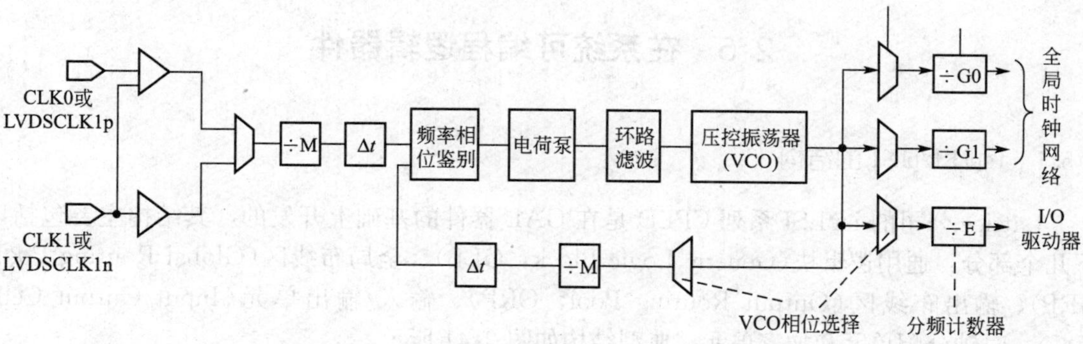

图 2.40　Cyclone 器件的锁相环(PLL)结构

相同。

(2) 0 延时驱动器反馈模式。在该模式下，PLL 外部的被补偿的时钟专用输出引脚的相位与时钟输入引脚同相位，这时的器件内部的 PLL 就好像是一个 0 延时的锁相环电路。

(3) 无补偿模式。在该模式下，反馈回路中没有任何补偿延时电路，内部时钟和输入时钟的相位关系是由 PLL 的基本特性决定的。

2.4.2　Xilinx 公司 FPGA 器件

Xilinx 公司是最早推出 FPGA 器件的公司，1985 年首次推出 FPGA 器件，现有 XC2000/3000/3100/4000/5000/6200/8100、Virtex、Spartan、Virtex Ⅱ Pro 等系列 FPGA 产品。

下面主要介绍常用的Virtex系列和SpartanⅡ系列。

1. Virtex器件系列FPGA

Virtex器件系列FPGA是高速、高密度的FPGA，采用0.22μm、5层金属布线的CMOS工艺制造，最高时钟频率200MHz，集成度在5万门至100万门之间，工作电压2.5V。

2. Virtex E和VirtexⅡ Pro器件系列FPGA

Virtex E器件系列FPGA是在Virtex器件基础上改进的，采用0.18μm、6层金属布线的CMOS工艺制造，时钟频率高于200MHz，集成度在5.8万门至400万门之间，工作电压1.8V。该系列的主要特点是：内部结构灵活，内置时钟管理电路，支持3级存储结构；采用Select I/O技术，支持20种接口标准和多种接口电压，支持ISC和JTAG边界扫描测试功能；采用Select RAM存储体系，内嵌1MB的分布式RAM和最高832KB的块状RAM，存储器带宽1.66Tbps。

2001年，Xilinx公司推出了集成度更高(可达1000万系统门级)、时钟管理更先进的Virtex Ⅱ Pro等系列FPGA产品。可以说Virtex系列产品代表了Xilinx公司在FPGA领域的最高水平。

3. SpartanⅡ器件系列FPGA

SpartanⅡ器件系列FPGA是在Virtex器件结构的基础上发展起来的，采用0.22μm/0.18μm、6层金属布线的CMOS工艺制造，最高时钟频率200MHz，集成度可达15万门，工作电压2.5V。

2.5 在系统可编程逻辑器件

2.5.1 ispLSI/pLSI的结构

Lattice公司的ispLSI系列CPLD是在GAL器件的基础上开发的，其结构主要包括以下几个部分：通用逻辑块(Generic Logic Block，GLB)、全局布线区(Global Routing Pool，GRP)、输出布线区(Output Routing Pool，ORP)、输入/输出单元(Input/Output Cell，IOC)、时钟分配单元和加密单元，典型结构如图2.41所示。

1. 通用逻辑块GLB

通用逻辑块GLB是ispLSI器件结构的基本单元和关键部分，图2.41中用A0～D7来标示，ispLSI1032E共有32个这样的GLB，ispLSI1000/2000系列的GLB有18个输入，用来驱动20个乘积项(Product Term，PT)的阵列，这些乘积项提供4个输出，可输出至GRP或I/O单元。ispLSI3000/6000系列使用双GLB(Twin GLB)，可以提供更宽的逻辑功能(24个输入，用来驱动两组各20个乘积项的阵列，这些乘积项提供两组共8个输出)。ispLSI5000V系列采用的GLB与前几个系列有较大差异，GLB包含32个宏单元，ispLSI8000系列的GLB与ispLSI5000V系列相类似，但由20个宏单元组成。ispLSI5000V/8000的GLB与Altera公司的LAB结构差不多，下面主要介绍ispLSI1000/2000/3000系列的GLB，典型结构如图2.42所示。

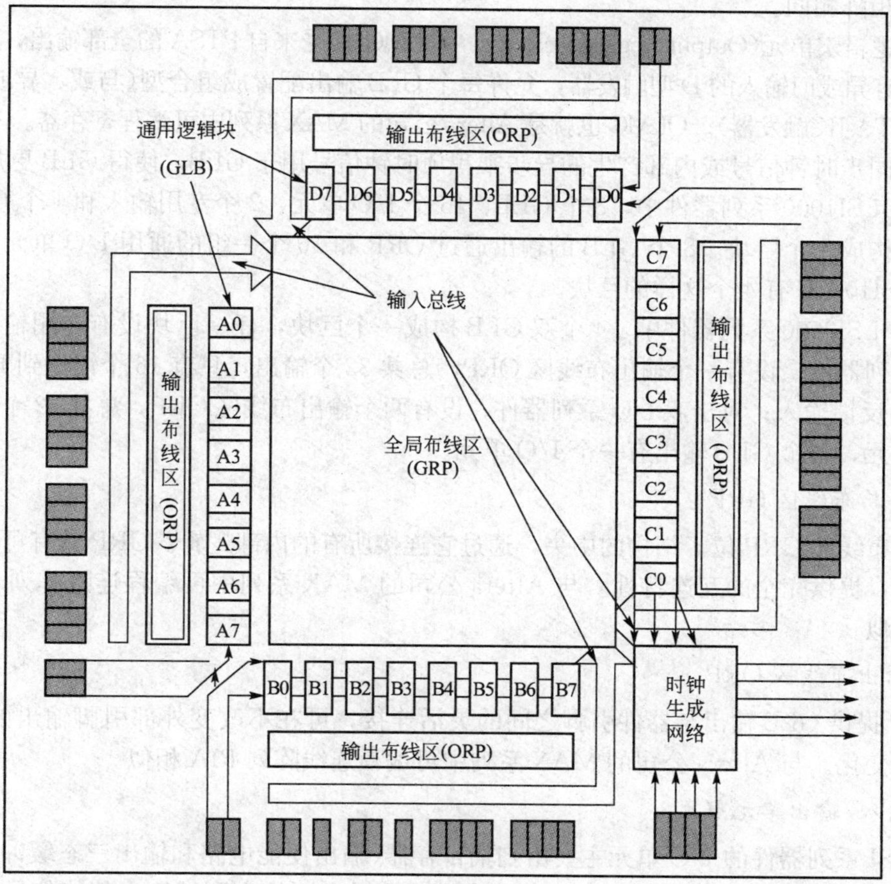

图 2.41　ispLSI1032E 结构图

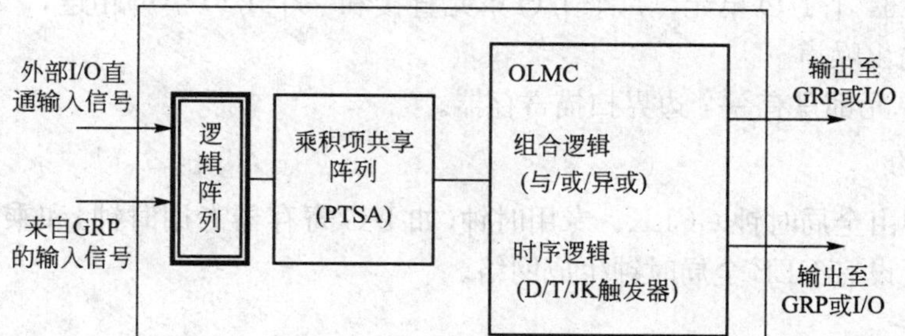

图 2.42　ispLSI1032E GLB 结构图

GLB 的内部逻辑由与阵列、乘积项共享阵列、可配置寄存器(OLMC)和控制部分组成。

GLB 的与阵列(And Array)接受来自全局布线区 GRP 的输入信号，这些信号可以来自反馈信号，也可以来自外部 I/O 输入。与阵列用于组合逻辑中，产生乘积项。与 Altera 公司的 MAX 系列中的逻辑阵列相同。

乘积项共享阵列(Product Term Sharing Array，PTSA)允许来自与阵列的任意乘积项被任意的 GLB 输出共享，可消除相同乘积项组。PTSA 与 Altera 公司的 MAX 系列中的乘积项选择矩阵相同。

输出逻辑宏单元(Output Logic Macro Cell, OLMC)接受来自 PTSA 的全部输出，OLMC 包含一个带有异或门输入的 D 型触发器，允许每个 GLB 输出配置成组合型(与或、异或)或寄存器型(D、T、JK 触发器)。OLMC 也就是 Altera 公司的 MAX 系列中可编程寄存器。

全局同步时钟信号或内部产生的异步乘积项时钟信号用于 GLB，使得 GLB 更加灵活。

在 ispLSI1000 系列器件中，8 个 GLB、16 个 I/O 单元、2 个专用输入和 1 个 ORP 连接在一起，构成一个巨块。8 个 GLB 的输出通过 ORP 和 16 个一组的通用 I/O 单元连接在一起。ispLSI1032E 有 4 个这样的巨块。

在 ispLSI3000 系列器件中，4 个双 GLB 构成一个巨块，任一巨块设有专用输入。对于单 I/O 系列器件，设有一个输出布线区 ORP，总共 32 个输出，只有 16 个馈送到 I/O 单元，16 个作为反馈输入；对于双 I/O 系列器件，设有两个输出布线区 ORP，总共 32 个输出馈送到 I/O 单元，每个 GLB 输出有一个 I/O 单元。

2. 全局布线区 GRP

全局布线区 GRP 位于结构的中央，通过它连接所有的内部逻辑。GRP 具有可预测的固定的延迟，提供完全的互连特性。与 Altera 公司的 MAX 系列中可编程连线阵列 PIA 的全局总线相似。

3. 输出布线区 ORP

ORP 提供 GLB 输出与器件引脚之间的灵活连接，可在不改变外部引脚输出的条件下，实现设计变化。与 Altera 公司的 MAX 系列中可编程连线阵列 PIA 相似。

4. 输入/输出单元 IOC

ispLSI 系列器件的 I/O 单元主要由扫描寄存器(输出使能电路和输出三态缓冲器)组成，输出使能电路能够由全局使能信号(OE)和乘积项驱动，还能由测试输出使能信号(TOE)驱动。每个 I/O 单元可独立编程配置为组合输入、寄存器输入、输出或双向三态 I/O 控制。ispLSI1032E 有 64 个 I/O 单元，每个 I/O 单元直接和一个 I/O 引脚相连，支持摆率控制以减少整体开关输出噪声。

每个 I/O 单元都只有一个边界扫描寄存器。

5. 时钟结构

CPLD 时钟由全局时钟 GCLK、专用时钟(如 I/O 寄存器专用时钟)和乘积项时钟组成。1000E 系列中还设有 GLB 全局时钟生成网络。

6. 加密单元

加密单元用于防止阵列单元的非法复制，该单元编程后，禁止读出片内功能数据，但重新编程可擦除它。

7. 死锁保护

ispLSI 器件片内电荷驱动能力能够防止输入负脉冲引起的内部电路阻塞，输出设计成 N 沟道上拉，消除了 SCR 引起的锁定，因此，具有良好的死锁保护功能。

2.5.2 Lattice 公司 ispLSI 系列器件

Lattice 公司的 CPLD 器件主要有 ispLSI 系列、ispMACH 系列。下面主要介绍常用的

isp LSI/ispMACH 系列。

ispLSI 系列是 Lattice 公司于 20 世纪 90 年代以来推出的，集成度为 1000 门至 60000 门，引脚到引脚之间(Pin To Pin)延时最小 3ns，工作速度可达 300MHz，支持 ISP 和 JTAG 边界扫描测试功能，适宜在通信设备、计算机、DSP 系统和仪器仪表中应用，ispMACH 系列速度更快，可达 400MHz。

ispLSI 系列主要有 6 个系列，分别适用于不同场合，前 3 个系列是基本型，后 3 个系列是 1996 年后推出的新产品。

1. ispLSI1000 系列

ispLSI1000 系列又包括 ispLSI1000/1000E/EA 等品种，属于通用器件，集成度为 2000 门至 8000 门，引脚到引脚之间的延时不大于 7.5ns，集成度较低，速度较慢，但价格便宜，如 ispLSI1032E 是目前市面上最便宜的 CPLD 器件之一，因而在一般的数字系统中使用较多，如网卡、高速编程器、游戏机、测试仪器仪表中均有应用。ispLSI1000 是基本型，ispLSI1000E 是 ispLSI1000 的增强型(Enhanced)。

2. ispLSI2000 系列

ispLSI2000 系列又包括 ispLSI2000/2000A/2000E/2000V/2000VL/2000VE 等品种，属于高速型器件，集成度与 ispLSI1000 系列大体相当，引脚到引脚之间延时最小 3ns，适用于速度要求高、需要较多 I/O 引脚的电路，如移动通信设备、高速路由器等。

3. ispLSI3000 系列

ispLSI3000 系列是第一个上万门的 ispLSI 系列产品，采用双 GLB，集成度可达 2 万门，可单片集成系统逻辑、DSP 功能及编码压缩电路，适用于集成度要求较高的场合。

以上系列工作电压为 5V，引脚输入/输出电压为 5V。

4. ispLSI5000 系列

ispLSI5000 系列又包括 ispLSI5000V/5000VA 等品种，其整体结构与 ispLSI3000 系列相类似，但 GLB 和宏单元结构有了大的差异，属于多 I/O 口宽乘积项型器件，集成度为 10000 门至 25000 门，引脚到引脚之间的延时大约 5ns，集成度较高，工作速度可达 200MHz，适用于宽总线(32 位或 64 位)的数字系统，如快速计数器、状态机和地址译码器等。ispLSI5000V 系列工作电压为 3.3V，但其引脚能够兼容 5V、3.3V、2.5V 等多种电压标准。

5. ispLSI6000 系列

ispLSI6000 系列的 GLB 与 ispLSI3000 系列相同，但整体结构中包含了 FIFO 或 RAM 功能，是 FIFO 或 RAM 存储模块与可编程逻辑相结合的产物，集成度可达 25000 门。

6. ispLSI8000 系列

ispLSI8000 系列又包括 ispLSI8000/8000V 等品种，是在 ispLSI5000V 系列的基础上更新整体结构而来的，属于高密度型器件，集成度可达 60000 门，引脚到引脚之间的延时大约 5ns，集成度最高，工作速度可达 200MHz，适用于较复杂的数字系统。如外围控制器、运算协处理器等。

7. ispMACH4000 系列

ispMACH4000 系列外观图如图 2.43 所示，又包括 ispMACH4000/4000B/4000C/4000V/

图 2.43　ispMACH4000 系列外观图

4000Z 等品种，主要是供电电压不同，ispMACH4000V、ispMACH4000B 和 ispMACH4000C 器件系列供电电压分别为 3.3V、2.5V 和 1.8V，Lattice 公司还基于 ispMACH4000 的器件结构开发出了业界最低静态功耗的 CPLD 系列——ispMACH4000Z。

ispMACH4000 系列产品提供 SuperFAST(400MHz，超快)的 CPLD 解决方案。ispMACH4000V 和 ispMACH 4000Z 均支持适用温度范围：－40～130℃(Tj)。ispMACH4000 系列支持介于 3.3V 与 1.8V 之间的 I/O 标准，既有业界领先的速度性能，又能提供最低的动态功耗。

ispMACH4000V/B/C 系列器件的宏单元个数从 32 到 512 不等，ispMACH4000Z 的宏单元数为 32 到 256。ispMACH 系列提供 44 到 256 个引脚、具有多种密度 I/O 组合的 TQFP、fpBGA 和 caBGA 封装。

8. ispLSI5000VE/ispMACH5000 系列

ispLSI5000VE 是后来设计的新产品，Lattice 公司推荐用于替代 ispLSI3000/5000V/5000VA。ispLSI5000VE 系列外观图如图 2.44 所示。

ispLSI5000VE 整体结构与 ispLSI3000 系列相类似，但 GLB 和宏单元结构有了大的差异，属于多 I/O 口宽乘积项型器件，引脚到引脚之间延时大约 5ns，集成度最大可达 1024 个宏单元，工作速度可达 180MHz，适用于宽总线(32 位或 64 位)的数字系统，如快速计数器、状态机和地址译码器等。ispMACH5000B 系列速度更快，可达 275MHz，集成度最大可达 512 个宏单元。

ispLSI/ispMACH5000 系列器件的可编程结构为各种复杂的逻辑应用系统提供了业界领先的系统性能。器件的每个逻辑块拥有 68 个输入，可以在单级逻辑上轻松实现包括 64 位应用系统的复杂逻辑功能，而用传统的 CPLD 器件却需要两层或更多的逻辑层才能实现相同的功能，因为它们的逻辑块输入只相当于 ispLSI/ispMACH5000 器件的一半。所以，对于需要 36 个以上输入的“宽”逻辑功能，ispLSI/ispMACH5000 的性能表现比传统的 CPLD 器件结构高出 60%。

9. ispXPLD™ 5000MX 系列

ispXPLD™5000MX 系列外观图如图 2.45 所示，又包括 ispXPLD™5000MB/5000MC/5000MV 等品种。

图 2.44　ispLSI5000VE 系列外观图

图 2.45　ispXPLD™5000MX 系列外观图

ispXPLD™ 5000MX 系列代表了 Lattice 公司全新的 XPLD(eXpanded Programmable Logic Device)器件系列。这类器件采用了新的构建模块——多功能块(MFB：Multi - Function Block)。这些 MFB 可以根据用户的应用需要，被分别配置成 SuperWIDETM 超宽(136 个输入)逻辑、单口或双口存储器、先入先出堆栈或 CAM。

ispXPLD™ 5000MX 器件将 PLD 出色的灵活性与 sysIOTM 接口结合了起来，能够支持 LVDS、HSTL 和 SSTL 等最先进的接口标准，以及比较熟悉的 LVCMOS 标准。sysCLOCK™ PLL 电路简化了时钟管理。ispXPLD™ 5000MX 器件采用了拓展的在系统编程技术，也就是 ispXP 技术，因而具有非易失性和无限可重构性。编程可以通过 IEEE 1532 业界标准接口进行，配置可以通过莱迪思的 sysCONFIGTM 微处理器接口进行。该系列器件有 3.3V、2.5V 和 1.8V 供电电压的产品可供选择(对应 MV、MB 和 MC 系列)，最大规模 1024 个宏单元，最快 300MHz。

ispLSI/ispMACH 器件都采用 EECMOS 和 EEPROM 工艺结构，能够重复编程万次以上，内部带有升压电路，可在 5V、3.3V 逻辑电平下编程，编程电压和逻辑电压可保持一致，给使用带来很大方便。具有保密功能，可防止非法复制。具有短路保护功能，能够防止内部电路自锁和 SCR 自锁。推出后，受到了极大的欢迎，曾经代表了 CPLD 的最高水平，但现在 Lattice 公司推出了新一代的扩展在系统可编程技术(ispXP)。在新设计中推荐采用 ispMACH 系列产品和 ispLSI5000VE 系列产品，全力打造 ispXPLD 器件，并推出采用扩展在系统可编程技术的 ispXPGA 系列 FPGA 器件，改变了只生产 CPLD 的状况。

2.6　FPGA 和 CPLD 的开发应用

2.6.1　CPLD 和 FPGA 的编程与配置

可编程逻辑器件在利用开发工具设计好应用电路后，要将该应用电路写入 PLD 芯片，将应用电路写入 PLD 芯片的过程就称为编程，而对 FPGA 器件来讲，由于其内容在断电后即丢失，因此，称为配置，但把应用电路写入 FPGA 的专用配置 ROM 仍称为配置。由于编程或配置一般是把数据由计算机写入 PLD 芯片，因此，也叫下载。要把数据由计算机写入 PLD 芯片，首先要把计算机的通信接口和 PLD 的编程或配置引脚连接起来。一般是通过下载线和下载接口来实现的，也有专用的编程器。

CPLD 的编程主要考虑编程下载接口及其连接，而 FPGA 的配置除了要考虑编程下载接口及其连接外，还要考虑配置器件问题。

1. CPLD 和 FPGA 的下载接口

目前可用的下载接口有专用接口和通用接口、串行接口和并行接口之分。专用接口如 Lattice 公司早期的 ISP 接口(ispLSI1000 系列)，Altera 公司的 PS 接口等，通用接口如 JTAG 接口。串行接口和并行接口不仅是针对 PC 而言，对 PLD 也是这样，显然，JTAG 接口是串行接口。但在 PLD 内部，数据都是串行写入的，使用并行接口在 PLD 内部数据有一个并行格式转串行格式的过程，故串行接口和并行接口速度基本相同。

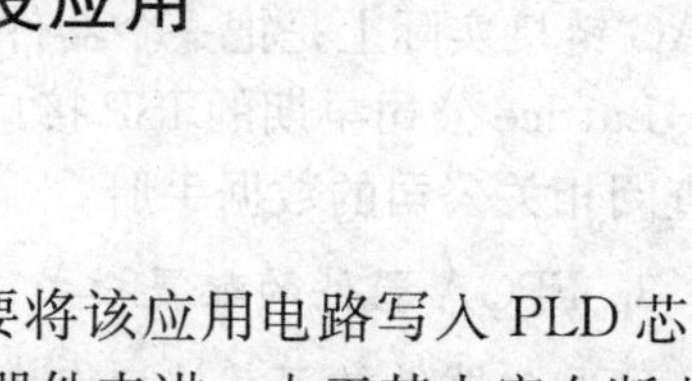

图 2.46　ByteBlaster 接口信号排列图

Altera 公司的 ByteBlaster 接口是一个 10 芯的混合接

口，有 PS 和 JTAG 两种模式，都是串行接口。接口信号排列图如图 2.46 所示，名称见表 2-2。

表 2-2 ByteBlaster 接口信号名称

引脚号	1	2	3	4	5	6	7	8	9	10
PS 模式	DCK	GND	CONF DONE	VCC	CONFIG	NA	nSTATUS	NA	DATA0	GND
JTAG 模式	TCK	GND	TDO	VCC	TMS	NA	NA	NA	TDI	GND

PLD 芯片，尤其是 FPGA 芯片，其下载模式都有多种，分别对应于不同格式的数据文件，不同的配置模式又要有不同的接口，如 Xilinx 公司的 FPGA 器件有 8 种配置模式，Altera 公司的 FPGA 器件有 6 种配置模式。配置模式的选择是通过 FPGA 器件上的模式选择引脚来实现的，Xilinx 公司的 FPGA 器件有 M_0、M_1、M_2 3 只配置引脚，Altera 公司的 FPGA 器件有 $MSEL_0$、$MSEL_1$ 两只配置引脚。但各系列也有差别，设计时要查阅相关数据手册。

2. CPLD 器件的下载接口及其连接

现在的 CPLD 器件基本上都采用 ISP 编程，大都可以利用 JTAG 接口下载。JTAG 接口原是为 BST 设计的，后用于编程接口，形成了 IEEE 1532，对 JTAG 编程进行了标准化。JTAG 编程接口减少了系统引出线，便于编程接口的统一。JTAG 编程接口使用 JTAG 引脚中的 TCK、TMS、TDI、TDO 来实现。

采用 JTAG 编程接口还可使用 JTAG 链接一次对多个 CPLD 器件进行编程。所谓 JTAG 链接实际上是把一个器件的 TDO 接在后一个器件的 TDI 上，实现同时编程。

Lattice 公司早期的 ISP 接口(ispLSI1000 系列)也支持多器件下载。以上具体连接电路请查阅相关公司的数据手册。

3. FPGA 器件的配置模式

FPGA 器件的下载接口有串口和并口之分，有多种下载模式可选。

Altera 公司的 FPGA 器件有 6 种配置模式。

1) PS(Passive Serial)模式

PS 模式即被动串行模式，用 $MSEL_1=0$、$MSEL_0=0$ 选定，可直接利用 PC，通过 10 芯的 ByteBlaster 下载电缆对 FPGA 进行配置。该模式使用的是 ByteBlaster 混合接口(理论上也可作成 PS 专用接口)。PS 模式也支持多个器件同时下载。

2) PPS(Passive Parallel Synchronous)模式

PPS 模式即被动并行同步模式，用 $MSEL_1=1$、$MSEL_0=0$ 选定。

3) PPA(Passive Parallel Asynchronous)模式

PPA 模式即被动并行异步模式，用 $MSEL_1=1$、$MSEL_0=1$ 选定。

4) PSA(Passive Serial Asynchronous)模式

PSA 模式即被动串行异步模式，用 $MSEL_1=0$、$MSEL_0=1$ 选定。

5) JTAG 模式

JTAG 模式，其实也是被动串行模式的一种，也用 $MSEL_1=0$、$MSEL_0=0$ 选定。与 PS 模式一样，也可直接利用 PC，通过 10 芯的 ByteBlaster 下载电缆对 FPGA 进行配置。JTAG 模式与 PS 模式的区别在于使用的引脚与信号不同。

6）配置器件配置

使用配置器件配置实际上是一种上电自动重配置，不是计算机下载配置。

使用二位模式选择位，实际上只有 4 种模式，其他都是通过其他方式加以区分的。

Xilinx 公司的 FPGA 器件有 M_0、M_1、M_2 3 只配置引脚，可区分 8 种模式。

1）主串(Master Serial)模式

主串模式输出 CCLK 信号，并以串行方式从配置器件如 EPROM 中接收配置数据。该模式一般用 $M_0=M_1=M_2=0$ 来选择。

2）主并升(Master Parallel Up)模式

与主串模式的不同点在于从配置器件是并行读入数据，然后在内部变成串行的数据格式，主并升模式开始由低到高读数据。该模式一般用 $M_0=M_1=0$ 和 $M_2=1$ 来选择。

3）主并降(Master Parallel Down)模式

与主并升模式的不同点在于从高地址开始由高到低读入数据，一般用 $M_0=0$ 和 $M_1=M_2=1$ 来选择。

4）从串(Slave Serial)模式

该模式在 CCLK 输入的上升沿接收串行数据，再在 CCLK 的下降沿输出，同时配置的多个从属器件用并行的 DIN 输入连接，可同时配置多个器件。该模式一般用 $M_0=M_1=M_2=1$来选择。

以上几种模式都不是计算机下载配置模式。

5）外设同步(Peripheral Synchronous)模式

外设同步模式把 FPGA 器件当成是 PC 的外设来加载，同步模式由外部输入时钟 CCLK 使并行数据串行化。该模式一般用 $M_0=M_1=1$ 和 $M_2=0$ 来选择。

6）外设异步(Peripheral Asynchronous)模式

外设异步模式与外设同步模式的不同点在于 FPGA 器件输出 CCLK 信号使并行数据串行化。该模式一般用 $M_0=M_2=1$ 和 $M_1=0$ 来选择。

以上两种模式都是计算机下载配置模式。

7）菊花链(Daisy Chained)模式

菊花链模式不用进行设置，是任何模式都支持的一种多器件同时加载的方法。

8）现在的 FPGA 都支持 JTAG 配置。

4. 使用配置器件配置(重配置)FPGA 器件

使用 PC 可方便地对 PLD 实行配置，但每次上电都要重新配置，很费时，且有时是不可能的。这时，需要使用配置器件配置(重配置)FPGA 器件。配置器件可以是 PROM 等存储器件(大都为串行接口)，如 PROM、EPROM、EEPROM 等，如 Altera 公司的 EPC 系列器件，也可用单片机等对 FPGA 器件进行配置。下面对常见的 5 种方法进行比较。

(1) 用 OTP 配置器件配置，只适用于工业化大生产。

(2) 使用具备 ISP 功能的专用芯片配置，编程次数有限，成本较高，只适合科研等场合。

(3) 使用 PS 模式可多次编程的专用芯片，可无限次编程，但品种有限。

(4) 使用单片机配置，可用配置模式多，配置灵活，同时可解决设计的保密与可升级问题，但容量有限，可靠性不高。适用于科研等可靠性要求不高的场合。

(5) 使用 ASIC 芯片配置是目前较好的一种选择。

以上配置电路参见有关专著和数据手册。

2.6.2 FPGA 和 CPLD 的性能比较

尽管 FPGA 和 CPLD 都是可编程 ASIC 器件，有很多共同特点，但由于 CPLD 和 FPGA 结构上的差异，它们具有各自的特点。

(1) CPLD 更适合于完成各种算法和组合逻辑，FPGA 更适合于完成时序逻辑。换句话说，FPGA 更适合于触发器丰富的结构，而 CPLD 更适合于触发器有限而乘积项丰富的结构。

(2) CPLD 的连续式布线结构决定了它的时序延迟是均匀的和可预测的，而 FPGA 的分段式布线结构决定了其延迟的不可预测性。

(3) 在编程上，FPGA 比 CPLD 具有更大的灵活性。CPLD 通过修改具有固定内连电路的逻辑功能来编程，FPGA 主要通过改变内部连线的布线来编程，FPGA 可在逻辑门下编程，而 CPLD 是在逻辑块下编程。

(4) FPGA 的集成度比 CPLD 高，具有更复杂的布线结构和逻辑实现。

(5) CPLD 比 FPGA 使用起来更方便。CPLD 的编程采用 EEPROM 或 FASTFLASH 技术，无需外部存储器芯片，使用简单。而 FPGA 的编程信息需存放在外部存储器上，使用方法复杂。

(6) CPLD 的速度比 FPGA 快，并且具有较强的时间可预测性。这是由于 FPGA 是门级编程，并且 CLB 之间采用分布式互联，而 CPLD 是逻辑块级编程，并且其逻辑块之间的互联是集总式的。

(7) 在编程方式上，CPLD 主要是基于 EEPROM 或 FLASH 存储器编程，编程次数可达 1 万次，优点是系统断电时编程信息也不丢失。CPLD 又可分为在编程器上编程和在系统编程两类。FPGA 大部分是基于 SRAM 编程，编程信息在系统断电时丢失，每次上电时，需从器件外部将编程数据重新写入 SRAM 中。其优点是可以编程任意次，可在工作中快速编程，从而实现板级和系统级的动态配置。

(8) CPLD 保密性好，FPGA 保密性差。

(9) 一般情况下，CPLD 的功耗要比 FPGA 大，且集成度越高越明显。

2.6.3 FPGA 和 CPLD 的应用选择

在开发应用中选择 FPGA 和 CPLD，必须从以下几个方面来考虑。

1. 应用需要的逻辑规模

应用需要的逻辑规模，首先可以用于选择 CPLD 器件还是 FPGA 器件。CPLD 器件的规模在 10 万门级以下，而 FPGA 器件的规模已达 1000 万门级，两者差异巨大。10 万门级以上，不用考虑，只有选择 FPGA 器件；在万门以下，CPLD 器件是首选，因为它不需配置器件，应用方便，成本低，结构简单，可靠性高；在上万门级，CPLD 器件和 FPGA 器件逻辑规模都可用的情况下，需要考虑其他因素，在 CPLD 器件和 FPGA 器件之间作出权衡，如速度、加密、芯片利用率、价格等。

其次，可用于器件系列和品种的选择。典型厂家的系列和品种规模各有不同，应用的逻辑规模一定，对应的器件系列和品种也就大致有了范围，再结合其他参数和性能要求，就可筛选确定器件系列和品种。

2. 应用的速度要求

速度是PLD的一个很重要的性能指标，各机种都有一个典型的速度指标，每个型号都有一个最高工作速度，在选用前，都必须了解清楚。设计要求的速度要低于其最高工作速度，尤其是Xilinx公司的FPGA器件，由于其采用统计型互连结构，具有时延不确定性，设计要求的速度要低于其最高工作速度的2/3。

3. 功耗

功耗通常由电压也可反映出来，功耗越低，电压也越低，一般来说，要选用低功耗、低电压的产品。

4. 可靠性

可靠性是产品最关键的特性之一，结构简单，质量水平高，可靠性就高。CPLD器件构造的系统，不用配置器件，具有较高的可靠性；质量等级高的产品，具有较高的可靠性；环境等级高的型号产品，如军用(M级)产品具有较高的可靠性。

5. 价格

要尽量选用价格低廉、易于购得的产品。

6. 开发环境和开发人员熟悉程度

应选择开发软件成熟、界面良好、开发人员熟悉的产品。

本章小结

本章介绍了可编程逻辑器件的发展过程，以及可编程逻辑器件的种类和分类方法。介绍了简单可编程逻辑器件的结构和可编程原理，介绍了CPLD基本结构和可编程原理以及Altera公司的CPLD器件，介绍了FPGA整体结构以及Xilinx公司的FPGA器件，介绍了FPGA的配置方式。介绍了在系统可编程逻辑器ispLSI/pLSI的结构和Lattice公司ispLSI系列器件。最后介绍了FPGA和CPLD性能比较及其开发应用选择。

思考题和习题

1. OLMC有何功能？说明GAL是怎样实现可编程组合电路与时序电路的。
2. 什么是基于乘积项的可编程逻辑结构？
3. 什么是基于查找表的可编程逻辑结构？
4. FPGA和CPLD性能有何差异？
5. 在开发应用中如何选择FPGA和CPLD？

第 3 章　EDA 设计流程与开发

【学习目标】

掌握 EDA 的设计流程，主要包括设计输入、综合、适配、时序仿真与功能仿真、编程下载、硬件测试。了解 EDA 的最终实现目标、ASIC 的设计方法和一般的 ASIC 设计流程。了解 ISP Synario、Foundation、MAX＋plusⅡ可编程逻辑器件的开发环境。了解 ABEL-HDL、Verilog-HDL、VHDL 硬件描述语言以及 QuartusⅡ开发环境。

【学习要求】

能力目标	知识要点	相关知识	权重	自测分数
掌握 EDA 的设计流程	设计输入、综合、适配、时序仿真与功能仿真、编程下载、硬件测试	EDA 的设计流程	40	
了解 ASIC 的设计方法和流程	ASIC 的设计方法和流程	ASIC 的设计方法和一般的 ASIC 设计流程	20	
了解可编程逻辑器件的开发环境	ISP Synario、Foundation、MAX＋plusⅡ可编程逻辑器件的开发环境	EDA 开发环境	20	
了解硬件描述语言以及 QuartusⅡ开发环境	了解 ABEL-HDL、Verilog-HDL、VHDL 硬件描述语言以及 QuartusⅡ开发环境	硬件描述语言以及 QuartusⅡ开发环境	20	

3.1　EDA 设计流程

一个完整的、典型的 EDA 设计流程既是自顶向下设计方法的具体实施途径，也是 EDA 工具软件本身的组成结构。图 3.1 是基于 EDA 软件的 FPGA/CPLD 开发流程框图，以下将分别介绍各设计模块的功能特点。对于目前流行的 EDA 工具软件，图 3.1 的设计流程具有一般性。

3.1.1　设计输入

将电路系统以一定的表达方式输入计算机，是在 EDA 软件平台上对 FPGA/CPLD 开发的最初步骤。通常，使用 EDA 工具的设计输入可分为两种类型。

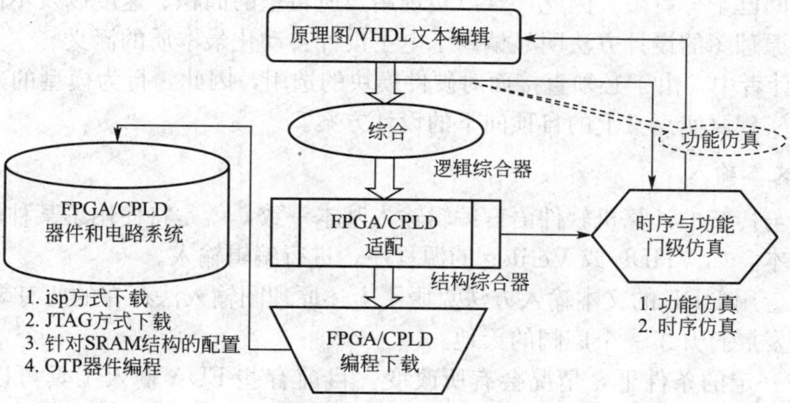

图 3.1　基于 EDA 软件的 FPGA/CPLD 开发流程框图

1. 图形输入

图形输入通常包括原理图输入、状态图输入和波形图输入 3 种常用方法。

状态图输入方法就是根据电路的控制条件和不同的转换方式，用绘图的方法，在 EDA 工具的状态图编辑器上绘出状态图，然后由 EDA 编译器和综合器将此状态变化流程图形编译综合成电路网表。

波形图输入方法则是将待设计的电路看成是一个黑盒子，只需告诉 EDA 工具黑盒子电路的输入和输出时序波形图，EDA 工具即能据此完成黑盒子电路的设计。

以下主要讨论原理图输入。这是一种类似于传统电子设计方法的原理图编辑输入方式，即在 EDA 软件的图形编辑界面上绘制能完成特定功能的电路原理图。原理图由逻辑器件(符号)和连接线构成，图中的逻辑器件可以是 EDA 软件库中预制的功能模块，如与门、非门、或门、触发器以及各种含 74 系列器件功能的宏功能块，甚至还有一些类似于 IP 的功能块。

原理图编辑绘制完成后，原理图编辑器将对输入的图形文件进行排错，之后再将其编译成适用于逻辑综合的网表文件。用原理图表达输入方法的优点是显而易见的。

(1) 设计者进行电子线路设计不需要增加新的相关知识(诸如 HDL 等)。

(2) 方法与用 Protel 作图相似，设计过程形象直观，适用于初学或教学演示。

(3) 对于较小的电路模型，其结构与实际电路十分接近，设计者易于把握电路全局。

(4) 由于设计方式接近于底层电路布局，因此，易于控制逻辑资源的耗用，节省面积。

然而，使用原理图输入方式的缺点同样是十分明显的：

(1) 由于图形设计方式并没有标准化，不同的 EDA 软件中的图形处理工具对图形的设计规则、存档格式和图形编译方式都不同，因此，图形文件兼容性差，难以交换和管理。

(2) 随着电路设计规模的扩大，原理图输入描述方式必然引起一系列难以克服的困难，如电路功能原理的易读性下降，错误排查困难，整体调整和结构设计困难。例如，将一个 4 位的单片机设计升级为 8 位单片机几乎难以在短期内准确无误地实现。

(3) 由于图形文件的不兼容性，性能优秀的电路模块的移植和再利用十分困难，这是 EDA 技术应用的最大障碍。

(4) 由于在原理图中已确定了设计系统的基本电路结构和元件，留给综合器和适配器的优化选择的空间已十分有限，因此，难以实现用户所希望的面积、速度以及不同风格的综合优化，显然，原理图的设计方法明显偏离了电子设计自动化最本质的涵义。

(5) 在设计者中，由于必须直接面对硬件模块的选用，因此，行为模型的建立将无从谈起，从而无法实现真实意义上的自顶向下的设计方案。

2. HDL 文本输入

这种方式与传统的计算机软件语言编辑输入基本一致，就是将使用了某种硬件描述语言的电路设计文本，如 VHDL 或 Verilog 的源程序，进行编辑输入。

可以说，应用 HDL 的文本输入方法克服了上述原理图输入法存在的所有弊端，为 EDA 技术的应用和发展打开了一个广阔的天地。

当然，在一定的条件下，情况会有所改变。目前有些 EDA 输入工具可以把图形的直观性与 HDL 的优势结合起来。如状态图输入的编辑方式，即用图形化状态机输入工具，用图形的方式表示状态图。当填好时钟信号名、状态转换条件、状态机类型等要素后，就可以自动生成 VHDL/Verilog 程序。又如在原理图输入方式中，连接用 VHDL 描述的各个电路模块，直观地表示系统的总体框架，再用自动 HDL 生产工具生产相应的 VHDL 或 Verilog 程序。但总体上看，纯粹的 HDL 输入设计仍然是最基本、最有效和最通用的输入方法。

3.1.2 综合

一般来说，综合仅对应于 HDL。利用 HDL 综合器对设计进行综合是十分重要的一步，因为综合过程将把软件设计的 HDL 描述与硬件结构挂钩，是将软件转化为硬件电路的关键步骤，是文字描述与硬件实现的一座桥梁。综合就是将电路的高级语言(如行为描述)转换成低级的、可与 FPGA/CPLD 的基本结构相映射的网表文件或程序。

当输入的 HDL 文件在 EDA 工具中检测无误后，首先面临的是逻辑综合，因此，要求 HDL 源文件中的语句都是可综合的。

在综合之后，HDL 综合器一般都可以生成一种或多种文件格式网表文件，如 EDIF、VHDL、Verilog 等标准格式，在这种网表文件中用各自的格式描述电路的结构。如在 VHDL 网表文件中采用 VHDL 的语法，用结构描述的风格重新诠释综合后的电路结构。

整个综合过程就是将设计者在 EDA 平台上编辑输入的 HDL 文本、原理图或状态图形描述，依据给定的硬件结构组件和约束控制条件进行编译、优化、转换和综合，最终获得门级电路甚至更底层的电路描述网表文件。由此可见，综合器工作前，必须给定最后实现的硬件结构参数，它的功能就是将软件描述与给定的硬件结构用某种网表文件的方式对应起来，成为相应的映射关系。

如果把综合理解为映射过程，那么显然这种映射不是唯一的，并且综合的优化也不是单纯的或一个方向的。为达到速度、面积、性能的要求，往往需要对综合加以约束，称为综合约束。

3.1.3 适配

适配器也称结构综合器，它的功能是将由综合器产生的网表文件配置于指定的目标器件中，使之产生最终的下载文件，如 JEDEC、Jam 格式的文件。适配所选定的目标器件

(FPGA/CPLD芯片)必须属于原综合器指定的目标器件系列。通常，EDA 软件中的综合器可由专业的第三方 EDA 公司提供，而适配器则需由 FPGA/CPLD 供应商提供。因为适配器的适配对象直接与器件的结构细节相对应。

逻辑综合通过后，必须利用适配器将综合后的网表文件针对某一具体的目标器件进行逻辑映射操作，其中包括底层器件配置、逻辑分割、逻辑优化、逻辑布局布线操作。适配完成后可以利用适配所产生的仿真文件作精确的时序仿真，同时产生可用于编程的文件。

3.1.4 时序仿真与功能仿真

在编程下载前必须利用 EDA 工具对适配生成的结果进行模拟测试，就是所谓的仿真。

仿真就是让计算机根据一定的算法和一定的仿真库对 EDA 设计进行模拟，以验证设计，排除错误。仿真是在 EDA 设计过程中的重要步骤。图 3.1 所示的时序与功能门级仿真通常由 PLD 公司的 EDA 开发工具直接提供(当然也可以选用第三方的专业仿真工具)，它可以完成两种不同级别的仿真测试。

(1) 时序仿真。就是接近真实器件运行特性的仿真，仿真文件中已包含了器件硬件特性参数，因而仿真精度高。但时序仿真的仿真文件必须来自针对具体器件的综合器与适配器。综合后所得的 EDIF 等网表文件通常作为 FPGA 适配器的输入文件，产生的仿真网表文件中包含了精确的硬件延迟信息。

(2) 功能仿真。是直接对 VHDL、原理图描述或其他描述形式的逻辑功能进行测试模拟，以了解其实现的功能是否满足原设计的要求，仿真过程不涉及任何具体器件的硬件特性。不经历综合与适配阶段，在设计项目编辑编译后即可进入门级仿真器进行模拟测试。直接进行功能仿真的好处是设计耗时短，对硬件库、综合器等没有任何要求。对于规模较大的设计项目，综合与适配在计算机上的耗时是十分可观的，如果每一次修改后的模拟都必须进行时序仿真，显然会极大地降低开发效率。因此，通常的做法是首先进行功能仿真，待确认设计文件所表达的功能满足设计者原有意图时，即逻辑功能满足要求后，再进行综合、适配和时序仿真，以便把握设计项目在硬件条件下的运行情况。

3.1.5 编程下载

把适配后生成的下载或配置文件，通过编程器或编程电缆向 FPGA 或 CPLD 下载，以便进行硬件调试和验证(Hardware Debugging)。

通常，将对 CPLD 的下载称为编程(Program)，对 FPGA 中的 SRAM 进行直接下载的方式称为配置(Configure)，但对于反熔丝结构和 Flash 结构 FPGA 的下载和对 FPGA 专用配置 ROM 的下载仍称为编程。

3.1.6 硬件测试

最后是对含有载入了设计的 FPGA 或 CPLD 的硬件系统进行统一测试，以便最终验证设计项目在目标系统上的实际工作情况，以排除错误，改进设计。

3.2 ASIC 及其设计流程

ASIC 是相对于通用集成电路而言的，ASIC 主要指用于某一专门用途的集成电路器件。

ASIC分类大致可如图3.2所示，分为数字ASIC、模拟ASIC和数模混合ASIC。

3.2.1 ASIC设计方法

对于数字ASIC，其设计方法有多种。按版图结构及制造方法分，有半定制(Semi - custom)和全定制(Full - custom)两种实现方法，如图3.3所示。

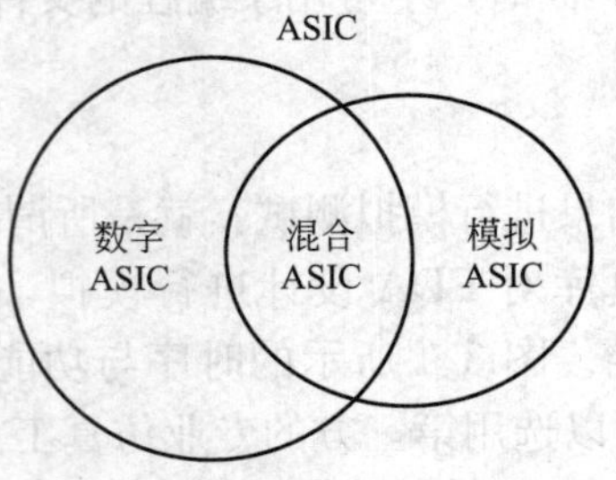

图3.2 ASIC分类

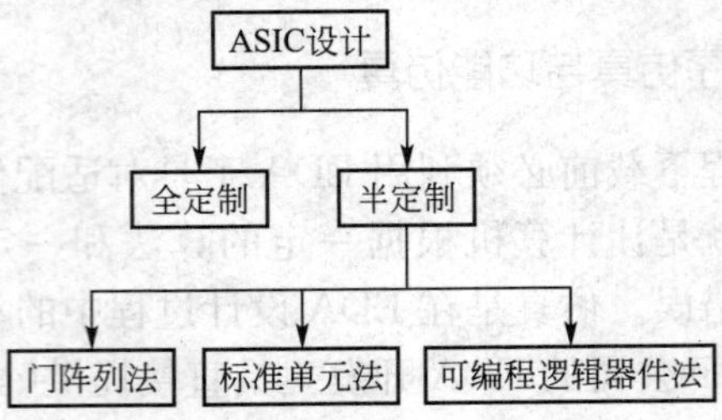

图3.3 ASIC实现方法

全定制方法是一种基于晶体管级的、手工设计版图的制造方法。设计者需要使用全定制版图设计工具来完成，设计者必须考虑晶体管版图的尺寸、位置、互连线等技术细节，并据此确定整个电路的布局布线，以使设计的芯片的性能、面积、功耗、成本达到最优。显然，全定制设计中，人工参与的工作量大，设计周期长，而且容易出错。

然而利用全定制方法设计的电路，面积利用率最高，性能较好，功耗较低，有利于降低设计成本，提高芯片的集成度和工作速度。在通用中小规模集成电路设计、模拟集成电路，包括射频级集成器件的设计，以及有特殊性能要求和功耗要求的电路或处理器中的特殊功能模块电路的设计中被广泛采用。

半定制法是一种约束性设计方式，约束的目的是简化设计，缩短设计周期，降低设计成本，提高设计正确率。半定制法按逻辑实现的方式不同，可再分为门阵列法、标准单元法和可编程逻辑器件法。

门阵列(Gate Array)法是较早使用的一种ASIC设计方法，又称为母片(Master Slice)法。它预先设计和制造好各种规模的母片，其内部成行成列，并等间距地排列着基本单元的阵列。除金属连线及引线孔以外的各层版图图形均固定不变，只剩下一层或两层金属铝连线及孔的掩模需要根据用户电路的不同而定制。每个基本单元是由3对或5对晶体管组成，基本单元的高度、宽度都是相等的，并按行排列。设计人员只需要设计到电路一级，将电路的网表文件交给IC厂家即可。IC厂家根据网表文件描述的电路连接关系，完成母片上电路单元的布局及单元间的连线。然后对这部分金属线及引线孔的图形进行制版、流片。

这种设计方式涉及的工艺少，模式规范，设计自动化程度高，设计周期短，造价低，且适合于小批量的ASIC设计。所有这些都有赖于事先制备母片及库单元，并经过验证。门阵列法的缺点是芯片面积利用率低，灵活性差，对设计限制得过多。

标准单元(Standard Cell)法必须预建完善的版图单元库，库中包括以物理版图级表达的各种电路元件和电路模块"标准单元"，可供用户调用以设计不同的芯片。这些单元的逻辑功能、电性能及几何设计规则等都经过分析和验证。与门阵列库单元不同的是，标准单元的物理版图将从最低层至最高层的各层版图设计图形都包括在内。在设计布图时，从单元库中调出标准单元按行排列，行与行之间留有布线通道，同行或相邻行的单元相连可通过单元行的上、下通道完成。隔行单元之间的垂直方向互连则必须借用事先预留在“标准单元”内部的走线道(Feed - through)或在两单元间设置的走线道单元(Feed - through Cell)或空单元(Empty Cell)来完成连接。标准单元法设计 ASIC 的优点如下：

(1) 比门阵列法具有更加灵活的布图方式。

(2)“标准单元”预先存在单元库中，可以极大地提高设计效率。

(3) 可以从根本上解决布通率问题，达到了 100%布通率。

(4) 可以使设计者更多地从设计项目的高层次关注电路的优化和性能问题。

(5) 标准单元设计模式自动化程度高，设计周期短，设计效率高，十分适合利用功能强大的 EDA 工具进行 ASIC 的设计。因此，标准单元法是目前 ASIC 设计中应用最广泛的设计方法之一。

标准单元法还有一个重要的优势，即它与可编程逻辑器件法的应用有相似点，它们都是建立在标准单元库的基础之上的，因此，从 FPGA/CPLD 设计向使用标准单元法设计的 ASIC 设计迁移是十分方便的。利用这种设计模式可以很好地解决直接进行 ASIC 设计中代价高昂的功能验证问题和快速的样品评估问题。

标准单元法存在的问题是，当工艺更新之后，标准单元库要随之更新，这是一项十分繁重的工作。为了解决人工设计单元库费时费力的问题，目前几乎所有在市场上销售的 IC CAD 系统，如 Synopsys Cadence、Mentor 等都含有标准单元自动设计工具。此外，设计重用(Design Reuse)技术也可用于解决单元库的更新问题。

门列阵法或标准单元法设计 ASIC 共同的缺点是无法避免冗杂繁复的 IC 制造后向流程，而且与 IC 设计工艺紧密相关，最终的设计也需要集成电路制造厂家来完成，一旦设计有误，将导致巨大的损失。另外还有设计周期长、基础投入大、更新换代难等方面的缺陷。

可编程逻辑器件法是用可编程逻辑器件设计用户定制的数字电路系统。可编程逻辑器件芯片实质上是门阵列及标准单元技术的延伸和发展。可编程逻辑器件是一种半定制的逻辑芯片，但与门阵列法、标准单元法不同，芯片内的硬件资源和连线资源是由厂家预先制定好的，可以方便地通过编程下载获得重新配置。这样，用户就可以借助 EDA 软件和编程器在实验室或车间中自行进行设计、编程和电路更新。如果发现错误，可以随时更改，完全不必关心器件实现的具体工艺。

用可编程逻辑器件法设计 ASIC(或称可编程 ASIC)，设计效率大为提高，上市的时间大为缩短。当然，这种用可编程逻辑器件直接实现的所谓 ASIC 的性能、速度和单位成本相对于全定制或标准单元法设计的 ASIC 都不具备竞争性。此外，也不可能用可编程 ASIC 去取代通用产品如 CPU、单片机、存储器等的应用。

目前，为了降低单位成本，可以在用可编程逻辑器件实现设计后，用特殊的方法转成 ASIC 电路，如 Altera 公司的部分 FPGA 器件在设计成功后可以通过 HardCopy 技术转成对应的门阵列 ASIC 产品。

3.2.2 一般的ASIC设计流程

一般的 ASIC 从设计到制造，需要经过若干步骤，如图 3.4 所示。

(1) 系统规范说明(System Specification)。分析并确定整个系统的功能、要求达到的性能、物理尺寸，确定采用何种制造工艺、设计周期和设计费用。建立系统的行为模型，进行可行性验证。

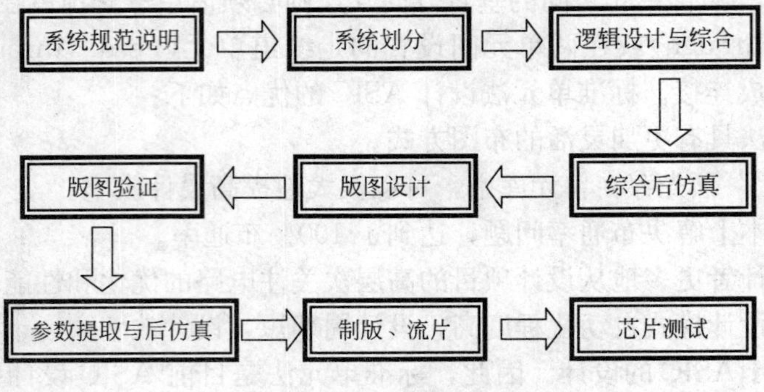

图 3.4　ASIC 设计的流程

(2) 系统划分(System Division)。将系统分割成各个功能子模块，给出子模块之间的信号连接关系。验证各个功能块的行为模型，确定系统的关键时序。

(3) 逻辑设计与综合(Logic Design Synthesis)。将划分的各个子模块用文本(网表或硬件描述语言)、原理图等进行具体逻辑描述。对于硬件描述语言描述的设计模块需要用综合器进行综合获得具体的电路网表文件，对于原理图等描述方式描述的设计模块经简单编译后得到逻辑网表文件。

(4) 综合后仿真(Simulate After Synthesis)。从上一步得到网表文件，在这一步进行仿真验证。

(5) 版图设计(Layout Design)。版图设计是将逻辑设计中每一个逻辑元件、电阻、电容等以及它们之间的连线转换成集成电路制造所需要的版图信息。可手工或自动进行版图规划(Floorplanning)、布局(Placement)、布线(Routing)。这一步由于涉及逻辑到物理实现的映射，又称物理设计(Physical Design)。

(6) 版图验证(Layout Verification)。版图设计完成以后进行版图验证，主要包括版图原理图比对(LVS)、设计规则检查(DRC)、电气规则检查(ERC)。在手工版图设计中，这是非常重要的一步。

(7) 参数提取与后仿真。验证完毕，进行版图的电路网表提取(NE)、参数提取(PE)，把提取出的参数反注(Back - Annotate)至网表文件，进行最后一步仿真验证工作。

(8) 制版、流片。送 IC 生产线进行制版、光罩和流片，进行试验性生产。

(9) 芯片测试。测试芯片是否符合设计要求，并评估成品率。

3.3　可编程逻辑器件的开发环境

3.3.1　ISP Synario 系统

ISP Synario System 的设计套件是美国 Lattice 半导体公司向市场推出的。该套件包含了进行 Lattice ISP 器件和 GAL 器件设计所必需的软件和文档，是一套基于 Synario 软件的可编程系统。Synario 是美国 DATA I/O 公司出品的一种基于 Windows 的通用 EDA 设计工具软件。

ISP Synario System 是一套完整的逻辑设计系统，它能够支持 Lattice ispLSI 器件、pLSI器件、ispGAL 器件以及全系列 GAL 器件的设计、编译和逻辑模拟。ISP Synario System中包含了DATA I/O公司的Synario输入软件的全部功能，即原理图输入和ABEL硬件描述语言(HDL)输入，并且还包括功能模拟器和波形显示器。DATA I/O公司强有力的Project Navigator更为设计和调试提供了方便。ISP Synario System的混合式设计输入模式允许在同一器件的设计中，同时采用原理图、高级语言、真值表和状态机输入方式，从而使设计输入十分灵活简便。Synario卓越的设计能力及其灵活多变的设计库通过友善的Windows环境展示出来，使得设计更为方便。Synario的Project Navigator是一种管理器，它将各种源文件联系在一起，以便跟踪软件运行流程。Lattice的pDS+Synario适配软件与Synario紧密结合，形成多种独具特色的功能，这就是多层次逻辑综合、自动逻辑分割与自动器件映射，设计输入通过Synario软件完成后，利用Lattice的pDS+Synario适配软件(Fitter)进行多层次的逻辑综合，就能将逻辑映射到器件中去，自动完成布局与布线并生成编程所需的熔丝图文件，还能针对性能和器件利用率进行设计优化。

ISP Synario System中的软件除了Synario和pDS+Synario Fitter外，还有ispGDS编译软件、ispCODE软件和用于在系统编程的菊花链烧写软件(ISP DaisyDownload)。ispGDS编译软件可用于各种万能数字开关器件(ispGDS)的编译。ispCODE软件是一套描述ISP算法的源文件库，是用C++语言写成的。ISP DaisyDownload菊花链烧写软件则用来进行器件烧写，它可同时对一块电路板上的多个ISP器件进行编程。FPGA/CPLD器件的设计一般分为设计输入、设计实现(其中包括逻辑仿真)、编程3个主要的设计步骤。

3.3.2 Foundation系统

Foundation Series是Xilinx公司集成开发的EDA工具软件，它采用自动化的、完整的集成设计环境，支持的芯片有XC3000A系列、XC4000系列、XC4001系列、XC4500系列、XC5200系列、XC9500系列、Spartan系列和SpartanXL Virtex系列等。

Foundation包含了强大的Synopsys FPGA Express综合系统，并将它完美地集成到了Foundation Series统一的项目管理器中。Foundation项目管理器(Foundation Project Manager)集成了Xilinx的各种实现工具，成为EDA设计行业最强大的工具之一。

Foundation可提供原理图编辑、VHDL硬件描述语言编辑及状态图编辑，并进行真正的混合语言(VHDL和Verilog-HDL)的综合和优化。Foundation的逻辑优化和适配技术的能力较强，编译速度较快，提高了设计系统的平均性能。它的JTAG编程器支持FPGA/CPLD的下载和配置。Xilinx Foundation的安装步骤如下。

1. 系统需求

Xilinx Foundation Series在PC上运行，支持Windows 98和Windows NT4.0或更高版本。推荐配置为高性能的PC，内存128MB以上，20GB以上的硬盘。

2. 安装程序

将Xilinx Foundation Series CD-ROM放进光驱，运行Setup.exe文件，然后便开始安装过程，进入第一个安装界面。实际上，在将CD-ROM放进光驱后，Windows 98/NT会自动运行Setup程序。

(1) Xilinx Foundation的安装程序是自动进行的，用户只要按照程序的提示，按部就班地进行就能够完成安装。程序安装出现第一个对话框，单击“下一步”按钮继续；出现授权协议对话框，选中复选框，再单击OK按钮。

(2) 出现输入光盘序列号对话框，如图 3.5 所示，输入光盘序列号后，单击“下一步”按钮继续。

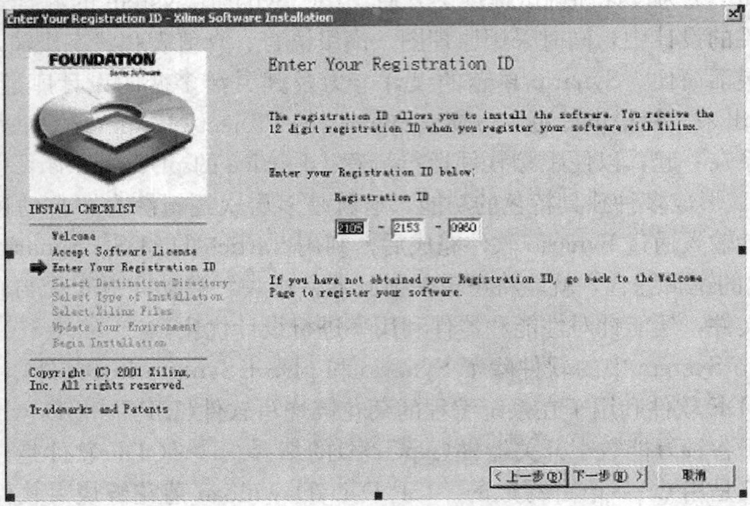

图 3.5　Foundation 的安装

(3) 出现安装路径选择对话框，选择好路径后单击“下一步”按钮。

(4) 出现安装类型选择对话框，在此选择典型安装，单击“下一步”按钮。

(5) 出现提示选择组件对话框，只选择需要安装的组件，一般情况下无需改动，单击“下一步”按钮。

(6) 出现更新环境对话框，在此可建立更新变量及建立更新变量的路径，单击 OK 按钮。

(7) 出现安装程序提示，单击 Install 按钮，开始安装程序。

3. 授权文件(License. dat)的安装

Foundation Series 运行时需要检测授权文件 License. dat。授权码需要用传真或 E－mail 向 Xilinx 公司申请，或与 Foundation Series 软件销售商联系。

一般情况下，Foundation Series 安装程序会为用户设计好指示授权文件路径的环境变量。因为 Foundation Series 采用的授权文件的认证机制与许多其他 EDA 软件的授权机制相同。因此，在安装 Foundation Series 之后，执行命令“SET”，可以查看环境设置情况。如果在设置环境中有 LM _ LICENSE _ FILE 变量，就将获得的授权文件 License. dat 复制到目录 D：\FNDTN \ DATA 中(假设 Foundation 安装在 D 盘中)，如果没有设置环境变量 LM _ LICENSE _ FILE，可以在根目录下编辑如下一行：

SET LM _ LICENSE _ FILE=D：\FNDTN \ DATA

这时再运行“SET”命令，可看到设置环境变量的提示：

LM _ LICENSE _ FILE=D：\Xilinx \ data \ License. dat

此时就可以运行软件了。

3.3.3　MAX+plusⅡ系统

MAX＋plusⅡ是 Altera 公司提供的 FPGA/CPLD 开发集成环境，Altera 公司是世界最大的可编程逻辑器件供应商之一。MAX＋plusⅡ界面友好，使用便捷，被誉为业界最易用易学的 EDA 软件。在 MAX+plusⅡ上可以完成 3.1 节所述的整个流程，它提供了一种与结构无关的设计环境，使设计者能方便地进行设计输入、快速处理和器件编程。

图 3.6 的上排是 MAX+plusⅡ编译设计主控界面，它显示了 MAX+plusⅡ自动设计的各主要处理环节和设计流程，包括设计输入编辑、编译网表提取、数据库建立、逻辑综合、逻辑分割、适配、延时网表提取、编程文件汇编(装配)以及编程下载 9 个步骤。图 3.6 下排的流程框图是与上面的 MAX+plusⅡ设计流程相对照的标准的 EDA 开发流程。

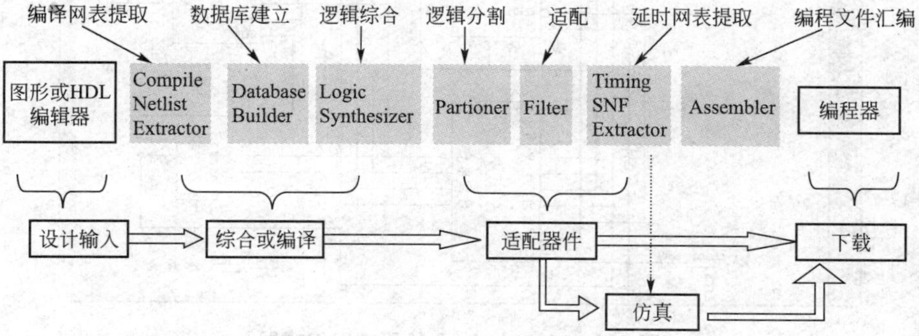

图 3.6　MAX+plusⅡ设计流程

MAX+plusⅡ编译器支持的硬件描述语言有 VHDL(支持 VHDL'87 及 VHDL'97 标准)、Verilog-HDL 及 AHDL(Altera HDL)。前两种为 IEEE 标准支持的硬件描述语言，最后一种 AHDL 是 Altera 公司自己设计、制定的硬件描述语言，是一种以结构描述方式为主的硬件描述语言，只有企业标准。图 3.7、图 3.8、图 3.9 分别列出了 MAX+plusⅡ的波形图编辑器、原理图编辑器和 HDL 文本编辑器的界面。

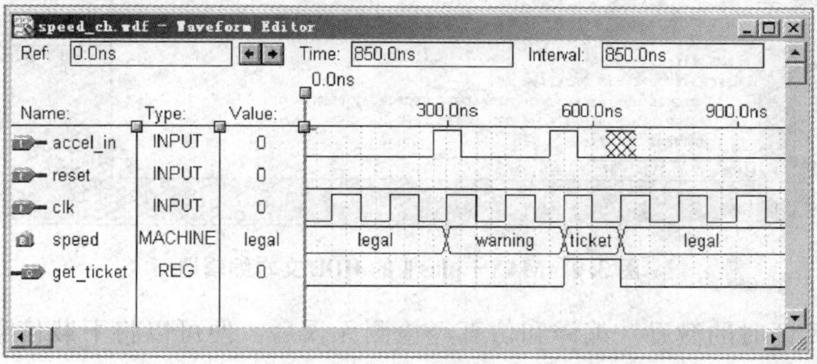

图 3.7　MAX+plusⅡ波形图编辑器

MAX+plusⅡ允许来自第三方的 EDIF 文件输入，这可以与其他 EDA 工具进行接口。

MAX+plusⅡ支持层次化设计，可以在一个新的编辑输入环境中对使用不同输入设计方式完成的工具模块(元件)进行调用，从而解决了原理图与 HDL 混合输入设计的问题。

在设计输入之后，MAX+plusⅡ的编译器将给出设计输入的错误报告。MAX+plusⅡ拥有性能良好的设计错误定位器，用于确定文本或图形设计中的错误。

在进入编译网表提取功能块后，MAX+plusⅡ将从适配文件中提取 SNF 时序仿真文件 Simulation Netlist File(仿真网表文件)。SNF 文件详细记录了当前适配的延时和逻辑功能信息，可用于对设计进行时序仿真。在作仿真前，需要利用波形编辑器编辑一个波形激励文

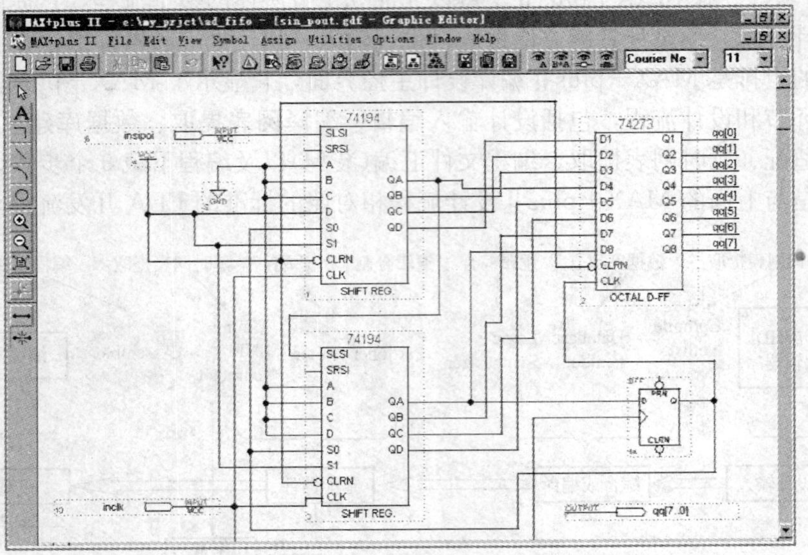

图 3.8　MAX＋plusⅡ的原理图编辑器

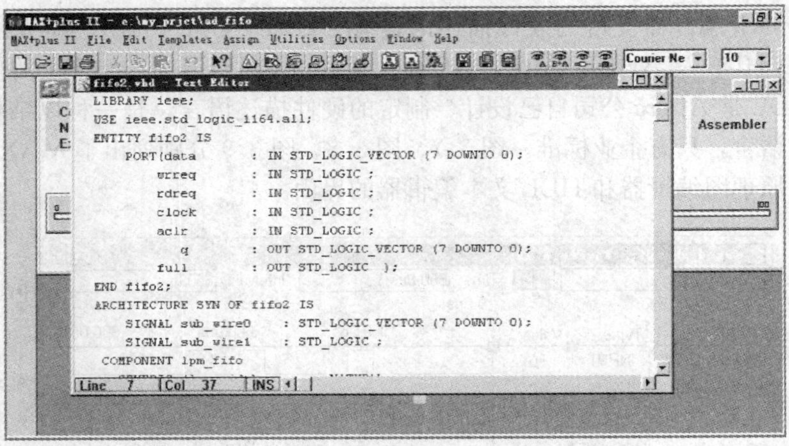

图 3.9　MAX＋plusⅡ的 HDL 文本编辑器

件，用于仿真验证时的激励。编译和仿真经检测无误后，便可以将下载信息通过 MAX＋plusⅡ提供的编程器下载到目标器件中。

3.4　硬件描述语言

随着 EDA 技术的发展，使用硬件语言设计 FPGA/CPLD 成为一种趋势。目前最主要的硬件描述语言是 VHDL 和 Verilog－HDL。VHDL 发展得较早，语法严格，而 Verilog－HDL 是在 C 语言的基础上发展起来的一种硬件描述语言，语法较自由。VHDL 和 Verilog－HDL 两者相比，VHDL 的书写规则比 Verilog 繁琐一些，但 Verilog 自由的语法容易让少数初学者出错。国外电子专业很多会在本科阶段教授 VHDL，在研究生阶段教授 Verilog。从国内来看，VHDL 的参考书很多，便于查找资料，而 Verilog－HDL 的参考书相对较少，这给学习 Verilog - HDL 带来一些困难。从 EDA 技术的发展上看，已出现用于 FPGA/CPLD 设计的硬件 C 语言编译软件，虽然还不成熟，应用极少，但它有可能会成为继 VHDL 和 Verilog 之后，设计大规模 FPGA/CPLD 的又一种手段。

3.4.1 ABEL - HDL

这是一种早期的硬件描述语言。在可编程逻辑器件的设计中，可方便准确地描述所设计的电路逻辑功能。它支持逻辑电路的多种表达形式，其中包括逻辑方程、真值表和状态图。ABEL 语言和 Verilog 语言同属一种描述级别，但 ABEL 语言的特性受支持的程度远远不如 Verilog。Verilog 是从集成电路设计中发展而来的，语言较为成熟，支持的 EDA 工具很多；而 ABEL 语言是从早期可编程逻辑器件(PLD)的设计中发展而来的。ABEL - HDL 被广泛用于各种可编程逻辑器件的逻辑功能设计，由于其语言描述的独立性，因而适用于各种不同规模的可编程器的设计。如 DOS 版的 ABEL 3.0 软件可对包括 GAL 期间进行全方位的逻辑描述和设计，而在诸如 Lattice 公司的 ispEXPERT、DATAI/O 公司的 Synario、Vantis 公司的 Design - Direct、Xilinx 公司的 Foundation 和 Web - pack 等 EDA 软件中，ABEL - HDL 同样可用于较大规模的 FPGA/CPLD 器件功能设计。ABEL - HDL 还能对所设计的逻辑系统进行功能仿真。ABEL - HDL 的设计也能通过标准格式设计转换文件转换成其他设计环境，如 VHDL、Verilog - HDL 等。从长远来看，VHDL 和 Verilog - HDL 的运用会比 ABEL - HDL 多得多，ABEL - HDL 只会在较小的范围内继续存在。

3.4.2 Verilog - HDL

任何新生事物的产生都有它的历史沿革，早期的硬件描述语言是以一种高级语言为基础，加上一些特殊的约定而产生的，目的是为了实现 RTL 级仿真，用以验证设计的正确性，而不必像在传统的手工设计过程中那样，必须等到完成样机后才能进行实测和调试。

Verilog - HDL 就是在应用最广泛的 C 语言的基础上发展起来的一种硬件描述语言，它是由 GDA(Gateway Design Automation)公司的 Phil Moorby 在 1983 年末首创的，最初只设计了一个仿真与验证工具，之后又陆续开发了相关的故障模拟与时序分析工具。1985 年 Moorby 推出它的第三个商用仿真器 Verilog - XL，获得了巨大的成功，从而使得 Verilog - HDL 迅速得到推广应用。1989 年 Cadence 公司收购了 GDA 公司，使得 Verilog - HDL 成为了该公司的独家专利。1990 年 Cadence 公司公开发表了 Verilog - HDL，并成立 LVI 组织以促进 Verilog - HDL 成为 IEEE 标准，即 IEEE Standard 1364 - 1995。

Verilog - HDL 最大的特点就是易学易用，如果有 C 语言的编程经验，可以在一个较短的时间内很快地学习和掌握，因而可以把 Verilog - HDL 内容安排在与 ASIC 设计等相关课程内部进行讲授，由于 HDL 语言本身是专门面向硬件与系统设计的，这样的安排可以使学习者同时获得设计实际电路的经验。与之相比，VHDL 的学习要困难一些。但 Verilog - HDL 较自由的语法，也容易使初学者犯一些错误，这一点要注意。

下面给出一个简单的 Verilog - HDL 的例子(12 位寄存器)。

```
  //Verilog Example
  //User - Defined Macrofunction
module reg12(d,clk,q);
`define size 11
```

```
input[`size:0]d;
input clk;
output[`size:0]q;
reg[`size:0]q;
always @(posedge clk)
q=d;
endmodule
```

3.4.3 VHDL

VHDL 的英文全名是 Very - High - Speed Integrated Circuit Hardware Description Language，诞生于 1982 年。1987 年年底，VHDL 被 IEEE 和美国国防部确认为标准硬件描述语言 。自 IEEE 公布了 VHDL 的标准版本 IEEE1076(简称 87 版)之后，各 EDA 公司相继推出了自己的 VHDL 设计环境，或宣布自己的设计工具可以和 VHDL 接口。此后 VHDL 在电子设计领域得到了广泛的应用，并逐步取代了原有的非标准硬件描述语言。1993 年，IEEE 对 VHDL 进行了修订，从更高的抽象层次和系统描述能力上扩展 VHDL 的内容，公布了新版本的 VHDL，即 IEEE 标准的 1076 - 1993 版本(简称 93 版)。现在，VHDL 和 Verilog 作为 IEEE 的工业标准硬件描述语言，又得到众多 EDA 公司的支持，在电子工程领域，已成为事实上的通用硬件描述语言。有专家认为，在 21 世纪中，VHDL 和 Verilog 语言将承担起大部分的数字系统设计任务。

VHDL 主要用于描述数字系统的结构、行为、功能和接口。除了含有许多具有硬件特征的语句外，VHDL 的语言形式和描述风格与句法十分类似于一般的计算机高级语言。VHDL 的程序结构特点是将一项工程设计，或称设计实体(可以是一个元件，一个电路模块或一个系统)分成外部(或称可视部分及端口)和内部(或称不可视部分)，即涉及实体的内部功能和算法完成部分。在对一个设计实体定义了外部界面后，一旦其内部开发完成后，其他的设计就可以直接调用这个实体。这种将设计实体分成内外部分的概念是 VHDL 系统设计的基本点。应用 VHDL 进行工程设计的优点是多方面的。

(1) 与其他的硬件描述语言相比，VHDL 具有更强的行为描述能力，从而决定了它成为系统设计领域最佳的硬件描述语言。强大的行为描述能力是避开具体的器件结构，从逻辑行为上描述和设计大规模电子系统的重要保证。

(2) VHDL 丰富的仿真语句和库函数，使得在任何大系统的设计早期就能验证设计系统的功能可行性，随时可对设计进行仿真模拟。

(3) VHDL 语句的行为描述能力和程序结构决定了它具有支持大规模设计的分解和已有设计的再利用功能。符合市场需求的大规模系统高效、高速地完成必须由多人甚至多个开发组共同并行工作才能实现。

(4) 对于用 VHDL 完成的一个确定的设计，可以利用 EDA 工具进行逻辑综合和优化，并自动地把 VHDL 描述设计转变成门级网表。

(5) VHDL 对设计的描述具有相对独立性，设计者可以不懂硬件的结构，也不必管理最终设计实现的目标器件是什么，而进行独立的设计。

下面给出一个简单的 VHDL 的例子(12 位寄存器)。

```
//VHDL Example
```

```
//User-Defined Macrofunction
ENTITY reg12 IS
  PORT(d:IN BIT_VECTOR(11 DOWNTO 0);
     clk:IN BIT;
     q:OUT BIT_VECTOR(11 DOWNTO 0));
  END reg12;
ARCHITECTURE a OF reg12 IS
BEGIN
  PROCESS
    BEGIN
        WAIT UNTIL clk='1';
        q<=d;
    END PROCESS;
END a;
```

3.4.4 Quartus Ⅱ简介

本书给出的所有示例和实验都是基于Quartus Ⅱ的，其应用方法和设计流程对于其他流行EDA工具的使用具有一定的典型性和普遍性，所以在此对它做一些介绍。

Quartus Ⅱ是Altera公司提供的FPGA/CPLD开发集成环境，Altera公司是世界上最大的可编程逻辑器件供应商之一。Quartus Ⅱ在21世纪初推出，是Altera公司前一代FPGA/CPLD集成开发环境MAX+plus Ⅱ的更新换代产品，其界面友好，使用便捷。在Quartus Ⅱ上可以完成3.1节所述的整个流程，它提供了一种与结构无关的设计环境，使设计者能方便地进行设计输入、快速处理和器件编程。

Altera公司的Quartus Ⅱ提供了完整的多平台设计环境，能满足各种特定设计的需要，也是单芯片可编程系统(SOPC)设计的综合性环境和SOPC开发的基本设计工具，并为Altera DSP开发包进行系统模型设计提供了集成综合环境。Quartus Ⅱ设计工具完全支持VHDL、Verilog的设计流程，其内部嵌有VHDL、Verilog逻辑综合器。Quartus Ⅱ也可以利用第三方的综合工具，如Leonardo Spectrum、Synplify Pro、FPGA Compiler Ⅱ，并能直接调用这些工具。同样，Quartus Ⅱ具备仿真功能，同时也支持第三方的仿真工具，如ModelSim。此外，Quartus Ⅱ与MATLAB和DSP Builder结合，可以进行基于FPGA的DSP系统开发和数字通信模块的开发。

Quartus Ⅱ包括模块化的编译器。编译器包括的功能模块有分析/综合器(Analysis & Synthesis)、适配器(Fitter)、装配器(Assembler)、时序分析器(Timing Analyzer)、设计辅助模块(Design Assistant)、EDA网表文件生成器(EDA Netlist Writer)、编辑数据接口(Compiler Database Interface)等。可以通过选择Start Compilation来运行所有的编译器模块，也可以通过选择Start单独运行各个模块。还可以通过选择Compiler Tool(Tools菜单)，在Compiler Tool窗口中运行该模块来启动编译器模块。在Compiler Tool窗口中，可以打开该模块的设置文件或报告文件，或打开其他相关窗口。

此外，Quartus Ⅱ还包含许多十分有用的LPM(Library of Parameterized Modules)模块，它们是复杂或高级系统构建的重要组成部分，在SOPC设计中被大量使用，也可与Quartus Ⅱ普通设计文件一起使用。Altera公司提供的LPM函数均基于Altera器件的结构做了优化设计。在许多实用情况中，必须使用宏功能模块才可以使用一些 Altera 特定器件的硬件功能，例如各类片上存储器、DSP 模块、LVDS 驱动器、PLL 以及 SERDES 和 DDIO 电路模块等。

图 3.10 的上排是 Quartus Ⅱ编译设计主控界面，它显示了 Quartus Ⅱ自动设计的各主要处理环节和设计流程，包括设计输入编辑、设计分析与综合、适配、编程文件汇编(装配)、时序参数提取以及编程下载几个步骤。图 3.10 下排的流程框图是与上面的 Quartus Ⅱ设计流程相对照的标准的 EDA 开发流程。

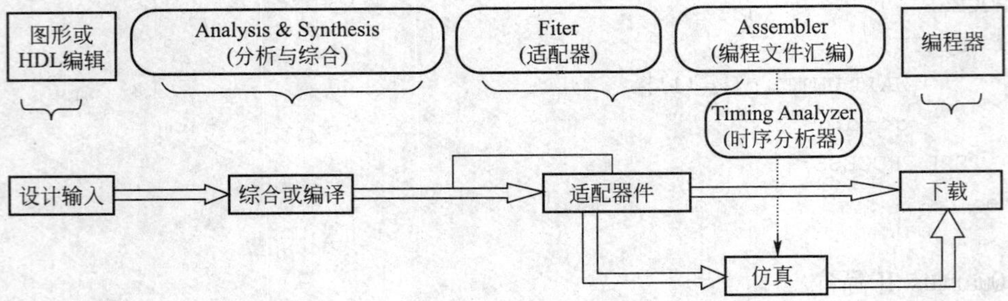

图 3.10 Quartus Ⅱ设计流程

Quartus Ⅱ编译器支持的硬件描述语言有 VHDL(支持 VHDL'87 及 VHDL'97 标准)、Verilog - HDL 及 AHDL(Altera HDL)。

Quartus Ⅱ支持层次化设计，可以在一个新的编辑输入环境中对使用不同输入设计方式完成的模块(元件)进行调用，从而解决了原理图与 HDL 混合输入设计的问题。在设计输入之后，Quartus Ⅱ的编译器将给出设计输入的错误报告。可以使用 Quartus Ⅱ带有的 RTL Viewer 观察综合后的 RTL 图。

3.5 IP 核

IP(Intelligent Property)核是具有知识产权核的集成电路芯核总称，是经过反复验证过的、具有特定功能的宏模块，与芯片制造工艺无关，可以移植到不同的半导体工艺中。到了 SOC 阶段，IP 核设计已成为 ASIC 电路设计公司和 FPGA 提供商的重要任务，也是其实力的体现。对于 FPGA 开发软件，其提供的 IP 核越丰富，用户的设计就越方便，其市场占用率就越高。目前，IP 核已经变成系统设计的基本单元，并作为独立设计成果被交换、转让和销售。

从 IP 核的提供方式上，通常将其分为软核、硬核和固核这 3 类。从完成 IP 核所花费的成本来讲，硬核代价最大；从使用灵活性上来讲，软核的可复用使用性最高。

1. 软核

软核在 EDA 设计领域指的是综合之前的寄存器传输级(RTL)模型；具体在 FPGA 设计中指的是对电路的硬件语言描述，包括逻辑描述、网表和帮助文档等。软核只经过功能仿真，需要经过综合以及布局布线才能使用。其优点是灵活性高、可移植性强，允许用户自配置；缺点是对模块的预测性较低，在后续设计中存在发生错误的可能性，有一定的设计风险。软核是 IP 核应用最广泛的形式。

2. 固核

固核在EDA设计领域指的是带有平面规划信息的网表；具体在FPGA设计中可以看做带有布局规划的软核，通常以RTL代码和对应具体工艺网表的混合形式提供。将RTL描述结合具体标准单元库进行综合优化设计，形成门级网表，再通过布局布线工具即可使用。和软核相比，固核的设计灵活性稍差，但在可靠性上有较大提高。目前，固核也是IP核的主流形式之一。

3. 硬核

硬核在EDA设计领域指经过验证的设计版图，具体在FPGA设计中指布局和工艺固定、经过前端和后端验证的设计，设计人员不能对其修改。不能修改的原因有两个：首先是系统设计对各个模块的时序要求很严格，不允许打乱已有的物理版图；其次是保护知识产权的要求，不允许设计人员对其有任何改动。IP硬核的不许修改特点使其复用有一定的困难，因此只能用于某些特定应用，使用范围较窄。

本章小结

本章介绍了EDA的设计流程，主要包括设计输入、综合、适配、时序仿真与功能仿真、编程下载、硬件测试。介绍了EDA的最终实现目标、ASIC的设计方法和一般的ASIC设计流程。简单介绍了ISP Synario、Foundation、MAX＋plusⅡ可编程逻辑器件的开发环境。简单介绍了ABEL-HDL、Verilog-HDL、VHDL硬件描述语言以及QuartusⅡ开发环境。

思考题和习题

1. 简述EDA的FPGA/CPLD设计流程。
2. 简述ASIC的设计方法。
3. FPGA/CPLD在ASIC设计中有什么用途？

第 4 章　硬件描述语言 VHDL

【学习目标】

掌握 VHDL 的基本知识和运用 VHDL 分析、设计逻辑电路的基本方法。

【学习要求】

能力目标	知识要点	相关知识	权重	自测分数
掌握	VHDL 程序的基本结构	实体、结构体、配置、包集合和库概念	30	
理解	VHDL 基本要素	文字规则、数据对象、数据类型、运算操作符	20	
掌握	VHDL 顺序语句	赋值语句、IF 语句、子程序调用语句、等待和断言语句等	25	
掌握	VHDL 并行语句	进程语句、块语句、并行信号赋值语句、并行过程调用语句、元件例化语句等	25	

4.1　VHDL 概述

硬件描述语言 VHDL 的英文全名是 Very High Speed Integrated Circuit Hardware Description Language，中文全名是超高速集成电路硬件描述语言。

4.1.1　VHDL 的发展历程

20 世纪 80 年代初由美国国防部在实施超高速集成电路(VHSIC)项目时开发的。

1987 年由 IEEE 协会批准为 IEEE 工业标准，称为 IEEE 1076—1987，之后各 EDA 公司相继推出支持 VHDL 的设计环境。

1993 年被更新为 93 标准，即 IEEE 1076—1993。进一步提高抽象描述层次，扩展系统描述能力。

4.1.2　VHDL 的特点

(1) VHDL 具有强大的语言结构，系统硬件描述能力强、设计效率高，具有较高的抽象描述能力；

(2) VHDL 可读性强，易于修改和发现错误；

(3) 可对 VHDL 源代码进行功能仿真；

(4) VHDL 设计不依赖于器件；

(5) VHDL 可实现与工艺无关的编程；

(6) 移植性好;

(7) 上市时间快,成本低;

(8) 易于 ASIC 实现。

4.2 VHDL 程序基本结构

一个完整的 VHDL 程序通常包含实体(ENTITY)、结构体(ARCHITECTURE)、配置(CONFIGURATION)、包集合(PACKAGE)和库(LIBRARY)5 个部分。在 VHDL 程序中,实体和结构体这两个基本结构是必需的,它们可以构成最简单的 VHDL 程序。实体用于描述所设计的系统的外部接口信号;结构体用于描述系统内部的结构和行为;包集合存放各设计模块都能共享的数据类型、常数和子程序等;配置用于从库中选取所需单元来组成系统设计的不同版本;库存放已经编译的实体、结构体、包集合和配置。库可由用户生成或由 ASIC 芯片制造商提供,以便于在设计中为大家所共享。

4.2.1 实体

设计实体是 VHDL 程序设计的基本单元,简单的可以是一个与门,复杂的可以是一个微处理器或一个数字系统,其结构基本是一致的,都是由实体和结构体两部分组成。

1. 实体声明

实体声明是对这个设计实体与外部电路进行接口的描述,它规定了设计单元的输入输出接口信号或引脚,是设计实体对外的一个通信界面。实体(ENTITY)是 VHDL 程序的主体。

2. 实体声明格式

实体声明语句结构如下。

```
ENTITY  实体名  IS
   [GENERIC(类属表);]
   [PORT(端口表);]
END ENTITY 实体名;
```

例:

```
ENTITY  or2  IS
     PORT(a,b:IN STD_LOGIC;
         C:OUT STD_LOGIC);
    END ENTITY or2;
```

重要提示:在编译中,关键词不分大写和小写。

1) 实体名

实体名具体由设计者自定。由于实体名实际上表达的是该设计电路的器件名,所以最好根据相应电路的功能来确定,如 4 位二进制计数器,实体名可取为 counter4b;8 位二进制加法器,实体名可取为 adder8b 等。

重要提示:不应用数字或中文定义实体名,也不应用 EDA 工具库中已定义好的元件名作为实体名,如 or2、latch 等,且不能用数字起头的实体名,如 74LSXX。

2）类属参量(GENERIC)

类属参量是实体声明组织中的可选项，放在端口说明之前，其一般格式为：

GENERIC［CONSTANT］名字表：［IN］子类型标识［：＝静态表达式］，…］

类属参量是一种端口界面常数，常用来规定端口的大小、实体中子元件的数目及实体的定时特性等。它和常数不同，常数只能从设计实体的内部得到赋值且不能改变，而类属参量的值可由设计实体的外部提供。因此，设计者可以从外面通过类属参量的重新设定而改变一个设计实体或一个元件的内部电路结构和规模，例如：

```
GENERIC(trise,tfall:TIME:=1ns;
                Addrwidth:INTEGER:=16);
PORT(a0,a1:IN STD_LOGIC;
          Add_bus:OUT STD_LOGIC_VECTOR(addrwidth-1 DOWNTO 0);
```

这里类属参量中参数 trise 为上升沿宽度，tfall 为下降沿宽度，用于仿真模块的设计；定义地址总线的宽度为 Addrwidth 位，类属值 Addrwidth 的改变将使结构体中所有相关的总线定义同时改变，由此使整个设计实体的硬件结构发生变化。

3）端口说明(PORT)

端口为设计实体和其外部环境提供动态通信的通道，是对基本设计单元与外部接口的描述，其功能相当于电路图符号的外部引脚。端口可以被赋值，也可以当做逻辑变量用在逻辑表达式中。

其一般书写格式为：

```
PORT(端口名:端口模式  数据类型;
     端口名:端口模式  数据类型;
       …);
```

(1) 端口名。

端口名是设计者为实体的每一个对外通道所取的名字，通常为英文字母加数字，名字的定义有一定的惯例，如 clk 表示时钟，D 开头的端口名表示数据，A 开头的端口名表示地址。

(2) 端口模式。

一般地，可综合的(即能将 VHDL 程序编译成可实现的电路)端口模式有 4 种，它们分别是“IN”、“OUT”、“INOUT”和“BUFFER”，用于定义端口上数据的流动方向和方式。

① IN 定义的通道为单向只读模式，规定数据只能通过此端口被读入实体中。

② OUT 定义的通道为单向输出模式，规定数据只能通过此端口从实体向外流出，或者说可以将实体中的数据向此端口赋值。

重要提示：输出模式不能用于被设计实体的内部反馈，因为输出端口在实体内不能看做是可读的。

③ INOUT 定义的通道为输入/输出双向端口，即从端口的内部看，可以对此端口进行赋值，也可以通过此端口读入外部的数据信息，双向模式端口允许引入内部反馈。

④ BUFFER 定义的通道为缓冲模式，即允许信号输出到实体外部，但同时也可以在实体内部引用该端口的信号。缓冲端口既能用于输出也能用于反馈。缓冲模式用于在实体内部建立一个可读的输出端口，例如计数器输出、计数器的现态用来决定计数器的次态。

BUFFER 与 INOUT 的区别在于当需要输入数据时，只允许内部回读输出的信号，即允许反馈。如计数器设计，可将计数器输出的计数信号回读，以作下一个计数值的初值。与 INOUT 模式相比，BUFFER 回读的信号不是由外部输入的，而是由内部产生，向外输出的信号。

在 VHDL 设计中，通常将输入信号端口指定为输入模式，输出信号端口指定为输出模式，而双向数据通信信号，如计算机 PCI 总线的地址/数据复用总线，DMA 控制器数据总线等纯双向的信号采用双向端口模式。从端口的名称、模式就能一目了然地知道信号的用途、性质、来源和去向。

4.2.2 结构体

结构体也叫构造体，结构体描述了基本设计单元(实体)的结构、行为、元件及内部连接关系，也就是说它定义了设计实体的功能，规定了设计实体的数据流程，制定了实体内部元件的连接关系。结构体是对实体功能的具体描述，因此，它一定要跟在实体的后面 。

1. 组成

结构体一般分为两部分。

(1) 对数据类型、常数、信号、子程序和元件等因素进行说明的部分；

(2) 描述实体的逻辑行为、以各种不同的描述风格表达的功能描述语句，包括各种顺序语句和并行语句。

2. 格式

```
ARCHITECTURE  结构体名  OF  实体名  IS
    [定义语句]
BEGIN
    [功能描述语句]
END  结构体名;
```

1) 结构体名

结构体名由设计者自行定义，OF 后面的实体名指明了该结构体所对应的是哪个实体。有些设计实体有多个结构体，这些结构体的结构体名不可以相同，通常用 dataflow(数据流)、behavior(行为)、structural(结构)命名。这 3 个名称体现了 3 种不同结构体的描述方式，使得阅读 VHDL 程序时，能直接了解设计者采用的描述方式。

2) 结构体信号定义语句

结构体信号定义语句必须放在关键词 ARCHITECTURE 和 BEGIN 之间，用于对结构体内部将要使用的信号、常数、数据类型、元件、函数和过程加以说明。需要注意的是实体说明中定义的信号是外部信号，而结构体定义的信号为该结构体的内部信号，它只能用于这个结构体中。

结构体中的信号定义和端口说明一样，应有信号名称和数据类型定义。因为它是内部连接用的信号，因此，不需要方向说明。

例：结构体的信号定义

```
ARCHITECTURE rtl OF muj IS      --rtl:结构体名,muj 实体名
    SIGNAL s1:BIT               --结构体信号定义语句
```

```
    SIGNAL s2,s3:STD_LOGIC_VECTOR(0 TO 3);
    …
BEGIN
    …                                --功能描述语句
END rtl;
```

3) 结构体功能描述语句

结构体功能描述语句位于 BEGIN 和 END 之间，具体地描述了构造体的行为及其连接关系。结构体的功能描述语句可以含有 5 种不同类型的并行语句。每一语句结构内部可以使用并行语句，也可以使用顺序语句。

例：2 选 1 数据选择器

```
ENTTITY  mux2 IS
PORT    (d0,d 1:IN BIT;
            sel:IN BIT;
             s:OUT BIT);
END  mux2;
ARCHITECTURE dataflow OF mux2 IS
   SIGNAL sig:BIT;              --信号定义语句(内部信号,无方向)
BEGIN
Sig<=(d0 AND sel)OR(NOT sel AND d1);
S<=sig;                         --功能描述语句
END dataflow;
```

4.2.3 库

库(LIBRARY)是用来存储已经完成的程序包等 VHDL 设计与数据的仓库，内含各类包定义、实体、构造体等。

在 VHDL 中，库的说明总是放在设计单元的最前面。这样，在设计单元内的语句就可以使用库中的数据。库的好处是可以使设计者共享已经编译过的设计结果。

1. *库的语法*

USE 语句有以下两种常用的格式。

```
USE 库名.程序包名.项目名;
USE 库名.程序包名.ALL;
```

第一种语句格式的作用是向本设计实体开放指定库中的特定程序包内的所选定的项目。

第二种语句格式的作用是向本设计实体开放指定库中的特定程序包内的所有内容。

例如：

```
LIBRARY IEEE;
USE IEEE.STD_LOGIC_1164.ALL;
USE IEEE.STD_LOGIC_1164.STD_ULOGIC;
```

此例中，第一个 USE 语句表明打开 IEEE 库中的 STD _ LOGIC _ 1164 程序包，并使程序包中的所有公共资源对本语句后面的 VHDL 设计实体程序全部开放，关键词 ALL 代表程序包中的所有资源。第二个 USE 语句开放了程序包 STD_LOGIC_1164 中的 STD_ULOGIC 数据类型。

2. 常见的库

1）IEEE 库

IEEE 库中包含以下 4 个包集合。

STD_LOGIC_1164(标准逻辑类型和相应函数)；

STD_LOGIC_ARITH(数学函数)；

STD_LOGIC_SIGNED(符号数学函数)；

STD_LOGIC_UNSIGNED(无符号数学函数)。

2）STD 库

STD 库是符合 VHDL 标准的库，使用时不需显式声明，它包含 STANDARD TEXTIO 等程序包。

3）ASIC 矢量库

各公司提供的 ASIC 逻辑门库。

4）WORK 库

WORK 库为现行作业库，存放设计者的 VHDL 程序，是用户自己的库。

重点提示：库说明语句范围从一个实体声明开始到它所属的构造体配置为止。

当一个源程序中出现两个以上的实体时，每个实体前都应有相应的库说明。

4.2.4　程序包

程序包也叫包集合，主要用来存放各个设计都能共享的数据类型、子程序说明、属性说明和元件说明等部分。设计者使用时只要用 USE 子句进行说明即可。

程序包由两部分组成：程序包首和程序包体。一般书写格式如下。

```
PACKAGE  程序包名  IS
END[PACKAGE]程序包名;                          --程序包首
PACKAGE BODY 程序包名 IS
      …                                        --程序包体
 END[PACKAGE BODY][程序包名];
```

例：

```
USE STD.STD_LOGIC.ALL;
PACKAGE math IS
    TYPE tw16 IS ARRAY(0 TO 15)OF T_WLOGIC;
    FUNCTION add(a,b:IN tw16)RETURN tw16;
    FUNCTION sub(a,b:IN tw16)RETURN tw16;
END math;
PACKAGE BODY math IS
FUNCTION vect_to_int(s:tw16);
    RETURN INTEGER IS
    VARIBLE result:INTEGER:=0;
```

```
BEGIN
    FOR i IN 0 TO 7 LOOP
    result:=result*2;
    IF s(i)='1'THEN
    result:=result+1
    END IF;
    END LOOP;
RETURN result;
END vect_to_int;
FUNCTION int_to_tw16(s:INTEGER);
  RETURN tw16 IS
  VARIBLE result:tw16;
  VARIBLE digit:INTEGER:=2**15;
  VARIBLE local:INTEGER;
BEGIN
  local:=s;
  FOR i IN 15 DOWNTO 0 LOOP
     IF local/digit>=1 THEN
     Local:=local-digit;
     ELSE
     result(i):=0;
     END IF;
     digit:=digit/2;
  END LOOP;
RETURN result;
END int_to_tw16;
FUNCTION add(a,b:IN tw16);
RETURN tw16 IS
  VARIBLE result:INTEGER;
 BEGIN
  result:=vect_to_int(a)+vect_to_int(b);
  RETURN int_to_tw16(result);
END add;
FUNCTION sub(a,b:IN tw16);
RETURN tw16 IS
  VARIBLE result:INTEGER;
BEGIN
  result:=vect_to_int(a)-vect_to_int(b);
  RETURN int_to_tw16(result);
END sub;
END math;
```

此例的程序包是由程序包首和程序包体两部分组成的。程序包首定义了数据类型和函数的调用说明，程序包体中才具体描述实现该函数功能的语句和数据的赋值。这种分开描述的好处是，当函数的功能需要做某些调整或数据赋值需要变化时，只要改变程序包体的相关语句就可以了，而无需改变程序包首的说明，这样就使得需要重新编译的单元数目尽可能地减少了。

4.2.5 配置

配置语句描述层与层之间的连接关系，以及实体与结构体之间的连接关系。一个实体可以有几个结构体，就好像一个电路可以有几个不同的实现方案一样。而配置语句在仿真时为实体选择不同的结构体。

1. 格式

```
CONFIGURATION 配置名 OF 实体名 IS
      FOR 选配结构体名
      END  FOR
END 配置名;
```

2. 举例

与、或、与非、或非、异或 5 个结构体共用一个实体。

```
LIBRARY IEEE;
USE IEEE.STD_LOGIC_1164.ALL;
ENTITY example_v IS
       PORT(a:IN STD_LOGIC;
            b:IN STD_LOGIC;
            y:OUT STD_LOGIC);
END example_v;
ARCHITECTURE and2_arc OF example_v IS
  BEGIN
          y<=a AND b;
  END and2_arc;
ARCHITECTURE or2_arc OF example_v IS
  BEGIN
          y<=a OR b;
  END or2_arc;
ARCHITECTURE nand2_arc OF example_v IS
  BEGIN
          y<=NOT(a AND b);
  END nand2_arc;
ARCHITECTURE nor2_arc OF example_v IS
  BEGIN
          y<=NOT(a OR b);
  END nor2_arc;
ARCHITECTURE xor2_arc OF example_v IS
  BEGIN
          y<=a XOR b;
```

```
  END xor2_arc;
CONFIGURATION cfg1 OF example_v IS
            FOR and2_arc
            END FOR;
END cfg1;
CONFIGURATION cfg2 OF example_v IS
            FOR or2_arc
            END FOR;
END cfg2;
CONFIGURATION cfg3 OF example_v IS
            FOR nand2_arc
            END FOR;
END cfg3;
CONFIGURATION cfg4 OF example_v IS
            FOR nor2_arc
            END FOR;
END cfg4;
CONFIGURATION cfg5 OF example_v IS
            FOR xor2_arc
            END FOR;
END cfg5;
```

在上例(example _ v)中，有 5 个不同的结构体，分别用来完成二输入的逻辑与、或、与非、或非和逻辑异或的运算操作。在程序中使用了 5 个默认配置语句来指明设计实体 example _ v 和哪个结构体一起组成一个完整的设计。配置语句 cfg1 将与逻辑结构体配置给实体；cfg2 将或逻辑结构体配置给实体；cfg3 将与非逻辑结构体配置给实体；cfg4 将或非逻辑结构体配置给实体；cfg5 将异或逻辑结构体配置给实体。在进行模拟的时候，将根据所编译的是上面的哪个配置来决定要进行模拟的结构体，也就是说最后一个被编译的结构体(异或逻辑)将被模拟。

3. 结构体的配置

结构体的配置主要是用来对结构体中引用的元件进行配置。

结构体配置的书写格式：

```
FOR<元件例化标号>:<元件名>USE ENTITY<库名>.<实体名(结构体名)>;
```

4.3 VHDL 基本要素

4.3.1 文字规则

1. 注释

为了提高 VHDL 源程序的可读性，在 VHDL 中可以写入注释。注释以“--”开头直到本行末尾的一段文字。注释不是 VHDL 设计描述的一部分，编译后存入数据库中的信息不包含注释。

注释举例：

```
Q:OUT STD_LOGIC _VECTOR(11 DOWNTO 0);--A/D 转换数据输出显示(行注释)
--SRAM 数据写入控制状态机(段注释)
WRIT_STATE:PROCESS(clk,rst)          --SRAM 写入控制状态机时序电路进程
```

2. 数字

数字型文字可以有多种表达方式，可以是十进制数，也可以表示为二进制、八进制或十六进制等为基的数，可以是整数，也可以是含有小数点的浮点数。现举例如下。

(1) 十进制整数表示法，如

012　5　78_456(=78456)　2E6

在相邻数字之间插入下划线，对十进制数值不产生影响，仅仅是为了提高文字的可读性。允许在数字之前冠以若干个 0，但不允许在数字之间存在空格。

(2) 以基表示的数，用这种方式表示的数由 5 个部分组成。第一部分，用十进制数标明数值进位的基数；第二部分，数值隔离符号“#”；第三部分，表达的文字；第四部分，指数隔离符号“#”；第五部分，用十进制表示的指数部分，这一部分的数如果为 0 可以省去不写。如

```
10#170#                       --(十进制表示,等于 170)
16#FE#                        --(十六进制表示,等于 254)
2#1111_1110#                  --(二进制表示,等于 254)
8#376#                        --(八进制表示,等于 254)
16#E#E1                       --(十六进制表示,等于 16#E0#,等于 224)
16#F.01#E2                    --(十六进制表示,等于 16#F01#,等于 3841.00)
2#10.1111_0001#E9             --(二进制表示,等于 2#10111100010#,等于 1506.00)
```

对以基表示的数而言，相邻数字间插入下划线不影响数值。基的最小数为 2，最大数为 16，以基表示的数中允许出现 A 至 F 的字母，大小写字母意义无区别。

(3) 实数，实数必须带有小数点。如

12.0　3.14　6_741_113.666

(4) 物理量文字，综合器不支持物理量文字的综合。如

60s(秒)，100m(米)

3. 字符和字符串

(1) 字符是用单引号引起来的 ASCⅡ字符，可以是数值，也可以是符号或字母，如

‘E’，‘e’，‘$’，‘23’，‘A’…

(2) 字符串是一维的字符数组，需放在双引号中。有两种类型的字符串：文字字符串和位矢量字符串。

文字字符串是用双引号引起来的一串文字。如“FALSE”，“X”，“THIS IS END”

位矢量字符串是被双引号引起来的扩展的数字序列，数字序列前冠以基数说明符。基数符有“B”、“O”、“X”，它们的含义如下。

B：二进制基数符号，表示二进制位 0 或 1，在字符串中每一个位表示一个比特。

O：八进制基数符号，在字符串中每一个数代表一个八进制数，即代表一个 3 位（比特）的二进制数。

X：十六进制基数符号，代表一个十六进制数，即代表一个 4 位二进制数。

例如：B “1011_1111”， O “152”， X “F821”

4. 下标名

下标名用于指示数组型变量或信号的某一元素。

```
SIGNAL a,b:BIT_VECTOR(0 TO 3);
SIGNAL s:INTEGER RANGE 0 TO 2;
SIGNAL x,y:BIT;
x<=a(s);
y<=b(3);
```

上例中，a(s)为一下标语句，s 是不可计算的下标名，只能在特定情况下进行综合；b(3) 的下标为 3，可以进行综合。

4.3.2 数据对象

在 VHDL 中，数据对象（DATA OBJECTS）有 3 类，即变量（VARIABLE）、常量（CONSTANT）和信号（SIGNAL）。数据对象类似于一种容器，它接受不同数据类型的赋值，变量和常量可以从软件语言中找到对应的类型。然而信号的表现较特殊，它具有更多的硬件特征，是 VHDL 中最有特色的语言要素之一。

1. 常数

常数（CONSTANT）的定义和设置主要是为了使程序更容易阅读和修改。例如，将逻辑位的宽度定义为一个常量，只要修改这个常量就能很容易地改变宽度，从而改变硬件结构。在程序中，常量是一个恒定不变的值，一旦作了数据类型和赋值定义后，在程序中就不能再改变，因而具有全局性意义。常数定义的一般表述如下：

```
CONSTANT  常数名:数据类型:=表达式;
```

例如：

```
CONSTANT  FBT:STD_LOGIC_VECTOR:="010110";  --标准位矢类型
CONSTANT  DATAIN:INTEGER:=15;              --整数类型
```

VHDL 要求所定义的常量数据类型必须与表达式的数据类型一致。

常量定义语句所允许的设计单元有实体、结构体、程序包、块、进程和子程序。常量的可视性，即常量的使用范围取决于它被定义的位置。如果在程序包中定义，常量具有最大的全局化特征，可以用在调用此程序包的所有设计实体中；常量如果定义在设计实体中，其有效范围为这个实体定义的所有的结构体（多结构体）；如果常量定义在设计实体的某一结构体中，则只能用于此结构体；如果常量定义在结构体的某一单元，如一个进程中，则这个常量只能用在这一进程中。这就是常数的可视性规则。这一规则与信号的可视性规则是完全一致的。

2. 变量

在 VHDL 语法规则中，变量（VARIABLE）是一个局部量，只能在进程和子程序中使用。

变量不能将信息带出对它作出定义的当前结构体中。变量的赋值是一种理想化的数据传输，是立即发生的，不存在任何延时的行为。变量的主要作用是在进程中作为临时的数据存储单元。定义变量的一般表述如下：

```
VARIABLE  变量名:数据类型:=初始值;
```

例如：

```
VARIABLE  a:INTEGER RANGE 0 TO 15;
VARIABLE  d:STD_LOGIC;
```

定义 a 的取值范围为从 0 到 15 的整数型变量，d 为标准位类型的变量。

变量作为局部量，其适用范围仅限于定义了变量的进程或子程序的顺序语句中。在这些语句结构中，同一变量的值将随变量赋值语句前后顺序的运算而改变，因此，变量赋值语句的执行与软件描述语言中的完全顺序执行的赋值操作十分类似。

变量定义语句中的初始值可以是一个与变量具有相同数据类型的常数值，这个表达式的数据类型必须与所赋值的变量一致。此初始值不是必需的。由于硬件电路上电后的随机性，综合器并不支持设置初始值。变量赋值的一般表述如下：

```
目标变量名:=表达式;
```

重要提示：赋值语句右方的“表达式”必须是一个与“目标变量名”具有相同数据类型的数值，这个表达式可以是一个运算表达式，也可以是一个数值。通过赋值操作，新的变量值的获得是立刻发生的。变量赋值语句左边的目标变量可以是单值变量，也可以是一个变量的集合，如位矢量类型的变量。例如：

```
VARIABLE x,y:INTEGER RANGE 15 DOWNTO 0;
VARIABLE a,b:STD_LOGIC_VECTOR(7 DOWNTO 0);
x:=11;
y:=2+x;                              --运算表达式赋值,y 也是实数变量
a:=b
a(0 TO 5):=b(2 TO 7);
```

3. 信号

信号(SIGNAL)是描述硬件系统的基本数据对象，它类似于连接线。信号可以作为设计实体中并行语句模块间的信息交流通道。

信号作为一种数值容器，不但可以容纳当前值，也可以保持历史值。这一属性与触发器的记忆功能有很好的对应关系，只是不必注明信号上数据流动的方向。信号定义的语句格式与变量相似，信号定义也可以设置初始值，它的定义格式如下：

```
SIGNAL 信号名:数据类型:=初始值;
```

同样，信号初始值的设置不是必需的，而且初始值仅在 VHDL 的行为仿真中有效。与变量相比，信号的硬件特征更为明显，它具有全局性特征。例如，在实体中定义的信号，在其对应的结构体中都是可见的，即在整个结构体中的任何位置，任何语句结构中都能获得同一信号的赋值。

此外，需要注意，信号的使用和定义范围是实体、结构体和程序包，在进程和子程序的

顺序语句中不允许定义信号。此外，还应注意，在进程中只能将信号列入敏感表，而不能将变量列入敏感表。可见进程只对信号敏感，而对变量不敏感，这是因为只有信号才能把进程外的信息带入进程内部，或将进程内的信息带出进程。

当信号定义了数据类型和表达方式后，在VHDL设计中就能对信号进行赋值了。信号的赋值语句表达式如下：

```
目标信号名<=表达式;
```

这里的“表达式”可以是一个运算表达式，也可以是数据对象(变量、信号或常量)。数据信息的传入可以设置延时量。因此，目标信号获得传入的数据并不是即时的。即使是零延时(不作任何显式的延时设置)，也要经历一个特定的延时，即δ延时。因此，符号“<=”两边的数值并不总是一致的，这与实际器件的传播延迟特性是吻合的，因此，与变量的赋值过程有很大差别。

信号的赋值可以出现在一个进程中，也可以直接出现在结构体的并行语句结构中，但它们运行的含义是不一样的。前者属顺序信号赋值，这时的信号赋值操作要视进程是否已被启动，后者属并行信号赋值，其赋值操作是各自独立并行地发生的。

在进程中，可以允许同一信号有多个驱动源(赋值源)，即在同一进程中存在多个同名的信号被赋值，其结果只有最后的赋值语句被启动，并进行赋值操作。例如：

```
SIGNAL a,b,c,y,z:INTEGER;
...
PROCESS(a,b,c)
BEGIN
  y<=a+b;
  z<=c-a;
  y<=b;
END PROCESS;
```

上例中，a、b、c被列入进程敏感表，当进程被启动后，信号赋值将自上而下顺序执行，但第一项赋值操作并不会发生，这是因为y的最后一项驱动源是b，因此，y被赋值b。但在并行赋值语句中，不允许如上例所示的同一信号有多个驱动源的情况。

4.3.3 数据类型

数据类型分为在VHDL标准库STD中的程序包所包含的预定义数据类型和用户自定义数据类型。

1. VHDL中预定义的数据类型(编程者可直接使用)

预定义类型在VHDL标准程序包STANDARD中定义，在应用中自动包含进VHDL的源文件，不需要USE语句显式调用。数据类型说明如下。

1) 整数(INTEGER)

整数与数学中整数的定义相似，可以使用预定义运算操作符，如加“＋”、减“－”、乘“×”、除“÷”进行算术运算。在VHDL中，整数的表示范围为－2147483647～2147483647，即从$-(2^{31}-1)$到$(2^{31}-1)$。

实际使用中，VHDL仿真器通常将整数作为有符号数处理，而VHDL综合器则将整数作为无符号数处理。使用整数时，VHDL综合器要求用RANGE子句为所定义的数限定范围，然后根据所限定的范围来决定表示此信号或变量的二进制数的位数，VHDL综合器无法综合未限定范围的整数类型的信号和变量。

2) 实数(REAL)

在进行算法研究或实验时，作为对硬件方案的抽象手段，常常采用实数四则运算。实数的定义值范围为－1.0E＋38～＋1.0E＋38。实数有正负数，书写时一定要有小数点。例如：－1.0，＋2.5，－1.0E＋38

通常情况下，实数类型仅能在VHDL仿真器中使用，VHDL综合器则不支持实数，因为直接的实数类型的表达和实现相当复杂，目前在电路规模上难以承受。

3) 位(BIT)

用来表示数字系统中的信号值。位值用字符“0”或者“1”(将值放在引号中)表示。与整数中的1和0不同，“1”和“0”仅仅表示一个位的两种取值。程序包STANDARD中定义的源代码是：

```
TYPE  BIT IS('0','1');
```

位数据可以用来描述数字系统中总线的值。位数据不同于布尔数据，可以用转换函数进行转换。

4) 位矢量(BIT _ VECTOR)

位矢量是用双引号括起来的一组数据。例如：“001100”，X“00bb”。在这里位矢量前面的X表示是十六进制。程序包STANDARD中定义的源代码是：

```
TYPE  BIT_VECTOR IS ARRAY(Natural Range< >)OF BIT;
```

用位矢量数据表示总线状态最形象也最方便，在VHDL程序中将会经常遇到。使用位矢量时必须注明位宽，即数组中元素个数和排列，例如：

```
SIGNAL s1:BIT_VECTOR(15 DOWNTO 0);
```

5) 布尔量(BOOLEAN)

程序包STANDARD中定义的源代码是：

```
TYPE  BOOLEAN IS(FALSE,TRUE);
```

一个布尔量具有两种状态，“真”或者“假”。虽然布尔量也是二值枚举量，但它和位不同，没有数值的含义，也不能进行算术运算。它能进行关系运算。例如，它可以在IF语句中被测试，测试结果产生一个布尔量TRUE或者FALSE。

6) 字符(CHARACTER)

字符也是一种数据类型，所定义的字符量通常用单引号括起来，如‘a’。字符类型区分大小写，例如，‘B’不同于‘b’。字符类型已在STANDARD程序包中做了定义，在VHDL程序设计中，标识符的大小写一般是不分的，但用了单引号的字符的大小写是有区别的。字符量中的字符可以是从a到z中的任意一个字母，从0到9中的任意一个数以及空格或者特殊字符，如$，@，%等。包集合STANDARD中给出了预定义的128个ASCⅡ码字符，不能打印的用标识符给出。字符‘1’与整数1和实数1.0都是不相同的，当要明确指出1的字符数据时，则可写为：CHARACTER(‘1’)。

7）字符串(STRING)

字符串(STRING)类型是字符数据类型的一个非约束型数组，或称为字符串数组。字符串必须用双引号标明，VHDL综合器支持字符串数据类型。字符串常用于程序的提示和说明。字符串举例如下：

```
VATIABLE string_1:STRING(0 TO 3);
…
string_1:="a b c d";
```

8）时间(TIME)

VHDL中唯一的预定义物理类型是时间。完整的时间量数据应包含整数和单位两部分，而且整数和单位之间至少应留一个空格的位置。例如55 sec，2 min等。

STANDARD程序包中也定义时间。定义如下：

```
TYPE TIME IS RANGE-2147483647 TO 2147483647
   UNITS
      fs;             --飞秒,VHDL中最小时间单位
      ps=1000 fs;  --皮秒
      ns=1000 ps;  --纳秒
      μs=1000 ns;  --微秒
      ms=1000 μs;  --毫秒
      sec=1000 ms; --秒
      min=60 sec;  --分
      hr=60 min;   --时
   end units;
```

如：20 μs，100 ns，3 sec。

系统仿真时，时间数据特别有用，用它可以表示信号延时，从而使系统模型能更逼近实际系统的运行环境。VHDL综合器不支持时间类型。

9）错误等级(SEVERITY LEVEL)

错误等级类型数据用来表征系统的状态，共有4种：note(注意)，warning(警告)，error(出错)，failure(失败)。在系统仿真过程中可以用这4种状态来提示系统当前的工作情况，从而使设计人员随时了解当前系统工作的情况，并根据系统的不同状态采取相应的对策。

10）大于等于零的自然数(NATURAL)和正整数(POSITIVE)

这两种数据是整数的子类，NATURAL类数据为取0和0以上的正整数；而POSITIVE则只能为正整数。

以上10种类型是VHDL中的标准类型，在编程中可以直接使用。使用这10种以外的类型，需要自行定义或指明所引用的LIBRARY(库)和PACKAGE(包)集合。

重要提示：BIT数据类型的信号规定的取值范围是逻辑位‘1’和‘0’。在VHDL中，逻辑位0和1的表达必须加单引号，否则VHDL综合器将0和1解释为整数数据类型INTEGER。

2. 用户自定义的数据类型

用户自定义的数据类型是以上述10种基本数据类型为基础而定义的数据类型，包括枚

举型、数组类型、物理类型、子类型、文件类型以及记录类型等。

用户自定义数据类型的定义书写格式是：

```
TYPE 数据类型名{,数据类型名} 数据类型定义;
```

1）枚举类型

枚举类型(Enumerated type)是最常见的用户自定义数据类型之一。在硬件描述中，可以通过枚举类型来定义信号的取值。除了最常用的二值逻辑(已经预定义为 BIT 型)，还可以有九值逻辑等。枚举类型的定义可用以下的格式：

```
TYPE 枚举类型名 IS(枚举型值表);
```

其中的枚举型值表是用逗号分隔的标识符或字符常量，也就是这种枚举型信号可以取的值。

例如，四值逻辑系统的逻辑值有：“0”、“1”、“Z”（高阻抗）、“X”（不确定）。可以用枚举型定义这种逻辑系统：

```
TYPE qit_logic IS('0','1','Z','X');
```

也可以用自定义的标识符作为枚举型信号的值。例如，可以用枚举型来定义交通灯的状态：

```
TYPE traffic_light IS(red,green,yellow);
```

重要提示：VHDL 对于枚举型类型取值的限制较少，可以用标识符，也可以用字符常量。这在许多高级语言中都是不允许的。

2）子类型

有时，希望对某种类型数据的范围加以限制，可以通过定义子类型来实现这种限制。子类型的定义方式如下：

SUBTYPE 子类型名 IS 已定义类型名［范围］；

这里的“范围”可以通过 RANGE 短语来表示：

```
SUBTYPE decimal IS INTEGER RANGE 0 TO 9;
```

子类型也可以用一个已定义的枚举类型来定义，例如：

```
TYPE weekday IS(Sun,Mon,Tue,Wed,Thu,Fri,Sat);
SUBTYPE workday IS weekday RANGE(Mon TO Fri);
```

子类型的对象可以直接向原来类型的对象赋值，而原类型对象向子类型对象的赋值是要受限制的，只能在子类型的取值范围内才可以进行这种赋值操作。

3. VHDL 数据类型转换

在 VHDL 程序设计中不同的数据类型的对象之间不能代入和运算。实现它们之间数据类型的转换有 3 种方法：类型标记法、函数转换法和常数转换法。

1）用函数进行类型转换

VHDL 中，程序包中提供了转换函数，这些程序包有 3 种，每个程序包中的转换函数不一样。现列表如下：

(1) STD _ LOGIC _ 1164 包集合函数。

函数 TO _ STDLOGICVECTOR(A) :由 BIT_VECTOR 转换为 STD_LOGIC_VECTOR.

函数 TO_BITVECTOR(A) :由 STD_LOGIC_VECTOR 转换为 BIT_VECTOR.

函数 TO_STDLOGIC(A) :由 BIT 转换为 STD_LOGIC.

函数 TO_BIT(A) :由 STD_LOGIC 转换为 BIT.

(2) STD _ LOGIC _ ARITH 包集合函数。

函数 CONV _ STD _ LOGIC _ VECTOR(A,位长):由 UNSINGED、SINGED 转换为 INTEGER.

(3) STD _ LOGIC _ UNSINGED 包集合函数。

函数 CONV _ INTEGER(A):由 INTEGER、UNSINGED、SINGED 转换为 STD_LOGIC_VECTOR.

2) 类型标记法实现类型转换

类型标记就是类型的名称。类型标记法适合那些关系密切的标量类型之间的类型转换,即整数和实数的类型转换。

例如:

```
VARIABLE I:INTEGER;
VARIABLE R:REAL;
I:=INTEGER(R);
R:=REAL(I);
```

3) 常数实现类型转换

就模拟效率而言,利用常数实现类型转换比利用类型转换函数的效率更高。

下面的例子是使用常数把类型为 STD _ LOGIC 的值转换为 BIT 型的值。

例如:

```
LIBRARY IEEE;
USE IEEE.
STD_LOGIC_1164.ALL;
ENTITY typeconv IS
END;
ARCHITECTURE arch OF typeconv IS
TYPE STD_LILOGIC IS
('U','X','0','1','W','L','H','_');
   TYPE typeconv_type IS ARRAY(STD_ULOGIC)OF BIT;--定义一个类型
CONSTANT typecon_con:typeconv_type:=('0'/'L'=>'0','1'/'H'=>'1',OTHERS=>'0');
SIGNAL b:BIT;
SIGNAL s:STD_ULOGIC;
BEGIN
b<=typecon_con(s);--常数实现类型转换
END
```

4. IEEE 预定义标准数据类型

1) 标准逻辑位数据类型

标准逻辑位(STD _ LOGIC)是标准 BIT 数据类型的扩展，共定义了 9 种值，这意味着对于定义为数据类型是 STD _ LOGIC 的数据对象，其可能的取值已非传统的 BIT 那样只有逻辑 0 和逻辑 1 两种取值。标准逻辑位数据类型定义如下：

```
TYPE STD_LOGIC IS('U','X','0','1','Z','W','L','H','_');
```

各值含义如下：

'U',未初始化;'X',强未知;'0',强 0;'1',强 1;'Z',高阻态;'W',弱未知;'L',弱 0;'H',弱 1;'_',忽略。

由于标准逻辑位数据的多值性，在编程时应当特别注意。因为在条件语句中，如果未考虑到 STD _ LOGIC 所有可能的取值情况，有的综合器可能会插入不希望的锁存器。

2）标准逻辑矢量数据类型

标准逻辑矢量(STD _ LOGIC _ VECTOR)类型定义如下：

```
TYPE STD_LOGIC_VECTOR IS ARRAY(NATURAL RANGE<>)OF STD_LOGIC;
```

显然，STD _ LOGIC _ VECTOR 是定义在 STD _ LOGIC _ 1164 程序包中的标准一维数组，数组中的每一个元素的数据类型都是以上定义的 STD _ LOGIC。

在使用中，向 STD _ LOGIC _ VECTOR 数据类型的数据对象赋值的方式与普通的一维数组 ARRAY 是一样的，即必须严格考虑位矢量的宽度。同位宽、同数据类型的矢量间才能进行赋值。

3）文件类型

文件是传输大量数据的载体，包括各种数据类型的数据。用 VHDL 描述时序仿真的激励信号和仿真波形输出，一般都要用文件(FILES)类型。在 IEEE1076 标准的 TEXIO 程序包中定义了下面几种文件 I/O 传输方法，调用这些过程就能完成数据的传输。

```
PROCEDURE Readline(F:IN TEXT;L:OUT LINE);
PROCEDURE Writeline(F:IN TEXT;L:IN LINE);
PROCEDURE Read(L:INOUT LINE;ValueL:OUT std_ogic;Good:OUT BOOLEAN);
PROCEDURE Read(L:INOUT LINE;ValueL:OUT std_ogic);
PROCEDURE Read(L:INOUT LINE;ValueL:OUT std_ogic_vector;Good:OUT BOOLEAN);
PROCEDURE Read(L:INOUT LINE;ValueL:OUT std_ogic_vector);
PROCEDURE Write(L:INOUT LINE;ValueL:IN std_ogic;
               Justiaied:IN SIDE:=Right;field:IN WIDTH:=0);
PROCEDURE Write(L:INOUT LINE;ValueL:IN std_ogic_vector;
               Justiaied:IN SIDE:=Right;field:IN WIDTH:=0);
```

上述第一行为读入测试矢量文件，第二行向测试文件写一行测试矢量。

5. 其他预定义标准数据类型

VHDL 综合工具配备的扩展程序包中定义了一些有用的类型。如 Synopsys 公司在 IEEE 库中加入的程序包 STD _ LOGIC _ ARITH 中定义了如下的数据类型：无符号型(UNSIGNED)、有符号型(SIGNED)、小整型(SMALL _ INT)。如果将信号或变量定义为这几个数据类型，就可以使用本程序包中定义的运算符。在使用之前，要注意必须加入下面的语句：

```
LIBRARY IEEE;
USE IEEE.STD_LOGIC_ARITH.ALL;
```

UNSIGNED 类型和 SIGNED 类型是用来设计可综合的数学运算程序的重要类型，UNSIGNED 用于无符号数的运算，SIGNED 用于有符号数的运算。

4.3.4 运算操作符

与其他程序设计语言相似，VHDL 中的表达式也是由运算符将基本元素连接起来形成的。

在 VHDL 中，有 4 类操作符，即逻辑操作符(Logic Operator)、关系操作符(Relational Operator)和算术操作符(Arithmetic Operator)，此外还有重载操作符(Overloading Operator)。前 3 类操作符是完成逻辑和算术运算的最基本的操作符单元，重载操作符是对基本操作符作了重新定义的函数型操作符。各种操作符所要求的操作数的类型详见表 4-1。

表 4-1　VHDL 操作符列表

类型	操作符	功　能	操作数数据类型
算术操作符	+	加	整数
	-	减	整数
	&	并置	一维数组
	*	乘	整数和实数(包括浮点数)
	/	除	整数和实数(包括浮点数)
	MOD	取模	整数
	REM	取余	整数
	SLL	逻辑左移	BIT 或布尔型一维数组
	SRL	逻辑右移	BIT 或布尔型一维数组
	SLA	算术左移	BIT 或布尔型一维数组
	SRA	算术右移	BIT 或布尔型一维数组
	ROL	逻辑循环左移	BIT 或布尔型一维数组
	ROR	逻辑循环右移	BIT 或布尔型一维数组
	**	乘方	整数
	ABS	取绝对值	整数
	+	正	整数
	-	负	整数
关系操作符	=	等于	任何数据类型
	/=	不等于	任何数据类型
	<	小于	枚举与整数类型，及对应的一维数组
	>	大于	枚举与整数类型，及对应的一维数组
	<=	小于等于	枚举与整数类型，及对应的一维数组
	>=	大于等于	枚举与整数类型，及对应的一维数组
逻辑操作符	AND	与	BIT，BOOLEAN，STD_LOGIC
	OR	或	BIT，BOOLEAN，STD_LOGIC
	NAND	与非	BIT，BOOLEAN，STD_LOGIC
	NOR	或非	BIT，BOOLEAN，STD_LOGIC
	XOR	异或	BIT，BOOLEAN，STD_LOGIC
	XNOR	异或非	BIT，BOOLEAN，STD_LOGIC
	NOT	非	BIT，BOOLEAN，STD_LOGIC

各种运算操作符的优先级别见表 4－2。

表 4－2　VHDL 操作符优先级

操　作　符	优　先　级
NOT，ABS，＊＊	最高优先级
＊，/，MOD，REM	↑
＋(正号)，－(负号)	
＋，－，&	
SLL，SLA，SRL，SRA，ROL，ROR	
＝，/＝，＜，＜＝，＞，＞＝	
AND，OR，NAND，NOR，XOR，XNOR	最低优先级

4.3.5　VHDL 结构体描述方式

VHDL 是通过结构体具体描述整个设计实体的逻辑功能。通常结构体有 4 种不同的描述方式：行为描述方式(behavior)、数据流描述方式(dataflow)或寄存器 RTL 描述方式、结构化描述方式(structural)以及混合描述方式。VHDL 通过这 4 种不同的描述方式从不同的侧面描述结构体的功能。前 3 种是最基本的描述方式，它们组合起来就成为混合描述方式。

下面结合一个全加器来说明这 4 种描述方式，全加器原理示意图如图 4.1 所示，其输入/输出关系见表 4－3 所示。

全加器框图

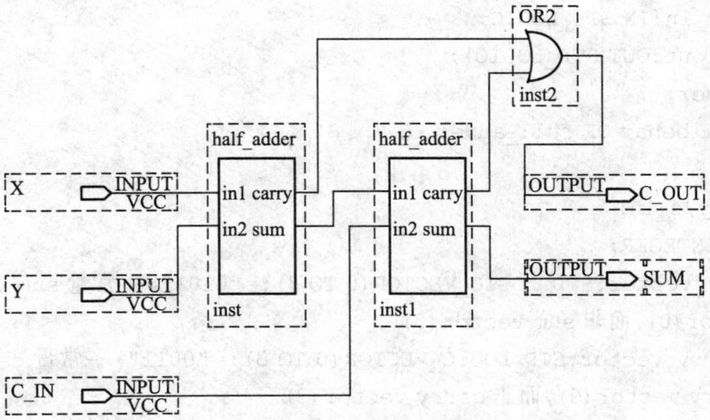

图 4.1　全加器原理图

表 4－3　全加器的输入/输出关系

输　入			输　出	
c_in	x	y	c_out	sum
0	0	0	0	0
0	0	1	0	1
0	1	0	0	1
0	1	1	1	0

(续)

输入			输出	
c _ in	x	y	c _ out	sum
1	0	0	0	1
1	0	1	1	0
1	1	0	1	0
1	1	1	1	1

1. 行为描述方式

行为描述方式是对系统数学模型的描述，在行为描述方式的程序中大量采用算术运算、关系运算、惯性延时以及难于进行逻辑综合和不能进行逻辑综合的 VHDL 语句。只描述输入与输出间转换的行为，不需包含任何结构信息，它对设计实体按算法的路径来描述。行为描述在 EDA 工程中通常被称为高层次描述，设计工程师只需要注意正确的实体行为、准确的函数模型和精确的输出结果就可以了，无需关注实体的电路组织和门级实现。

一般来说，采用行为描述方式的 VHDL 程序主要用于系统数学模型的仿真或者系统工作原理的仿真。

例：基于全加器真值表采用行为描述方式设计的全加器(1 位二进制数全加)。

```
LIBRARY IEEE;
USE IEEE.STD_LOGIC_1164.ALL;
ENTITY full_adder IS
 GENERIC(tpd:TIME:=10ns);
 PORT (x,y,c_in:IN STD_LOGIC;
      Sum,c_out:OUT STD_LOGIC);
END full_adder;
ARCHITECTURE behav OF full_adder IS
BEGIN
 PROCESS(x,y,c_in)
VARIABLE n:INTEGER;
CONSTANT sum_vector:STD_LOGIC_VECTOR(0 TO 3):="0101";--常量 sum vector 有 4 位数值，最高位是 sum vector(0),而非 sum vector(3)
CONSTANT carry_vector:STD_LOGIC_VECTOR(0 TO 3):="0011";--常量 carry vector 有 4 位数值,最高位是 carry vector(0),而非 carry vector(3)
BEGIN                                              --对照真值表解释程序
      n:=0;
      IF x='1' THEN
        n:=n+1;
      END IF;
      IF y='1' THEN
        n:=n+1;
      END IF;
      IF c_in='1' THEN
        n:=n+1;
```

```
        END IF;
--(0 TO 3)
        sum<=sum_vector(n)AFTER 2*tpd;            --sum_vector初值为"0101"
        c_out<=carry_vector(n)AFTER 3*tpd;       --carry_vector初值为"0011"
    END PROCESS;
    END behav;
```

2. RTL 描述方式

RTL(Register Transfer Level)是一种以综合为目的的描述方法。综合过程是先把 HDL 翻译成电路的模式,然后再进行优化,最终达到一个门阶段应用。又称数据流描述方式表示行为,表示描述数据流的运动路线、运动方向和运动结果。

对于全加器,用布尔方程描述其逻辑功能如下:

```
s=x XOR y
sum=s XOR c_in
c_out=(x AND y)OR(s AND c_in)
```

下面是基于上述布尔方程的数据流方式的描述。

例:采用数据流描述方式的全加器。

```
LIBRARY IEEE;
USE IEEE.STD_LOGIC_1164.ALL;
ENTITY full_adder IS
  GENERIC(tpd:TIME:=10ns);
  PORT(x,y,c_in:IN STD_LOGIC;
       Sum,c_out:OUT STD_LOGIC);
END full_adder;
ARCHITECTURE dataflow OF full_adder IS
BEGIN
   s<=x XOR y AFTER tpd;
  sum<=s XOR c_in  AFTER tpd;
  c_out<=(x AND y)OR(s AND c_in)AFTER 2*tpd;
END dataflow;
```

3. 结构化描述方式

在多层次的设计中，直接用门电路设计单元构成一个复杂的逻辑电路的描述方法。它可以将已有的设计成果方便地用到新的设计中去。它主要是描述电路的功能和结构，由顶层模块对底层模块的调用来实现。此描述方式实现的电路可以综合。在结构化描述中，建模的焦点是端口及其互连关系。

结构化描述的建模步骤如下：

(1) 元件说明。

(2) 元件例化。

(3) 元件配置。

元件说明用于描述局部接口；元件例化是要相对于其他元件来放置该元件；元件配置用于指定元件所用的设计实体。

对于图 4.1 给出的全加器端口结构，可以认为它是由两个半加器和一个或门组成的。基于图 4.1 所示的结构，可以写出全加器的结构化描述设计程序如下。

例：全加器的结构化描述。

```
LIBRARY IEEE;
USE IEEE.STD_LOGIC_1164.ALL;
ENTITY half_adder IS
  GENERIC(tpd:TIME:=10ns);
  PORT(in1,in2:IN STD_LOGIC;
       sum,carry:OUT STD_LOGIC);
END half_adder;
ARCHITECTURE behavioral OF half_adder IS
BEGIN
PROSESS(in1,in2)
BEGIN
   sum<=in1 XOR in2 AFTER tpd;
   carry<=in1 AND in2 AFTER tpd;
END PROCESS;
END behavioral;                                          --半加器设计完毕

LIBRARY IEEE;
USE IEEE.STD_LOGIC_1164.ALL;
ENTITY or_gate IS
  GENERIC(tpd:TIME:=10ns);
  PORT(in1,in2:IN STD_LOGIC;
       out1:OUT STD_LOGIC);
END or_gate;
ARCHITECTURE structural OF or_gate IS
BEGIN
       out1<=in1 OR in2 AFTER tpd;
END structural;                                          --或门设计完毕

LIBRARY IEEE;
USE IEEE.STD_LOGIC_1164.ALL;
ENTITY full_adder IS
  GENERIC(tpd:TIME:=10ns);
  PORT(x,y,c_in:IN STD_LOGIC;
       Sum,c_out:OUT STD_LOGIC);
END full_adder;

ARCHITECTURE structural OF full_adder IS
  COMPONENT half_adder
    PORT(in1,in2:IN STD_LOGIC;
         sum,carry:OUT STD_LOGIC);
  END COMPONENT;                                         --元件说明
```

```
  COMPONENT or_gate
         PORT(in1,in2:IN STD_LOGIC;
              out1:OUT STD_LOGIC);
  END COMPONENT;
SIGNAL a,b,c:STD_LOGIC;
FOR u1,u2:half_adder USE ENTITY WORK.half_adder(behavioral);
                                                         --元件例化
   FOR u3:or_gate USE ENTITY WORK. or_gate(structural);
BEGIN
  u1:half_adder PORT MAP(x,y,b,a);                       --元件配置
  u2:half_adder PORT MAP(c_in,b,sum,c);
  u3:or_gate PORT MAP(c,a,c_out);
END structural;
```

由上例可见,对于一个复杂的电子系统,可以将其分解为若干个子系统,每个子系统再分解成模块,形成多层次设计。这样,可以使更多的设计者同时进行合作。在多层次设计中,每个层次都可以作为一个元件,再构成一个模块或系统,可以先分别仿真每个元件,然后再整体调试。所以说结构化描述不仅是一种设计方法,而且是一种设计思想,是大型电子系统高层次设计的重要手段。

4. 混合描述方式

在实际设计工作中,可以采用上述3种描述方式的任意组合,这就是混合描述。同样还是图4.1所给出端口结构的全加器模型,其混合描述方式如下。

例:全加器的混合描述。

```
LIBRARY IEEE;
USE IEEE.STD_LOGIC_1164.ALL;
ENTITY xor_gate IS
  GENERIC(tpd:TIME:=10ns);
  PORT(in1,in2:IN STD_LOGIC;
       out1:OUT STD_LOGIC);
END xor_gate;
ARCHITECTURE behavioral OF xor_gate IS
BEGIN
   out1<=in1 XOR in2 AFTER tpd;
END behavioral;

LIBRARY IEEE;
USE IEEE.STD_LOGIC_1164.ALL;
ENTITY full_adder IS
  GENERIC(tpd:TIME:=10ns);
  PORT(x,y,c_in:IN STD_LOGIC;
       Sum,c_out:OUT STD_LOGIC);
     END full_adder;
ARCHITECTURE mix OF full_adder IS
```

```
  COMPONENT xor_gate
     PORT(in1,in2:IN STD_LOGIC;
          out1:OUT STD_LOGIC);
  END COMPONENT;
SIGNAL s:STD_LOGIC;
FOR ALL:xor_gate USE ENTITY WORK. xor_gate(behavioral);
BEGIN
  u1:xor_gate PORT MAP(x,y,s);
  u2:xor_gate PORT MAP(s,c_in,sum);
c_out<=(x AND y)OR(s AND c_in)AFTER 2*tpd;
  END mix;
```

4.4 VHDL 顺序语句

用 VHDL 进行程序设计时，按描述语句的执行顺序进行分类，可将 VHDL 语句分为顺序执行语句(Sequential)和并行执行语句(Parallel)。

顺序处理(Sequential)语句的执行按书写的先后次序，从前到后顺序执行。这种方式和其他普通编程语言(如 c，pascal)是一样的。顺序描述语句只能出现在进程或子程序中，用来定义进程或子程序的算法。顺序语句可以用来进行算术运算、逻辑运算、信号和变量的赋值、子程序调用等，还可以进行条件控制和迭代。

4.4.1 赋值语句

赋值语句分变量赋值语句和信号赋值语句。即将一个值或者表达式的运算结果传递给一个变量或者它们组成的数组。区别是信号赋值存在时间延迟。

1. 变量赋值语句

变量赋值语句语法格式为：

```
变量赋值目标:=赋值表达式
```

例：

```
VARIABLE s:BIT:='0';
PROCESS(s)
VARIABLE count:INTEGER:='0'              --变量说明
BEGIN
     count:=s+1                          --变量赋值
END PROCESS;
```

2. 信号赋值语句

在 VHDL 中，用符号“<=”为信号赋值。

信号赋值语句的规范书写格式如下：

```
目的信号量<=[TRANSPORT][INERTIAL]信号变量表达式;
```

其中，[TRANSPORT] 表示传输延迟，[INERTIAL] 表示惯性延迟。要求"<="两边的信号变量类型和位长度应该一致。

例：

```
s<=TRANSPORT t AFTER 10 ns;                  --传输延迟
d<=INERTIAL 2 AFTER 3 ns,1 AFTER 8 ns;       --惯性延迟
```

例：

```
s<=a NOR(b AND c);                           --信号赋值由敏感信号引起
```

3 个敏感量 a，b，c 中任何一个发生变化，该语句都将被执行。

重点提示：VHDL 规定赋值目标与赋值源表达式的数据类型必须严格一致。

例如表达式 y<=a 表示输入端口 a 的数据向输出端口 y 传输；但也可以解释为信号 a 向信号 y 赋值。在 VHDL 仿真中赋值操作 y<=a 并非立即发生的，而是要经历一个模拟器的最小分辨时间 δ 后，才将 a 的值赋予 y。在此不妨将 δ 看成是实际电路存在的固有延时量。VHDL 要求赋值符"<="两边的信号的数据类型必须一致。

4.4.2　IF 语句

在 VHDL 中，IF 语句的作用是根据指定的条件来确定语句的执行顺序。IF 语句可用于选择器、比较器、编码器、译码器、状态机等的设计，是 VHDL 中最常用的语句之一。IF 语句按其书写格式可分为以下 3 种。

1. 门闩控制语句

这类语句书写格式为：

```
IF  条件  THEN
顺序语句
END IF;
```

当程序执行到这种门闩控制型 IF 语句时，首先判断语句中所指定的条件是否成立。如果条件成立，则程序继续执行 IF 语句中所含的顺序处理语句；如果条件不成立，程序将跳过 IF 语句所包含的顺序处理语句，而向下执行 IF 的后继语句。

例：利用 IF 语句引入 D 触发器。

```
LIBRARY IEEE;
USE IEEE. STD_LOGIC_1164.ALL;
ENTITY dff IS
   PORT(clk,d :IN STD_LOGIC;
              q:OUT STD_LOGIC);
END dff;
ARCHITECTURE rtl OF dff IS
BEGIN
     PROCESS(clk)
     BEGIN
              IF(clk'EVENT AND clk='1')THEN
              q<=d;
```

```
      END IF;
   END PROCESS;
END rtl;
```

2. 二选一控制语句

这种语句的书写格式为：

```
   TF  条件  THEN
       顺序语句
   ELSE
       顺序语句
   END IF;
```

当 IF 条件成立时，程序执行 THEN 和 ELSE 之间的顺序处理语句；当 IF 语句的条件得不到满足时，程序执行 ELSE 和 END IF 之间的顺序处理语句。即依据 IF 所指定的条件是否满足，程序可以有两条不同的执行路径。

例：二选一电路结构体的描述。

```
ARCHITECTURE rtl OF mux2 IS
BEGIN
        PROCESS(a,b,s)
        BEGIN
      IF(s='1')THEN
          c<=a;
      ELSE
          c<=b;
      END IF;
      END PROCESS;
    END rtl;
```

3. 多选择控制语句

这种语句的书写格式为：

```
IF  条件  THEN
          顺序语句
    ELSIF
          顺序语句
    ELSIF
          顺序语句
    …
    ELSE
          顺序语句
    END IF;
```

这种多选择控制的 IF 语句，实际上就是条件嵌套。它设置了多个条件，当满足所设置的多个条件之一时，就执行该条件后的顺序处理语句。当所有设置的条件都不满足时，程序执行 ELSE 和 END IF 之间的顺序处理语句。

例：利用多选控制语句设计的四选一多路选择器。

```
LIBRARY IEEE;
USE IEEE.STD_LOGIC_1164.ALL;
ENTITY mux4 IS
     PORT(input:IN STD_LOGIC_VECTOR(3 DOWNTO 0);
               sel:IN STD_LOGIC_VECTOR(1 DOWNTO 0);
                 y:OUT STD_LOGIC);
END mux4;
ARCHITECTURE rtl OF mux4 IS
BEGIN
   PROCESS(input,sel)
   BEGIN
      IF(sel="00")THEN
         y<=input(0);
      ELSIF(sel="01")THEN
         y<=input(1);
      ELSIF(sel="10")THEN
         y<=input(2);
      ELSE
         y<=input(3);
      END IF;
   END PROCESS;
END rtl;
```

4.4.3　等待和断言语句

1. 等待语句

等待(WAIT)语句在进程中起到与敏感信号一样重要的作用，敏感信号触发进程的执行，WAIT 语句同步进程的执行，同步条件由 WAIT 语句指明。进程在仿真运行中处于执行或挂起两种状态之一。当进程执行到等待语句时，就将被挂起并设置好再次执行的条件。WAIT 语句可以设置 4 种不同的条件：无限等待、时间到、条件满足以及敏感信号量变化。这几类 WAIT 语句可以混合使用。现分别介绍如下。

1）WAIT——无限等待语句

这种形式的 WAIT 语句在关键字“WAIT”后面不带任何信息，是无限等待的情况。

2）WAIT ON 信号表——敏感信号等待语句

这种形式的 WAIT 语句使进程暂停，直到敏感信号表中某个信号值发生变化。WAIT ON 语句后面跟着的信号表，在敏感信号表中列出等待语句的敏感信号。当进程处于等待状态时，其中敏感信号发生任何变化都将结束挂起，再次启动进程。

例：

```
PROCESS
BEGIN
```

```
y<=a AND b;
WAIT ON a,b;   --a,b为敏感信号,由WAIT列出
END PROCESS;
```

例：

```
PROCESS(a,b)  --a,b为敏感信号,由PROCESS列出
BEGIN
y<=a AND b;
END PROCESS;
```

在第一个例子中执行所有语句后，进程将在WAIT语句处被挂起，直到a或b中任何一个信号发生变化，进程才重新开始。两个例子是等价的。

需要注意的是，在使用WAIT ON语句的进程中，敏感信号量应写在进程中的WAIT ON语句后面；而在不使用WAIT ON语句的进程中，敏感信号量应在开头的关键词PROCESS后面的敏感信号表中列出。VHDL规定，已列出敏感信号表的进程不能使用任何形式的WAIT语句。

3）WAIT UNTIL 条件——条件等待语句

这种形式的WAIT语句使进程暂停，直到预期的条件为真。WAIT UNTIL后面跟的是布尔表达式，在布尔表达式中隐式地建立一个敏感信号量表，当表中任何一个信号量发生变化时，就立即对表达式进行一次测评。如果其结果使表达式返回一个“真”值，则进程脱离挂起状态，继续执行下面的语句。即WAIT UNTIL语句需满足以下条件：

(1) 在条件表达式中所含的信号发生了变化；

(2) 此信号改变后满足WAIT UNTIL语句中表达式的条件。

这两个条件缺一不可，且必须按照上述顺序来完成。

```
WAIT UNTIL语句有以下3种表达方式：
          WAIT UNTIL 信号=VALUE;
          WAIT UNTIL 信号'EVENT AND 信号=VALUE;
          WAIT UNTIL 信号'STABLE AND 信号=VALUE;
```

例：

```
          WAIT UNTIL clock="1";
          WAIT UNTIL rising_edge(clk);
          WAIT UNTIL clk='1'AND clk' EVENT;
          WAIT UNTIL NOT clk' STABLE AND clk="1";
```

一般地，在一个进程中使用了WAIT语句后，综合器会综合产生时序逻辑电路。时序逻辑电路的运行依赖WAIT UNTIL表达式的条件，同时还具有数据存储的功能。

4）WAIT FOR 时间表达式——超时等待语句

例：WAIT FOR 40 ns;

在该语句中，时间表达式为常数40 ns，当进程执行到该语句时，将等待40ns，经过40ns之后，进程执行WAIT FOR的后继语句。

例：WAIT FOR(a＊(b+c));

在此语句中，(a＊(b＋c))为时间表达式，WAIT FOR 语句在执行时，首先计算表达式的值，然后将计算结果返回作为该语句的等待时间。

2. 断言语句

断言(ASSERT)语句分为顺序断言语句和并行断言语句，顺序断言语句主要用于进程、函数和过程仿真、调试中的人机对话，它可以给出一个文字串作为警告和错误信息。断言语句的书写格式如下：

ASSERT 条件 ［REPORT 报告信息］［SEVERITY 出错级别］；

在执行过程中，断言语句对条件(布尔表达式)的真假进行判断，如果条件为“TURE”，则向下执行另外一条语句；如果条件为“FALSE”，则输出错误信息和错误严重程度的级别。在 REPORT 后面是设计者写的字符串，通常是说明错误的原因，字符串要用双引号括起来。SEVERITY 后面是错误严重程度的级别，它们分别是：

(1) NOTE(注意)；

(2) WARNING(警告)；

(3) ERROR(错误)；

(4) FAILURE(失败)。

若 REPORT 子句为默认，则默认消息为“Assertion violation”；若 SEVERITY 子句为默认，则出错级别的默认值为“ERROR”。

例：RS 触发器的 VHDL 描述中断言语句的使用。

```
LIBRARY IEEE;
USE IEEE. STD_LOGIC_1164.ALL;
ENTITY rsff IS
    PORT(s:IN BIT;
          r:IN BIT;
          q:OUT BIT;
          qb:OUT BIT);
END rsff;
ARCHITECTURE rtl OF rsff IS
BEGIN
     PROCESS(s,r)
   VARIABLE last_state:BIT;
     BEGIN
   ASSERT(NOT(s='1'AND r='1'))
        REPORT "Both s and r equal to'1'."
        SEVERITY ERROR;
        IF(s='0' AND r='0')THEN
            last_state:=last_state;
        ELSIF(s='0' AND r='1')THEN
            last_state:=0;
        ELSE
            last_state:=1;
        END IF;
```

```
            q<=last_state;
            qb<=not(last_state);
        END PROCESS;
    END rtl;
```

该例中，如果 r 和 s 都为‘1’时，表示一种不定状态。在进程中先是设定了一条断言语句，目的是：当判断 r 和 s 都为‘1’时，输出终端将显示字符串“Both s and r equal to ‘1’.”，同时可能终止模拟过程，并显示错误的严重程度。接下来用 IF 语句判别触发器的其他 3 种情况，最后将值送到触发器的两个输出端口上。

4.4.4 CASE 语句

CASE 语句根据满足的条件直接选择多项顺序语句中的一项执行，它常用来描述总线行为、编码器、译码器等结构。

CASE 语句的结构为：

```
CASE 表达式 IS
WHEN 条件选择值=>顺序语句,
        …
WHEN 条件选择值=>顺序语句,
END CASE;
```

其中，WHEN 条件选择值可以有 4 种表达方式。

(1) 单个普通数值，形如：WHEN 选择值=> 顺序语句；

(2) 并列数值，形如：WHEN 值/值/值=> 顺序语句；

(3) 数值选择范围，形如：WHEN 值 TO 值=> 顺序语句；

(4) WHEN OTHERS=> 顺序语句。

当执行到 CASE 语句时，首先计算 CASE 和 IS 之间的表达式的值，然后根据条件语句中与之相同的选择值，执行对应的顺序语句，最后结束 CASE 语句。

使用 CASE 语句需注意以下几点：

(1) CASE 语句中每一条语句的选择值只能出现一次，即不能有相同选择值的条件语句出现。

(2) CASE 语句执行中必须选中，且只能选中所列条件语句中的一条，即 CASE 语句至少包含一个条件语句。

(3) 除非所有条件语句中的选择值能完全覆盖 CASE 语句中表达式的取值，否则最末一个条件语句中的选择必须用“OTHERS”表示，它代表已给出的所有条件语句中未能列出的其他可能的取值。关键词 OTHERS 只能出现一次，且只能作为最后一种条件取值。使用 OTHERS 是为了使条件语句中的所有选择值能覆盖表达式的所有取值，以免综合过程中插入不必要的锁存器。这一点对于定义为 STD_LOGIC 和 STD_LOGIC_VECTOR 数据类型的值尤为重要，因为这些数据对象的取值除了 1、0 之外，还可能出现输入高阻态 Z、不定态 X 等取值。

例：CASE 语句使用 1。

```
CASE command IS
```

```
    WHEN "00"=>c<=a;          --适合 4 选 1 数据选择器
    WHEN "01"=>c<=b;
    WHEN "10"=>c<=e;
    WHEN "11"=>c<=f;
    WHEN OTHERS=>NULL;        --无效
END CASE;
```

例：CASE 语句使用 2。

```
CASE sel IS
    WHEN 1 TO 9=>c<=1;
    WHEN 11/12=>c<=2;
    WHEN OTHERS=>c<=3;
END CASE;
```

在第二个例子中，第一个 WHEN 语句的意思是当 sel 的值是从 1 到 9 中的任意一个数值时，信号 c 的值取 1；第二个 WHEN 语句的意思是当 sel 的值为 11 或 12 两者之一时，信号 c 的取值为 2；第三个 WHEN 语句的意思是当 sel 的值不为前面两种情况时，信号 c 的取值为 3。

例：3－8 译码器。

```
LIBRARY IEEE;
USE IEEE.STD_LOGIC_1164.ALL;
ENTITY decoder3_8 IS
     PORT(a,b,c,g1,g2a,g2b:IN STD_LOGIC;
            y:OUT STD_LOGIC_VECTOR(7 DOWNTO 0));
END decoder3_8;
ARCHITECTURE rtl OF decoder3_8 IS
    SIGNAL indata:STD_LOGIC_VECTOR(2 DOWNTO 0);      --说明
     BEGIN
    indata<=c & b & a;                                --合语句
    PROCESS(indata,g1,g2a,g2b)
    BEGIN
      IF (g1='1' AND g2a='0' AND g2b='0')THEN
         CASE indata IS
           WHEN "000"=>y<="11111110";
           WHEN "001"=>y<="11111101";
           WHEN "010"=>y<="11111011";
           WHEN "011"=>y<="11110111";
           WHEN "100"=>y<="11101111";
           WHEN "101"=>y<="11011111";
           WHEN "110"=>y<="10111111";
           WHEN "111"=>y<="01111111";
           WHEN OTHERS=>y<="XXXXXXXX";                --X:不定
         END CASE;
```

```
        ELSE                                       --指不满足g1='1' AND g2a='0' AND g2b='0'情况
            y<="11111111";
        END IF;
    END PROCESS;
END rtl;
```

与IF语句相比，CASE语句组的程序语句是没有先后顺序的，所有表达式的值都并行处理。IF语句是有序的，先处理最起始、最优先的条件，后处理次优先的条件。

4.4.5 LOOP语句

LOOP语句就是循环语句，它可以使包含的一组顺序语句被循环执行，其执行的次数受迭代算法控制，在VHDL中常用来描述迭代电路的行为。

1. 单个LOOP语句

单个LOOP语句的书写格式为：

```
[标号:]LOOP
  顺序语句
END LOOP[标号];
```

这种循环语句需引入其他控制语句(如EXIT)后才能确定，否则为无限循环。其中的标号是可选的。

例：

```
loop1 :LOOP
     WAIT UNTIL clk='1';
     q<=d AFTER 2ns;
END LOOP loop1;
```

2. FOR_LOOP语句

该语句的书写格式为：

```
[标号:]FOR 循环变量 IN  离散范围 LOOP
   顺序处理语句
       END LOOP[标号];
```

例：8位奇偶校验电路。

```
LIBRARY IEEE;
USE IEEE. STD_LOGIC_1164.ALL;
ENTITY parity_check IS
    PORT(a:IN STD_LOGIC_VECTOR(7 DOWNTO 0);
             y:OUT STD_LOGIC);
END parity_check;
ARCHITECTURE rtl OF parity_check IS
BEGIN
   PROCESS(a)
```

```
      VARIABLE tmp:STD_LOGIC
    BEGIN
     tmp:='0';
     FOR i IN 0 TO 7 LOOP
       tmp:=tmp XOR a(i);
     END LOOP;
     y<=tmp;          --y=1,a为奇数个'1'.y=0,a为偶数个'1'.
   END PROCESS;
END rtl;
```

3. WHILE _ LOOP 语句

这种语句的书写格式为：

```
[标号:]WHILE 条件 LOOP
        顺序处理语句
       END LOOP[标号];
```

在该 LOOP 语句中，没有给出循环次数的范围，而是给出了循环执行顺序语句的条件；没有自动递增循环变量的功能，而是在顺序处理语句中增加了一条循环次数计算语句，用于循环语句的控制。循环控制条件为布尔表达式，当条件为“真”时，则进行循环，如果条件为“假”，则结束循环。

例：8 位奇偶校验电路的 WHILE _ LOOP 设计形式。

```
LIBRARY IEEE;
USE IEEE. STD_LOGIC_1164. ALL;
ENTITY parity_check IS
    PORT(a:IN STD_LOGIC_VECTOR(7 DOWNTO 0);
           y:OUT STD_LOGIC);
END parity_check;
ARCHITECTURE behav OF parity_check IS
BEGIN
   PROCESS(a)
      VARIABLE tmp:STD_LOGIC
    BEGIN
     tmp:='0';
     i:=0;
     WHILE(i<8)LOOP
     tmp:=tmp XOR a(i);
     i:=i+1;--循环次数计算语句
     END LOOP;
     y<=tmp;
   END PROCESS;
END behav;
```

4.4.6 RETURN 语句

RETURN 语句是一段子程序结束后，返回主程序的控制语句。它只能用于函数与过程体内，并用来结束当前最内层函数或过程体的执行。

RETURN 语句的书写格式为：

RETURN；

RETURN 表达式；

例：在函数体中使用 RETURN 语句。

```
LIBRARY IEEE;
USE IEEE. STD_LOGIC_1164.ALL;
ENTITY example IS
   PORT(a,b:IN INTEGER;
           y:OUT INTEGER);
END example;
ARCHITECTURE rtl OF example IS
BEGIN
PROCESS(a,b)                                      --进程语句
    FUNCTION maximum                              --函数
           (a,b:INTEGER)RETURN INTEGER IS --return integer
       VARIABLE tmp:INTEGER;
    BEGIN
       IF(a>b)THEN
          tmp:=a;
       ELSE
          tmp:=b;
       END IF;
    END maximum;
  BEGIN
    y<=maximum(a,b);                              --调用函数
   END PROCESS;
END rtl;
```

该例是一个对两个输入整数取最大值的功能描述，在结构体的进程中定义了一个取最大值的函数。在函数体中正是通过 RETURN 语句将比较得到的最大值返回的，并结束该函数体的执行。

4.4.7 过程调用语句

与其他高级程序设计语言相似，VHDL 提供了子程序的概念。其中在进程、函数和过程中，可以使用过程调用(PROCEDURE CALL)语句，此时它是一种顺序语句。一个过程被调用时将去执行它的过程体。过程调用语句的书写格式为：

过程名(实参表)；

例：

```
LIBRARY IEEE;
USE IEEE.STD_LOGIC_1164.ALL;
USE IEEE.STD_LOGIC_UNSIGNED.ALL;
```

```
ENTITY max IS
    PORT(in1:IN STD_LOGIC_VECTOR(7 DOWNTO 0);
          in2:IN STD_LOGIC_VECTOR(7 DOWNTO 0);
          in3:IN STD_LOGIC_VECTOR(7 DOWNTO 0);
          q:OUT STD_LOGIC_VECTOR(7 DOWNTO 0));
END max;
ARCHITECTURE rtl OF max IS
    PROCEDURE maximum(a,b:IN STD_LOGIC_VECTOR;
                          c:OUT STD_LOGIC_VECTOR) IS
          VARIABLE temp:STD_LOGIC_VECTOR(a'RANGE);
      BEGIN
          IF(a>b) THEN
            temp:=a;
          ELSE
            temp:=b;
          END IF;
          c:=temp;
      END maximum;
BEGIN
    PROCESS(in1,in2,in3)
    VARIABLE tmp1,tmp2:STD_LOGIC_VECTOR(7 DOWNTO 0);
    BEGIN
          maximum(in1,in2,tmp1);          --过程调用
                              maximum(tmp1,in3,tmp2);
                              q<=tmp2;
    END PROCESS;
END rtl;
```

该例是一个取 3 个输入位矢量最大值的功能描述，它在结构体的进程语句中使用了两个过程调用语句。

4.4.8　REPORT 语句

REPORT 语句不增加任何硬件功能，但提供顺序断言语句的短格式，在仿真时使用 REPORT 语句可以提高程序的可读性。

REPORT 语句的书写格式为：

REPORT 输出信息 [SEVERITY 出错级别]；

例：RS 触发器的 VHDL 描述中 REPORT 语句的使用。

```
LIBRARY IEEE;
USE IEEE.STD_LOGIC_1164.ALL;
ENTITY rsff IS
      PORT(s:IN BIT;
            r:IN BIT;
            q:OUT BIT;
```

```
            qb:OUT BIT);
END rsff;
ARCHITECTURE rtl OF rsff IS
BEGIN
   PROCESS(s,r)
      VARIABLE last_state:BIT;
   BEGIN
           IF(s='1' AND r='1')THEN
                REPORT "Both s and r equal to '1'.";
           ELSIF(s='0' AND r='0')THEN
                last_state:=last_state;
              ELSIF(s='0' AND r='1')THEN
                   last_state:=0;
              ELSE
                   last_state:=1;
              END IF;
              q<=last_state;
              qb<=not(last_state);
   END PROCESS;
END rtl;
```

4.5 VHDL 并行语句

在 VHDL 中，并行语句在结构体中的执行是同时并发执行的，其书写次序与其执行顺序并无关联，并行语句的执行顺序是由它们的触发事件来决定的。

VHDL 中的并行语句(Concurrent statements)包括进程语句、并发信号代入语句、条件信号带入语句、选择信号代入语句、并发过程调用语句、块语句和元件例化语句等。

实际的硬件系统中很多操作都是并发的，因此，在对系统进行模拟时就要把这些并发性体现出来，并行语句正是用来表示这种并发行为的。

在结构体语句中，并行语句的位置是：

```
ARCHITECTURE 结构体名 OF 实体名 IS
        说明语句
    BEGIN
        并行语句
    END 结构体名;
```

其中并行语句主要有以下几种。

```
(1) PROCESS                                  ——进程语句;
(2) BLOCK                                    ——块语句;
(3) CONCURRENT SIGNAL ASSIGNMENT             ——并行信号代入语句;
(4) CONDITIONAL SIGNAL ASSIGNMENT            ——条件信号代入语句;
(5) SELECTIVE SIGNAL ASSIGNMENT              ——选择信号代入语句;
```

(6) CONCURRENT PROCEDURE CALL　　——并行过程调用语句；
(7) ASSERT　　——并行断言语句；
(8) GENERIC　　——参数传递语句；
(9) COMPONENT_ INSTANT　　——元件例化语句；
(10) GENERATE　　——生成语句。

并行描述语句可以是结构性的，也可以是行为性的。下面对这些语句的应用加以介绍。

4.5.1 进程语句

进程(PROCESS)语句是最主要的并行语句，它在 VHDL 程序设计中使用频率最高，也是最能体现硬件描述语言特点的一条语句。进程语句的内部是顺序语句，而进程语句本身是一种并行语句。进程语句的综合是比较复杂的，主要涉及这样一些问题：综合后的进程是用组合逻辑电路还是用时序逻辑电路来实现，进程中的对象是否有必要用寄存器、触发器、锁存器或是 RAM 等存储器件来实现。

进程语句结构中至少需要一个敏感信号量，否则，除了初始化阶段，进程永远不会被再次激活。这个敏感量一般是一个同步控制信号，同步控制信号用在同步语句中，同步语句可以是敏感信号表、WAIT UNTIL 语句或是 WAIT ON 语句。一般来说，只有一个同步点或者是具有多个同步点但都使用完全相同的同步控制信号的进程不需要“记忆”在哪一个同步点上被挂起时，不会形成存储器，如下例所示。

```
--综合后不需要存储器的 VHDL 进程
label 1:PROCESS(a,b,c)
      …
BEGIN
      …                                     --其中没有其他同步描述
END PROCESS label1;
--综合后需要存储器的 VHDL 进程
label2:PROCESS
      …
BEGIN
      WAIT UNTIL clk'EVENT AND clk='1';
           s<='0';
      WAIT UNTIL clk'STABLE AND clk='1';
           s<='1';
END PROCESS label2;
--不会形成存储器的变量
label3:PROCESS(a,b,c)
      VARIABLE var:BIT;
BEGIN
      var:=a XOR b;
      s<=var AND c;
END PROCESS label3;
--需要存储器的变量
label4:PROCESS
```

```
        TYPE state_table IS(stop,go);
        VARIABLE state:table_state;
BEGIN
        WAIT UNTIL clk'EVENT AND clk='1';
CASE state IS                              --state 在赋值之前先被读访问
             WHEN stop=>state:=go;
             WHEN go=>state:=stop;    --这两个语句是并发关系
             END CASE;
END PROCESS label4;
--综合为触发器的进程
label5:PROCESS
BEGIN
      WAIT UNTIL clk'EVENT AND clk='1';
            q<=d;
END PROCESS label5;
```

4.5.2 块语句

块(BLOCK)语句可以看作是结构体中的子模块，块语句把许多并行语句组合在一起形成一个子模块，而它本身也是一个并行语句。

块语句的基本结构如下：

```
[块标号:]BLOCK[保护表达式]
[类属子句[类属接口表;]];
[端口子句[端口接口表;]];
[块说明部分]
BEGIN
<并行语句 1>
<并行语句 2>
   ……
END BLOCK[块标号];
```

例：利用块语句描述的全加器。

```
LIBRARY IEEE;
USE IEEE. STD_LOGIC_1164. ALL;
ENTITY add IS
    PORT(A:IN STD_LOGIC;
          B:IN STD_LOGIC;
          Cin:IN STD_LOGIC;
          Co:OUT STD_LOGIC;
          S:OUT STD_LOGIC);
END add;
ARCHITECTURE dataflow OF add IS
BEGIN
ex:BLOCK
```

```
    PORT(a_A:IN STD_LOGIC;
            a_B:IN STD_LOGIC;
            a_Cin:IN STD_LOGIC;
            a_Co:OUT STD_LOGIC;
            a_S:OUT STD_LOGIC);
    PORT MAP(a_A=>A,a_B=>B ,a_Cin=>Cin,
                         a_Co=>Co,a_S=>S);
    SIGNAL tmp1,tmp2:STD_LOGIC;
  BEGIN
    label1:PROCESS(a_A,a_B)
     BEGIN
          tmp1<=a_A XOR a_B;
     END PROCESS label1;
    label2:PROCESS(tmp1,a_Cin)
     BEGIN
          tmp2<=tmp1AND a_Cin;
     END PROCESS label2;
    label3:PROCESS(tmp1,a_Cin)
     BEGIN
          a_S<=tmp1XOR a_Cin;
     END PROCESS label3;
    label4:PROCESS(a_A,a_B,tmp2)
     BEGIN
          a_Co<=tmp2 OR(a_A AND a_B);
     END PROCESS label4;
  END BLOCK ex;
END dataflow;
```

在这个例子中，结构体内含有 4 个进程语句，这 4 个进程语句是并行关系，共同形成了一个块语句。

在实际应用中，一个块语句中又可以包含多个子块语句，这样循环嵌套即形成一个大规模的硬件电路。

4.5.3　并行信号代入语句

并行信号代入语句有两种：一种是在结构体的进程内使用，此时，它作为一种顺序语句出现；另一种是在结构体的进程之外使用，此时，它是一种并行语句，因此，称之为并行信号代入语句。

并行信号代入语句的语法格式为：

```
信号量<=敏感信号量表达式;
```

需要注意的是，一条信号代入语句与一个信号代入的进程语句是等价的，可以把一条信号代入语句改写成一个信号代入的进程语句。

例：

```
LIBRARY IEEE;
USE IEEE. STD_LOGIC_1164.ALL;
ENTITY and_gat IS
    PORT(a:IN STD_LOGIC;
          b:IN STD_LOGIC;
          y:OUT STD_LOGIC);
END and_gat;
ARCHITECTURE behave OF and_gat IS
BEGIN
        y<=a AND b;          --并行信号代入语句(在结构体进程之外)
AND behave;
```

本例是一个 2 输入与门的 VHDL 描述，在结构体中使用了并行信号代入语句。下面是 2 输入与门的另一种 VHDL 描述，在描述的结构体中采用了与上述并行信号代入语句等价的进程语句。

例：

```
LIBRARY IEEE;
USE IEEE. STD_LOGIC_1164.ALL;
ENTITY and_gat IS
   PORT(a:IN STD_LOGIC;
         b:IN STD_LOGIC;
         y:OUT STD_LOGIC);
END and_gat;
ARCHITECTURE behave OF and_gat IS
BEGIN
        PROCESS(a,b)
        BEGIN
           y<=a AND b;              --进程语句(顺序语句)
        END PROCESS;
AND behave;
```

通过对上述两个例子的分析可见：从并行信号代入语句的描述来看，当代入符号“<=”右边的值发生变化时，信号代入语句的操作立即执行，将信号代入符号“<=”右边的表达式代入给左边的信号量；从进程语句的描述来看，当进程敏感信号表中的敏感信号量发生变化时，进程将被启动，顺序信号代入语句将被执行以完成信号的代入操作。

在 VHDL 中提供了 3 种并行信号代入语句。

(1) 并发信号代入语句；

(2) 条件信号代入语句；

(3) 选择信号代入语句。

1. 并发信号代入语句

信号代入语句在进程内部执行时，它是一种顺序语句；在结构体的进程之外出现时，它作为并发语句的形式出现。作为并发信号代入语句，在结构体中它们是并行执行的，它们的执行顺序与书写顺序无关。

并发信号代入语句是靠事件驱动的。对于并发信号代入语句来说，只有代入符号“<=”右边的对象有事件发生时才会执行该语句。

在实际设计中，并发信号代入语句常用来进行加法器、乘法器、除法器和比较器等多种逻辑电路的描述。下面是一个用 VHDL 并发信号代入语句描述的全加器的例子。

例：

```
LIBRARY IEEE;
USE IEEE.STD_LOGIC_1164.ALL;
ENTITY add IS
    PORT(A:IN STD_LOGIC;
         B:IN STD_LOGIC;
         Cin:IN STD_LOGIC;
         Co:OUT STD_LOGIC;
         S:OUT STD_LOGIC);
END add;
ARCHITECTURE dataflow OF add IS
        SIGNAL tmp1,tmp2:STD_LOGIC;
BEGIN
        tmp1<=A XOR B;
        tmp2<=tmp1 AND Cin;              --4 条并发信号代入语句
        S<=tmp1 XOR Cin;
        Co<=tmp2 OR(A AND B);
END dataflow;
```

在上例的结构体中有 4 条并发信号代入语句，它们的执行顺序与书写顺序是无关的，因此，上面的 4 条并发信号代入语句可以任意颠倒书写顺序，不会对执行结果产生任何影响。上面提到的并发信号代入语句是事件驱动的，例如

```
tmp2<=tmp1 AND Cin;
S<=tmp1 XOR Cin;
```

两条语句，只要 tmp1 和 Cin 中的值有一个发生变化，即有事件发生，那么这两条语句就会立即并发执行。

2. 条件信号代入语句

条件信号代入语句也是一种并发描述语句，它是一种根据不同条件将不同的表达式代入目的信号的语句。条件信号代入语句的书写格式为：

```
目的信号<=表达式 1 WHEN 条件 1 ELSE
          表达式 2 WHEN 条件 2 ELSE
          表达式 2 WHEN 条件 3 ELSE
              ……
          表达式 n-1 WHEN 条件 ELSE
          表达式;
```

条件信号代入语句执行时要先进行条件判断，如果条件满足，就将条件前面的那个表达式的值代入目的信号；如果不满足条件，就去判断下一个条件；最后一个表达式没有条件，

也就是说在前面的条件都不满足时，就将该表达式的值代入目的信号。

下面的例子是用条件信号代入语句来描述的七段显示译码器。

例：采用条件代入语句描述的七段显示译码器。

```
LIBRARY,IEEE;
USE IEEE. STD_LOGIC_1164.ALL;
ENTITY se7 IS
   PORT(input:IN STD_LOGIC_VECTOR(3 DOWNTO 0);
         output:OUT STD_LOGIC_VECTOR(6 DOWNTO 0));
END se7;
ARCHITECTURE rtl OF se7 IS
BEGIN
   output<=('0','1','1','1','1','1','1')WHEN input="0000"ELSE
           ('0','0','0','0','1','1','0')WHEN input="0001"ELSE
           ('1','0','1','1','0','1','1')WHEN input="0010"ELSE
           ('1','0','0','1','1','1','1')WHEN input="0011"ELSE
           ('1','1','0','0','1','1','0')WHEN input="0100"ELSE
           ('1','1','0','1','1','0','1')WHEN input="0101"ELSE
           ('1','1','1','1','1','0','1')WHEN input="0110"ELSE
           ('0','0','0','0','1','1','1')WHEN input="0111"ELSE
           ('1','1','1','1','1','1','1')WHEN input="1000"ELSE
           ('1','1','0','1','1','1','1')WHEN input="1001"ELSE
           ('1','1','1','0','1','1','1')WHEN input="1010"ELSE
           ('1','1','1','1','1','0','0')WHEN input="1011"ELSE
           ('0','1','1','1','0','0','1')WHEN input="1100"ELSE
           ('1','0','1','1','1','1','0')WHEN input="1101"ELSE
           ('1','1','1','1','0','0','1')WHEN input="1110"ELSE
           ('1','1','1','0','0','0','1')WHEN input="1111"ELSE
           ('0','0','0','0','0','0','0');                    --灭灯
    END rtl;
```

在该例中，七段显示译码器有一个输入端口 input 和一个输出端口 output。输入端口 input 是一个 4 位总线，表示 3 到 0 的 4 位逻辑向量，表示输入是一个 4 位二进制数。输出端口 output 也以总线形式表示，它表示 6 到 0 的 7 位逻辑向量，表示输出是一个 7 位二进制数，以驱动共阴极显示七段数码管。

在该例的结构体中，用一个条件代入语句来完成所有状态的显示译码。在保留字 WHEN 的前面是驱动显示数码管的 7 位位矢量，WHEN 的后面是译码的条件。需要说明的是条件信号代入语句中的书写顺序不是固定的，位置是可以任意颠倒的，它们并不表示执行的先后顺序，实际上它们是并发执行的。

3. 选择信号代入语句

选择信号代入语句的书写格式为：

```
WITH 表达式 SELECT
目的信号<=表达式 1 WHEN 条件 1;
```

```
表达式 2  WHEN  条件 2;
表达式 3  WHEN  条件 3;
……
表达式 n  WHEN  条件 n;
```

VHDL 在执行选择信号代入语句时，目的信号是根据表达式的当前值来进行表达式代入的。当表达式的值符合某个条件时，就把该条件前的表达式代入目的信号；当表达式的值不符合条件时，语句就继续向下判断，直到找到满足的条件为止。选择信号代入语句与 CASE 语句相类似，都是对表达式进行测试，当表达式的值不同时，将把不同的表达式代入目的信号。需要注意的是，选择信号代入语句与 CASE 语句一样，必须把表达式的值在条件中都列出来，否则编译将会出错。

下面的例子是一个采用选择信号代入语句描述的选通 8 位总线的 4 选 1 多路选择器。

例：

```
LIBRARY IEEE;
USE IEEE.STD_LOGIC_1164.ALL;
ENTITY mux4 IS
   PORT(d0:IN STD_LOGIC_VECTOR(7 DOWNTO 0);
          d1:IN STD_LOGIC_VECTOR(7 DOWNTO 0);
          d2:IN STD_LOGIC_VECTOR(7 DOWNTO 0);
          d3:IN STD_LOGIC_VECTOR(7 DOWNTO 0);
          s0:IN STD_LOGIC;
          s1:IN STD_LOGIC;
          q:OUT STD_LOGIC_VECTOR(7 DOWNTO 0));
END mux4;
ARCHITECTURE rtl OF mux4 IS
      SIGNAL comb:STD_LOGIC_VECTOR(1 DOWNTO 0);;
BEGIN
      comb<=s1&s0;                  --&运算
      WITH comb SELECT              --用 comb 进行选择
          q<=d0  WHEN "00";
               d1  WHEN "01";
               d2  WHEN "10"
               d3  WHEN  OTHERS; --上面 4 条语句是并行执行的
END rtl;
```

4.5.4　并行过程调用语句

过程调用语句在进程内部执行时，它是一种顺序语句；过程调用语句在结构体的进程之外出现时，它作为并发语句的形式出现。作为并行过程调用语句，在结构体中它们是并行执行的，其执行顺序与书写顺序无关。

并行过程调用语句的一般书写格式如下：

```
PROCEDURE 过程名(参数 1;参数 2;……)IS
   [定义语句];                        --变量定义
```

```
BEGIN
  [顺序处理语句]
END 过程名;                          --当中没有 PROCEDURE
```

下例是一个取 3 个输入位矢量最大值的功能描述，在它的结构体中使用了两个并行过程调用语句。

例：

```
LIBRARY IEEE;
USE IEEE. STD_LOGIC_1164.ALL;
USE IEEE. STD_LOGIC_UNSIGNED.ALL;
ENTITY max IS
    PORT(in1:IN STD_LOGIC_VECTOR(7 DOWNTO 0);
           in2:IN STD_LOGIC_VECTOR(7 DOWNTO 0);
           in3:IN STD_LOGIC_VECTOR(7 DOWNTO 0);
           q:OUT STD_LOGIC_VECTOR(7 DOWNTO 0));
END max;
ARCHITECTURE rtl OF max IS
PROCEDURE maximun(a,b:IN STD_LOGIC_VECTOR;
                SIGNAL c:OUT STD_LOGIC_VECTOR)IS
           VARIABLE temp:STD_LOGIC_VECTOR(a'RANGE);
BEGIN                                              --temp 矢量长度与 a 相同
           IF(a>b)THEN
             temp:=a;
           ELSE
             temp:=b;
           END IF;
           c<=temp;
  END maximun;
  SIGNAL tmp1,tmp2:OUT STD_LOGIC_VECTOR(7 DOWNTO 0);    --此处需要 OUT??
BEGIN
    maximun(in1,in2,tmp1);                         --调用
    maximun(tmp1,in3,tmp2);
    q<=tmp2;
 END rtl;
```

4.5.5 并行断言语句

并行断言语句的书写格式为：

ASSERT 条件 [REPORT 报告信息] [SEVERITY 出错级别]

并行断言语句的书写格式与顺序断言语句的书写格式相同。顺序断言语句只能用在进程、函数和过程中，而并行断言语句用在结构体中。任何并行断言语句都对应着一个等价的被动进程语句，被动进程语句没有输出，因此，并行断言语句的执行不会引起任何事件的发生，只是在断言条件为“FALSE”时给出一条信息报告。

例：

```
LIBRARY IEEE;
USE IEEE. STD_LOGIC_1164. ALL;
USE IEEE. STD_LOGIC_UNSIGNED. ALL;
ENTITY example IS
END example;
ARCHITECTURE behave OF example IS
    SIGNAL comb:STD_LOGIC_VECTOR(1 DOWNTO 0);
BEGIN
    ASSERT  FALSE     --等价的被动进程语句
    REPORT"This entity is a example to descript assert statement"
    SEVERITY NOTE;
END behave;
```

4.5.6 参数传递语句

参数传递(GENERIC)语句主要用来传递信息给设计实体的某个具体元件,如用来定义端口宽度、器件延迟时间等参数后并将这些参数传递给设计实体。使用参数传递语句易于使设计具有通用性,例如,在设计中有一些参数不能确定,为了简化设计和减少 VHDL 程序的书写,通常编写通用的 VHDL 程序。在设计程序中,这些参数是待定的,在模拟时,只要用 GENERIC 语句将待定参数初始化即可。

参数传递语句的书写格式为:

```
GENERIC(类属表);
```

例:

```
LIBRARY IEEE;
USE IEEE. STD_LOGIC_1164. ALL;
ENTITY and2 IS
    GENERIC(DELAY:TIME:=10 ns);
    PORT(a :IN STD_LOGIC;
         b:IN STD_LOGIC;
         c:OUT STD_LOGIC);
END and2;
ARCHITECTURE behave OF and2 IS
BEGIN
    c<=a AND b AFTER(DELAY);
END behave;
```

4.5.7 元件例化语句

元件例化就是将预先设计好的设计实体定义为一个元件，然后利用映射语句将此元件与当前设计实体中的指定端口相连，从而为当前设计实体引入了一个低一级的设计层次。在结构体中，描述只表示元件(或模块)和元件(或模块)之间的互连，就像网表一样。当引用库中不存在的元件时，必须首先进行元件的创建，然后将其放在工作库中，通过调用工作库来引用元件。在引用元件时，要先在结构体说明部分中进行元件的说明，然后在使用元件时进行元件例化。

元件例化语句也是一种并行语句，各个例化语句的执行顺序与例化语句的书写顺序无关，而是按照驱动的事件并行执行的。

在进行元件例化时，首先要进行例化元件的说明，元件说明部分使用 COMPONENT 语句，COMPONENT 语句用来说明在结构体中所要调用的模块。如果所调用的模块在元件库中并不存在时，设计人员必须首先进行元件的创建，然后将其放在工作库中通过调用工作库来引用该元件。

COMPONENT 语句的一般书写格式如下：

```
COMPONENT<引用元件名>
    [GENERIC<参数说明>;]
    PORT<端口说明>;
END COMPONENT;                    --元件说明语句
```

在上面的书写结构中，保留字 COMPONENT 后面的“引用元件名”用来指定要在结构体中例化的元件，该元件必须已经存在于调用的工作库中；如果在结构体中要进行参数传递，在 COMPONENT 语句中，就要有传递参数的说明，传递参数的说明语句以保留字 GENERIC 开始；然后是端口说明，用来对引用元件的端口进行说明；最后以保留字 END COMPONENT 来结束 COMPONENT 语句。

如果在结构体中要引用上例中所定义的带延迟的二输入与门，首先在结构体中要用 COMPONENT 语句对该元件进行说明，说明如下：

```
COMPONENT and2                        --元件名
GENERIC(DELAY:TIME);                  --参数说明
        PORT(a:IN STD_LOGIC;
             b:IN STD_LOGIC;
             c:OUT STD_LOGIC);        --端口说明
END COMPONENT;
```

用 COMPONENT 语句对要引用的元件进行说明之后，就可以在结构体中对元件进行例化以使用该元件。

元件例化语句的书写格式为：

```
<标号名:> <元件名>[GENERIC MAP(参数映射)]
PORT MAP(端口映射);
```

标号名是此元件例化的唯一标志，在结构体中标号名应该是唯一的，否则编译时将会给出错误信息；接下来就是映射语句，映射语句就是把元件的参数和端口与实际连接的信号对应起来，以进行元件的引用。

VHDL 提供了两种映射方法：位置映射和名称映射。

位置映射就是 PORT MAP 语句中实际信号的书写顺序与 COMPONENT 语句中端口说明中的信号书写顺序保持一致，如下例所示。

例：位置映射。

```
LIBRARY IEEE;
USE IEEE. STD_LOGIC_1164. ALL;
ENTITY example IS
    PORT(in1,in2:IN STD_LOGIC;
out:OUT STD_LOGIC);
END example;
ARCHITECTURE structure OF example IS
        COMPONENT and2                              --元件说明
             GENERIC(DELAY:TIME);
             PORT(a:IN STD_LOGIC;
                    b:IN STD_LOGIC;
                    c:OUT STD_LOGIC);
        END COMPONENT;
BEGIN
        U1:and2 GENERIC MAP(10 ns)             --参数映射 标号名 U1 元件名 and2 元件例化
             PORT MAP(in1,in2,out);           --端口映射
END structure;
```

在该例中，元件 U1 的端口 a 映射到信号 in1，端口 b 映射到信号 in2，端口 c 映射到信号 out。

名称映射就是在 PORT MAP 语句中将引用的元件的端口信号名称赋给结构体中要使用的例化元件的信号，如下例所示。

例：名称映射。

```
LIBRARY IEEE;
USE IEEE. STD_LOGIC_1164. ALL;
ENTITY example IS
        PORT(in1,in2:IN STD_LOGIC;
        out:OUT STD_LOGIC);
END example;
ARCHITECTURE structure OF example IS
      COMPONENT and2
           GENERIC(DELAY:TIME);
           PORT(a:IN STD_LOGIC;
                  b:IN STD_LOGIC;
                  c:OUT STD_LOGIC);
      END COMPONENT;
BEGIN
      U1:and2 GENERIC MAP(10 ns)
           PORT MAP(a=>in1,b=>in2,c=>out);--名称映射
END structure;
```

注意：名称映射的书写顺序要求并不是很严格，只要把要映射的对应信号连接起来就可以了，顺序是可以颠倒的。

本章小结

本章从如何编写一个 VHDL 程序入手，介绍了 VHDL，首先是 VHDL 程序的基本结构：实体、结构体、库、程序包、配置各部分的含义及格式。其中，实体和结构体是最基本的部分。然后介绍了 VHDL 的要素：文字规则、数据对象、数据类型、运算操作符等，并对比了 VHDL 结构体常用的 4 种描述方式。

再将 VHDL 按描述语句的执行顺序，详细介绍了顺序执行语句(Sequential)类型和并行执行语句(Parallel)类型的常用语句。

思考题和习题

1. 说明实体、设计实体的概念。

2. 举例说明 GENERIC 说明语句和 GENERIC 映射语句有何用处。

3. 说明端口模式 INOUT 和 BUFFER 有何异同点。

4. 哪些情况下需要用到程序包 STD_LOGIC_UNSIGNED？试举一例。

5. 什么是重载？重载函数有何用处？

6. 在 STRING、TIME、REAL、BIT 数据类型中，VHDL 综合器支持哪些类型？

7. 表达式 C<=A+B 中，A、B、C 的数据类型都是 STD_LOGIC_VECTOR，是否能直接进行加法运算？说明原因和解决方法。

8. VHDL 中有哪 3 种数据对象？详细说明它们的功能特点以及使用方法，举例说明数据对象与数据类型的关系。

9. 说明信号和变量的功能特点，以及应用上的异同点。

10. 能把任意一种进制的值向一整数类型的数据对象赋值吗？如果能，怎样做？

11. 判断下列 VHDL 标识符是否合法，如果有误指出原因。

16#0FA#，10#12F#，8#789#，8#356#，2#0101010#，74HC245，\74HC574\，CLR/RESET，\IN 4/SCLK\，D100%

12. 数据类型 BIT、INTEGER 和 BOOLEAN 分别定义在哪个库中？哪些库和程序包总是可见的？

13. 函数与过程的设计和功能有什么区别？调用上有什么区别？

14. 回答有关 BIT 和 BOOLEAN 数据类型的问题。

(1) 解释 BIT 和 BOOLEAN 数据类型的区别。

(2) 对于逻辑操作应使用哪种类型？

(3) 关系操作的结果为哪种类型？

(4) IF 语句测试的表达式是哪种类型？

15. 运算符重载函数通常要调用转换函数，以便能够利用已有的数据类型。下面给出一个新的数据类型 AGE，并且下面的转换函数已经实现：

```
Function CONV_INTEGER(AGE:AGE)return INTEGER;
```

利用此函数编写一个“+”运算符重载函数，支持下面的运算：

```
SIGNAL a,c:AGE;
...
```

```
C<=a+20;
```

16. 用两种方法设计 8 位比较器，比较器的输入是两个待比较的 8 位数 A=[A7..A0]和 B=[B7..B0]，输出是 D、E、F。当 A=B 时 D=1；当 A>B 时 E=1；当 A<B 时 F=1。第一种设计方案是常规的比较器设计方法，即直接利用关系操作符进行编程设计；第二种设计方案是利用减法器来完成，通过减法运算后的符号和结果来判别两个被比较值的大小。对这两种设计方案的资源耗用情况进行比较，并给以解释。

17. 在 VHDL 设计中，给时序电路清零(复位)有两种方法，它们是什么？哪一种复位方法必须将复位信号放在敏感信号表中？给出这两种电路的 VHDL 描述。

18. 判断下面 3 个程序中是否有错误，若有，则指出错误所在，并给出正确的程序。

程序 1：

```
Signal  A,EN:std_logic
Process(A,EN)
    Variable B:std_logic;
Begin
    If  EN=1 then  B<=A;end if;
End process;
```

程序 2：

```
Architecture  one of sample is
    Variable  a,b,c:integer;
Begin
    C<=a+b;
End;
```

程序 3：

```
Library ieee;
Use ieee.std_logic_1164.all;
Entity mux21 is
    Port(a,b:in std_logic;
        Sel:in std_logic;
      c:out std_logic;);
end sam2;
Architecture one of mux21is
  Begin
  If sel='0' then c:=a;else c:=b;enf if;
End two
```

19. 进程有哪几种主要类型？不完全组合进程是由什么原因引起的？有什么特点？如何避免？

20. 用 WITH _ SELECT _ WHEN 语句描述 4 个 16 位至 1 个 16 位输出的 4 选 1 多路选择器。

21. 比较 CASE 语句与 WITH _ SELECT 语句，叙述它们的异同点。

第 5 章　Quartus Ⅱ 软件及其应用

【学习目标】

掌握基于 QuartusⅡ的 VHDL 文本输入设计流程，包括工作库文件夹和编辑设计文件的建立、工程的创建、编译前的设置、全程编译、时序仿真、RTL 电路图观察器的应用；掌握对配置芯片的编程，包括芯片的选择、引脚锁定、配置文件下载；了解其他几种常用的编程配置器件使用方法，如 AS 模式编程配置器件、JTAG 间接模式编程配置器件、USB Blaster 编程配置器件的使用方法。

【学习要求】

能力目标	知识要点	相关知识	权重	自测分数
掌握工作库文件夹和编辑设计文件的建立	工作库文件夹和编辑设计文件的建立	工作库文件夹和编辑设计文件的建立	30	
掌握工程的创建方法	工程的创建	工程的创建	10	
掌握编译前的设置及全程编译	编译前的设置及全程编译	编译前的设置及全程编译	20	
掌握时序仿真及 RTL 电路图观察器的应用	时序仿真及 RTL 电路图观察器的应用	时序仿真及 RTL 电路图观察器的应用	10	
掌握芯片的选择、引脚锁定、配置文件下载的方法	芯片的选择、引脚锁定、配置文件下载的方法	芯片的选择、引脚锁定、配置文件下载的方法	30	

利用硬件描述语言完成电路设计后，必须借助于 EDA 工具中的综合器、适配器、时序仿真器和编程器等工具进行相应的处理，才能使此项设计在 FPGA 上完成硬件实现并得到硬件测试。在 EDA 工具的设计环境中，有多种途径来完成目标电路系统的表达和输入方式，如 HDL 的文本输入方式、原理图输入方式、状态图输入方式、波形输入方式、MATLAB 的模型输入方式，以及混合输入方式。相比之下，HDL 文本输入方式最基本、最直接，也最重要。本章通过实例，详细介绍基于 QuartusⅡ的 VHDL 文本输入设计流程，包括设计输入、综合、适配、仿真测试和编程下载等方法。

5.1　基本设计流程

本节以一个具体的程序为例，通过其实现流程，详细介绍 QuartusⅡ的重要功能和使用方法。具体实现步骤如下。

5.1.1 建立工作库文件夹和编辑设计文件

首先建立工作库目录，以便存储工程项目设计文件。

任何一项设计都是一项工程(Project)，都必须首先为此工程建立一个放置与此工程相关的所有设计文件的文件夹。此文件夹将被 EDA 软件默认为工作库(Work Library)。一般来说，不同的设计项目最好放在不同的文件夹中，而同一工程的所有文件都必须放在同一文件夹中。

注意：不要将文件夹设在计算机已有的安装目录中，更不要将工程文件直接放在安装目录中。

在建立了文件夹后就可以将设计文件通过 QuartusⅡ的文本编辑器编辑并存盘，步骤如下。

(1) 新建一个文件夹。首先可以利用 Windows 资源管理器，新建一个文件夹。这里假设本项设计的文件夹取名为 CNT10B，在 D 盘中，路径为 D:\CNT10B。

注意：文件夹名不能用中文，也最好不要用数字。

(2) 输入源程序。打开 QuartusⅡ，选择菜单 File→New 命令。在 New 对话框中的 Device Design Files 选项卡中选择编译文件的语言类型，这里选择 VHDL File 选项(图 5.1)。然后在 VHDL 文本编译窗中输入一个具体的 VHDL 示例程序。

(3) 文件存盘。选择菜单 File→Save As 命令，找到已建立的文件夹 D:\CNT10B，存盘文件名应该与实体名一致，即 CNT10.vhd。当出现问句 Do you want to create…(图 5.1)时，若单击“是”按钮，则直接进入创建工程流程；若单击“否”按钮，可按以下的方法进入创建工程流程。本示例说明中选择“否”。

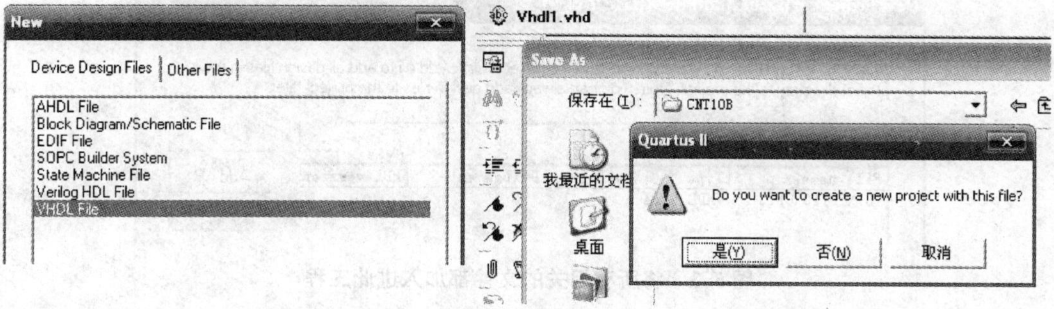

图 5.1 选择编辑文件的语言类型，输入源程序并存盘

5.1.2 创建工程

使用 New Project Wizard 可以为工程指定工作目录、分配工程名称以及指定最高层设计实体的名称，还可以指定要在工程中使用的设计文件、其他源文件、用户库和 EDA 工具，以及目标器件系列和具体器件等。

在此要利用 New Project Wizard 工具选项创建此设计工程，即令顶层设计 CNT10.vhd 为工程，并设定此工程的一些相关的信息，如工程名、目标器件、综合器、仿真器等。

(1) 打开建立新工程管理对话框。选择菜单 File→New Project Wizard 命令，即弹出工程设置对话框(图 5.2)。

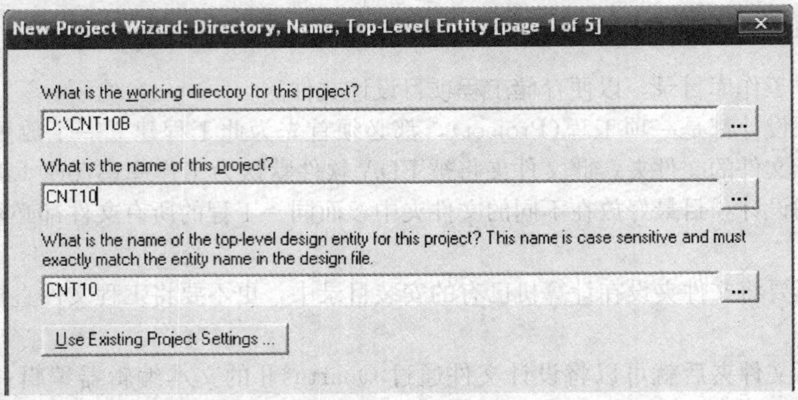

图 5.2　利用 New Preject Wizard 创建工程 CNT10

单击此对话框最上一栏右侧的“…”按钮，找到文件夹 D:\CNT10B，选中已存盘的文件 CNT10. vhd(一般应该设顶层设计文件为工程)，再单击“打开”按钮，即出现如图 5.2 所示的设置情况。其中第一行的 D:\CNT10B 表示工程所在的工作库文件夹；第二行的 CNT10 表示此项工程的工程名，工程名可以取任何其他的名，也可直接用顶层文件的实体名作为工程名，在此就是按这种方式取的名；第三行是当前工程顶层文件的实体名，这里即为 CNT10。

(2) 将设计文件加入工程中。单击下方的 Next 按钮，在弹出的对话框中单击 File 栏的按钮，将与工程相关的所有 VHDL 文件(如果有的话)加进此工程，即得到如图 5.3 所示的情况。此工程文件加入的方法有两种。

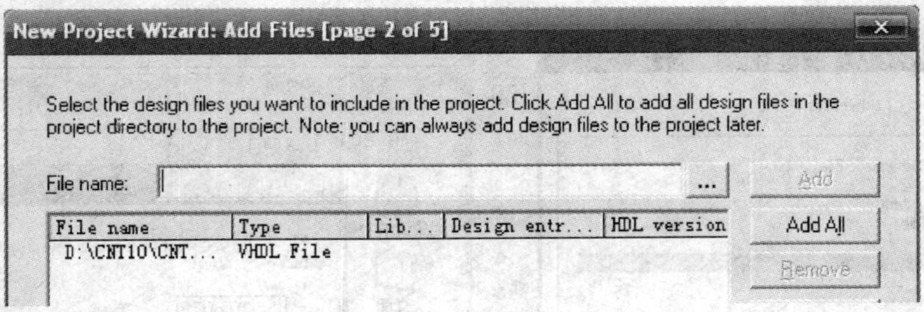

图 5.3　将所有相关的文件都加入进此工程

第一种是单击 Add All 按钮，将设定的工程目录中的所有 VHDL 文件加入到工程文件栏中；第二种方法是单击 Add 按钮，从工程目录中选出相关的 VHDL 文件。

(3) 选择仿真器和综合器类型。单击图 5.3 所示的 Next 按钮，这时弹出的对话框是选择仿真器和综合器类型，如果都选默认的 NONE，表示都选 QuartusⅡ中自带的仿真器和综合器。在此都选择默认项 NONE(不做任何打勾选择)。

(4) 选择目标芯片。单击 Next 按钮，选择目标芯片。首先在 Family 栏选芯片系列，在此选 CycloneⅡ系列，并单击 Yes 按钮，即选择一确定目标器件。再次单击 Next 按钮，选择此系列的具体芯片 EP2C5T144C8。这里 EP2C5 表示 CycloneⅡ系列及此器件的规模；T 表示 TQFP 封装；C8 表示速度级别(此速度级别的器件，32 位计数器的等效工作频率达 300MHz，是 FLEXlOK 系列器件的 3 倍多)。便捷的方法是通过图 5.4 所示对话框右边的 3 个列表窗口过滤选择：分别选择 Package 为 TQFP，Pin count 为 144 和 Speed grade 为 8。

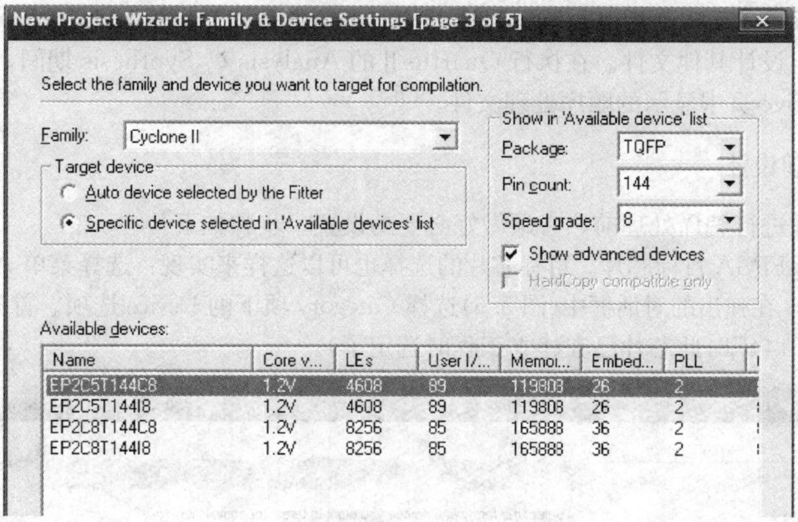

图 5.4 选择目标器件 EP2C5T144C8

(5) 工具设置。单击 Next 按钮后，弹出的下一个对话框是 EDA 工具设置对话框：EDA Tool Settings。此对话框有 3 项选择：①EDA design entry/synthesis tool，用于选择输入的 HDL 类型和综合工具；②EDA simulation tool，用于选择仿真工具；③EDA timing analysis tool，用于选择时序分析工具，这是除 QuartusⅡ自含的所有设计工具以外的外加工具，因此，如果都不做选择，表示仅选择 QuartusⅡ自含的所有设计工具。

(6) 结束设置。再单击 Next 按钮后即弹出工程设置统计对话框，上面列出了与此项工程的相关设置情况。最后单击 Finish 按钮，即已设定好此工程，并出现 CNT10 的工程管理对话框，或称 Compilation Hierarchies 对话框，主要显示本工程项目的层次结构和各层次的实体名。

QuartosⅡ将工程信息存储在工程配置文件(quartus)中。它包含有关 QuartusⅡ工程的所有信息，包括设计文件、波形文件、Signal TapⅡ文件、内存初始化文件等，以及构成工程的编译器、仿真器和软件构建设置。

(7) 工程转换。如果现有 MAX＋PLUSⅡ工程，可以容易地将 MAX＋PLUSⅡ工程转换为 QuartusⅡ工程。方法是选择菜单 File→Convert MAX＋PLUSⅡ Proiect 命令，在弹出的如图 5.5 所示的对话框中选择需要转换的 MAX＋PLUSⅡ工程所在路径文件夹中的分配与配置文件(*.acf)，单击 OK 按钮后即可转换为 QuartusⅡ工程。

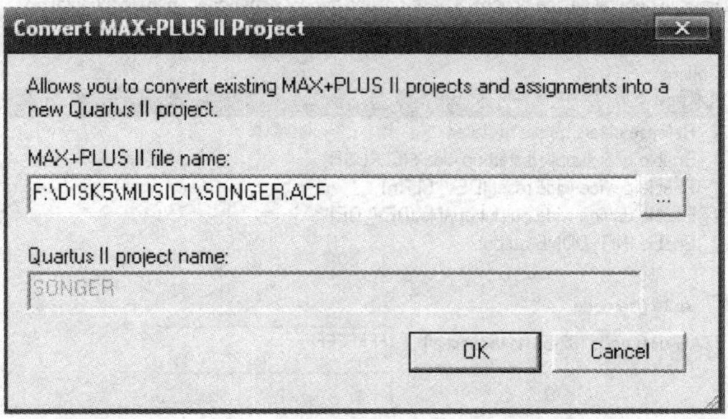

图 5.5 将 MAX＋PLUSⅡ工程转换为 QuartusⅡ工程

建立工程后，可以使用 Settings 对话框(Assignments 菜单)的 Add/Remove 页在工程中添加和删除、设计其他文件。在执行 QuartusⅡ的 Analysis & Synthesis 期间，QuartusⅡ将按 Add/Remove 页中显示的顺序处理文件。

5.1.3 编译前设计

在对工程进行编译处理前，必须做好必要的设置，步骤如下。

(1) 选择 FPGA 目标芯片。目标芯片的选择也可以这样来实现：选择菜单 Assignmemts→Settings 命令，在弹出的对话框中(图 5.6)选择 Category 项下的 Device 选项。首先选择目标芯片为 EP2C5T144C8(此芯片已在建立工程时选定了)。

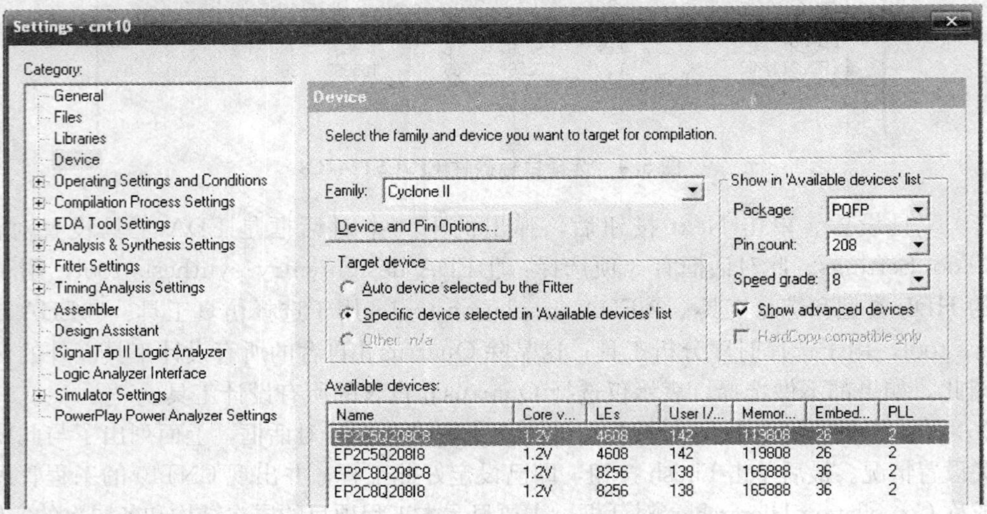

图 5.6 选择目标器件 EP2C5P208C8

(2) 选择配置器件的工作方式。单击图 5.6 中的 Device and Pin Options 按钮，进入选择窗口，这将弹出 Device and Pin Options 对话框，首先选择 General 选项卡(图 5.7)。

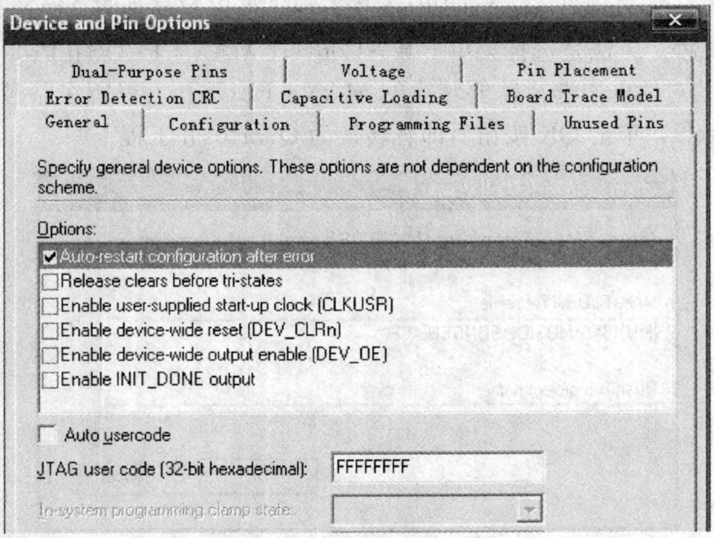

图 5.7 选择配置器件的工作方式

在 Options 栏内选中 Auto-restart configuration after error 复选框，使对 FPGA 的配置失败后能自动重新配置，并加入 JTAG 用户编码。注意窗口下方，将随鼠标单击的项目名而显示对应的帮助说明，用户可随时参考。

(3) 选择配置器件和编程方式。如果希望对编程配置文件能在压缩后下载进配置器件中（当配置器件向 Cyclone 器件配置时，Cyclone 器件能识别压缩过的配置文件，并能对其进行实时解压），可在编译前做好设置。在此，选择图 5.7 的 Configuration 选项卡，即出现图 5.8 所示对话框。在下方的选中 Generate compressed bitstreams 复选框，就能产生用于 EPCS 的 POF 压缩配置文件。

在 Configuration 选项卡中，选择配置器件为 EPCS1，其配置模式可选择 Active Serial。这种方式只对专用的 Flash 技术的配置器件（专用于 CycloneⅡ系列 FPGA 的 EPCS4 和 EPCS1 等）进行编程。注意，PC 对 FPGA 的直接配置方式都是 JTAG 方式，而对于 FPGA 进行所谓“掉电保护式”编程通常有两种：主动串行模式（AS Mode）和被动串行模式（PS Mode）。对 EPCS1/EPCS4 的编程必须用 AS Mode。所以在选择了 AS(Active Serial)模式后，必须在 Configuration device 项中选择配置器为 EPCS1 或 EPCS4（注意应根据实验系统上目标器件配置的 EPCS 芯片型号决定）。

(4) 选择输出设置（此项操作可以不做，即保持默认）。选择 Programming Files 选项卡，选中 Hexadecimal(Intel-Format)output file 复选框，即在生成下载文件的同时，产生二进制配置文件 singt. hexout，并设地址起始为 0 的递增方式。此文件可用于单片机或 CPLD 与 EPROM 构成的 FPGA 配置电路系统中。

(5) 选择目标器件闲置引脚的状态。选择图 5.8 所示对话框的 Unused Pins 选项卡，在此选项卡中可根据实际需要选择目标器件闲置引脚的状态，可选择为输入状态（呈高阻态，推荐此项选择），或输出状态（呈低电平），或输出不定状态，或不做任何选择。

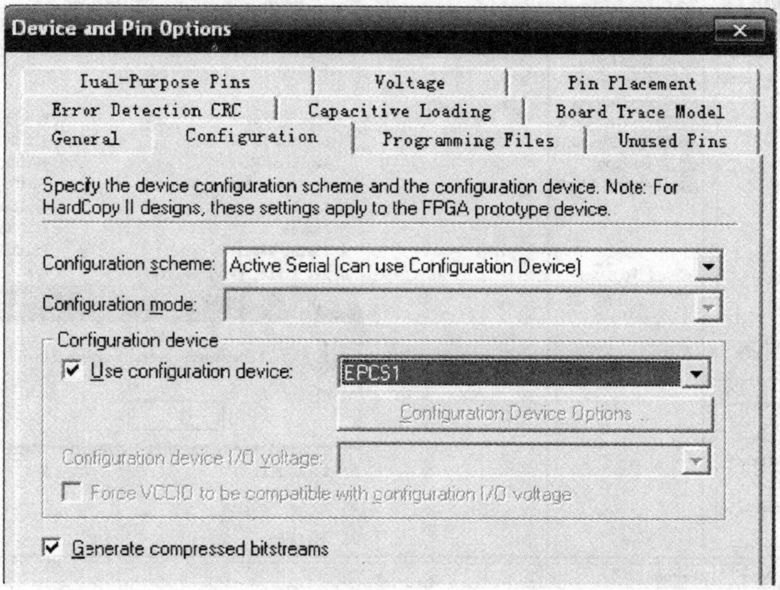

图 5.8 选择配置器件和编程方式

在其他页也可做一些选择，各选项的功能可参考窗口下方的说明。

5.1.4 全程编译

QuartusⅡ编译器是由一系列处理模块构成的，这些模块负责对设计项目的检错、逻辑综合、结构综合、输出结果的编辑配置，以及时序分析。在这一过程中，将设计项目适配到FPGA/CPLD目标器中，同时产生多种用途的输出文件，如功能和时序信息文件、器件编程的目标文件等。编译器首先检查出工程设计文件中可能的错误信息，供设计者排除。然后产生一个结构化的以网表文件表达的电路原理图文件。

在编译前，设计者可以通过各种不同的设置，指导编译器使用各种不同的综合和适配技术(如时序驱动技术等)，以便提高设计项目的工作速度，优化器件的资源利用率。而且在编译过程中及编译完成后，可以从编译报告窗口中获得所有相关的详细编译结果，以利于设计者及时调整设计方案。

编译前首先选择菜单 Processing→Start Compilation 命令，启动全程编译。这里所谓的全程编译(Compilation)包括以上提到的QuartusⅡ对设计输入的多项处理操作，其中包括排错、数据网表文件提取、逻辑综合、适配、装配文件(仿真文件与编程配置文件)生成，以及基于目标器件的工程时序分析等。

编译过程中要注意工程管理窗口下方的 Processing 栏中的编译信息。如果工程中的文件有错误，启动编译后在下方的 Processing 处理栏中会显示出来(图 5.9)。对于 Processing 栏显示出的语句格式错误，可双击此条文，即弹出对应的 vhdl 文件，在深色标记条处即为文件中的错误，再次进行编译直至排除所有错误。注意，如果发现报出多条错误信息，只要检

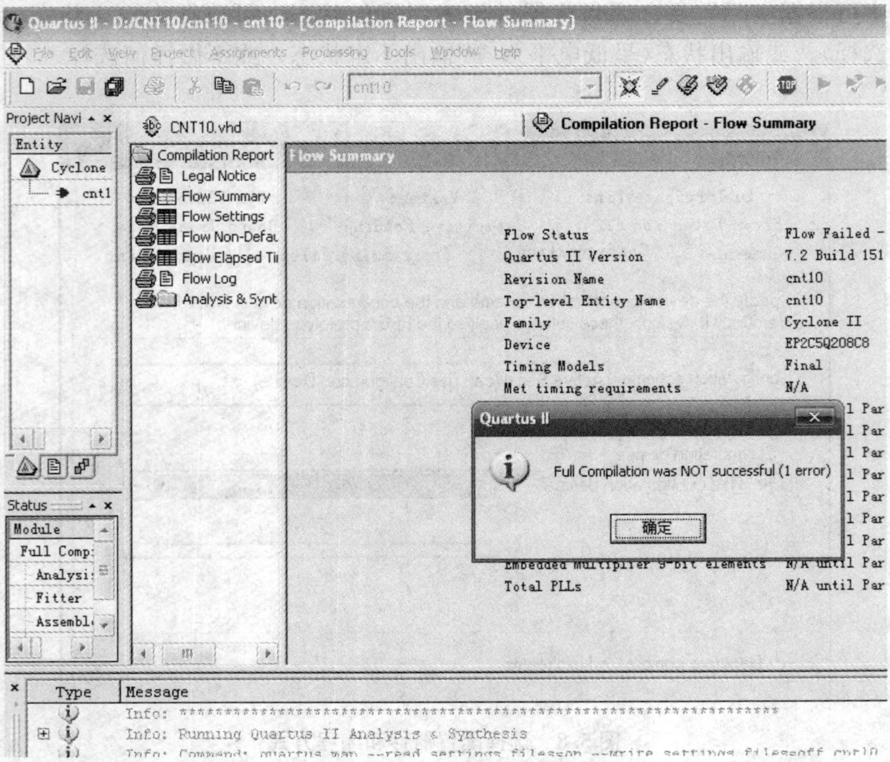

图 5.9 全程编译后出现报错信息

查和纠正最上面报出的错误即可，因为许多情况下，都是由于某一种错误导致了多条错误信息报告。

如果编译成功，可以见到如图 5.9 所示的工程管理窗口左上角显示了工程 CNT10 的层次结构和其中结构模块耗用的逻辑宏单元数(共 5LCs)；在此栏下是编译处理流程，包括数据网表建立、逻辑综合、适配、配置文件装配和时序分析等。最下栏是编译处理信息；中栏(Compilation Report 栏)是编译报告项目选择菜单，单击其中各项可以详细了解编译与分析结果。

例如单击 Flow Summary 项，将在右栏显示硬件耗用统计报告，其中报告了当前工程耗用了 5 个逻辑宏单元、0 个内部 RAM 位等。

如果单击 Timing Analyzer 项的“＋”号，则能通过单击其下所列出的各项目，看到当前工程所有相关时序特性报告。

如果单击 Fitter 项的“＋”号，则能通过单击其下所列出的各项看到当前工程所有相关硬件特性适配报告。如其中的 Floorplan View，可观察此项工程在 FPGA 器件中逻辑单元的分布情况和使用情况。

为了更详细地了解相关情况，可以打开 Floorplan 窗口，选择菜单 View→Full Screen 命令，打开全部界面，再单击此菜单的相关项，如 Routing－＞Show Node Fan－In 等。

5.1.5　时序仿真

对工程编译通过后，必须对其功能和时序性质进行仿真测试，以了解设计结果是否满足原设计要求。例如 VWF 文件方式的仿真流程的详细步骤如下。

(1) 打开波形编辑器。选择菜单 File→New 命令，在 New 对话框中选择 Other Files 选项卡中的 Vector Waveform File 选项(图 5.10)，单击 OK 按钮，即出现空白的波形编辑器(图 5.11)，注意将窗口扩大，以利观察。

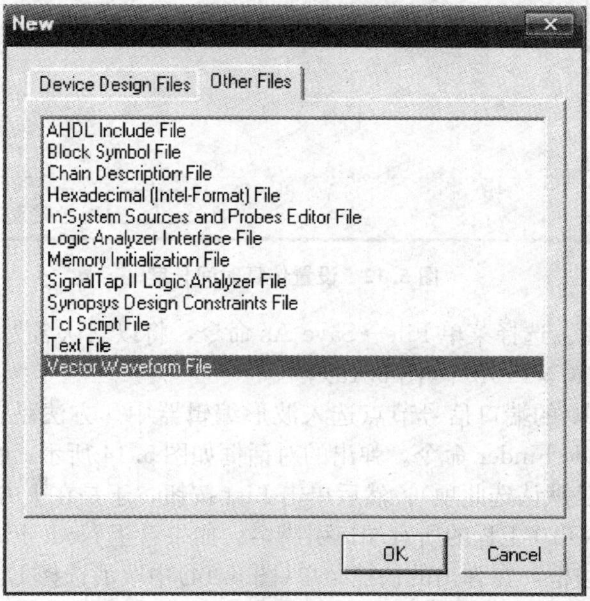

图 5.10　选择编辑矢量波形文件

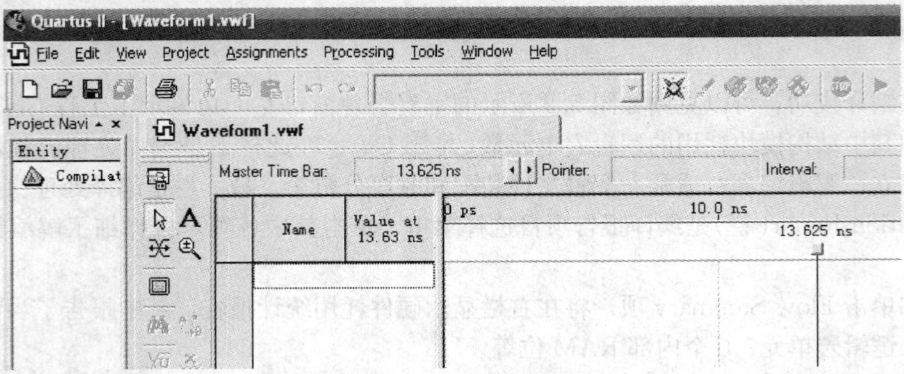

图 5.11　波形编辑器

(2) 设置仿真时间区域。对于时序仿真来说，将仿真时间轴设置在一个合理的时间区域上十分重要。通常设置的时间范围在数十微秒间。

选择菜单 Edit→End Time 命令，在弹出的对话框中的 Time 文本框中输入 50，单位选 μs，整个仿真域的时间即设定为 50μs(图 5.12)，单击 OK 按钮，结束设置。

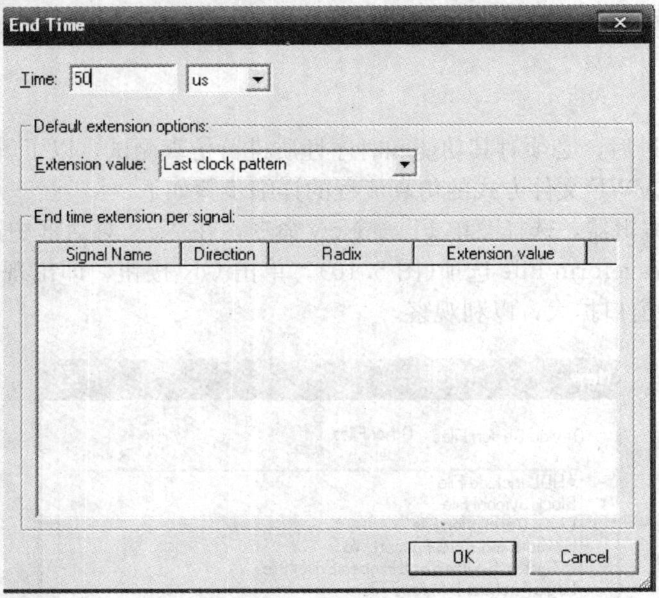

图 5.12　设置仿真时间长度

(3) 波形文件存盘。选择菜单 File→Save As 命令，将以默认名为 Waveform1. vwf 的波形文件存入文件夹 D:\CNT10b 中(图 5.13)。

(4) 将工程 CNT10 的端口信号节点选入波形编辑器中。方法是首先选择菜单 View→Utility Windows→Node Finder 命令。弹出的对话框如图 5.14 所示，在 Filter 下拉列表框中选择 Pins：all(通常已默认选此项)，然后单击 List 按钮，于是在下方的 Nodes Found 列表框中出现设计中的 CNT10 工程的所有端口引脚名。如果希望 Node Finder 对话框是浮动的，可以用右键单击此窗边框，在弹出的快捷菜单(图 5.14)中取消选择 Enable Docking 选项。

注意：如果此对话框中的“List”不显示 CNT10 工程的端口引脚名，需要重新编译一次，即选择菜单 Processing－>Start Compilation 命令，然后再重复以上操作过程。

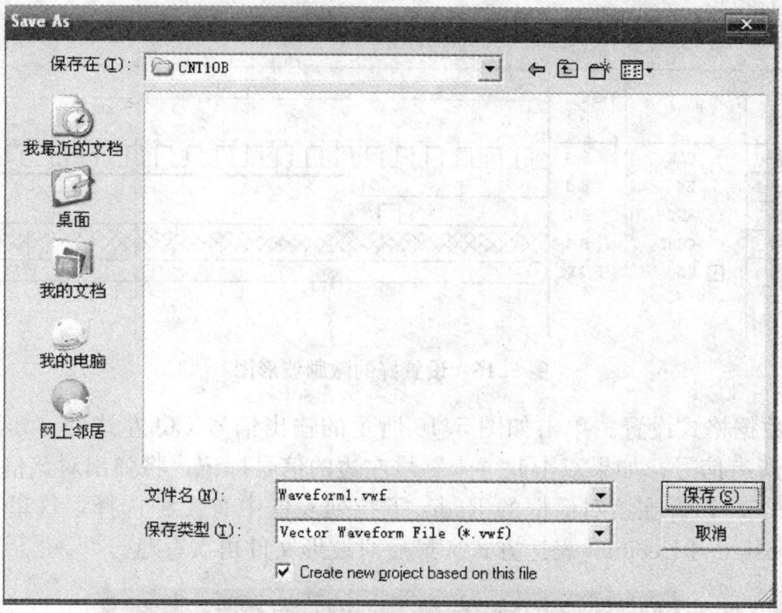

图 5.13　vwf 激励波形文件存盘

最后，用鼠标将重要的端口名 CLK、EN、RST、COUT 和输出总线信号 CQ 分别拖到波形编辑器，结束后关闭 Node Finder 对话框。单击波形窗左侧的全屏显示按钮，使之全屏显示，并单击放大缩小按钮后，再用鼠标在波形编辑区域右键单击，使仿真坐标处于适当位置，如图 5.14 上方所示，这时仿真时间横坐标设定在数十微秒数量级。

(5) 编辑输入波形(输入激励信号)。单击图 5.14 所示对话框中的时钟信号名 CLK，使之变成蓝色条，再单击左侧的时钟设置按钮，在 Clock 对话框中设置 CLK 的时钟周期为 2μs；Clock 对话框中的 Duty cycle 是占空比，默认为 50，即 50%占空比(图 5.15)。然后再分别设置 EN 和 RST 的电平。最后设置好的激励信号波形图如图 5.16 所示。

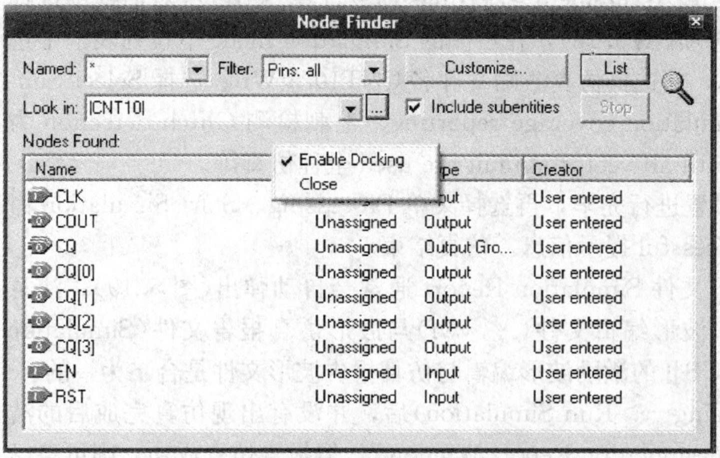

图 5.14　向波形编辑器拖入信号节点

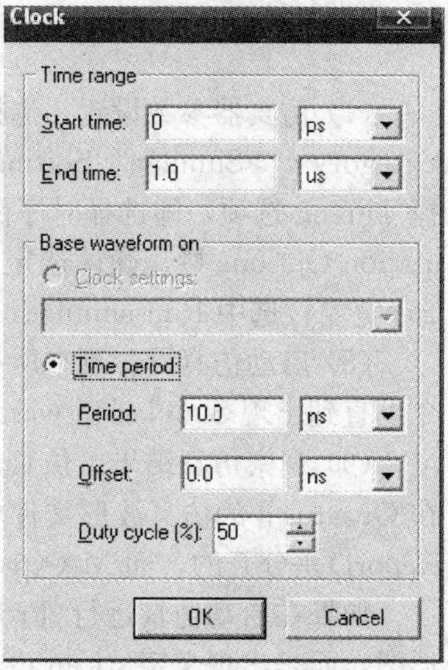

图 5.15　设置时钟 CLK 的周期

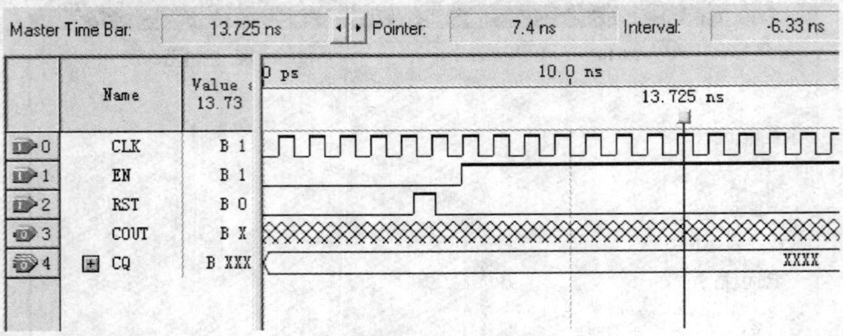

图 5.16　设置好的激励波形图

(6) 总线数据格式设置。单击如图 5.16 所示的输出信号 CQ 左边的"+"号，则能展开此总线中的所有信号；如果双击此"+"号左边的信号标记，将弹出对该信号数据格式设置的对话框(图 5.17)。在该对话框的 Radix 下拉列表框中有 4 种选择，这里可选择无符号十进制整数 Unsigned Decimal 表达方式。最后对波形文件再次存盘。

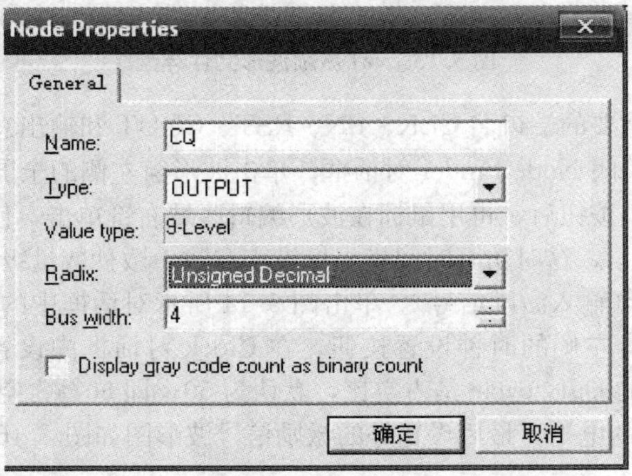

图 5.17　选择总线数据格式

(7) 仿真器参数设置。选择菜单 Assignment→Settings 命令，在 Settings 对话框中选择 Category－＞Simulator Settings 选项(图 5.18)，在右侧的 Simulation mode 下拉列表框中选择 Timing 选项，即选择时序仿真，并选择仿真激励文件名 CNT10. VWF。选择 Select Simulation Options 栏，确认选定 Simulation coverage reporting，毛刺检测 Glitch detection 为 1ns 宽度；选中 Run simulation until all vector stimuli are used 全程仿真等。

(8) 启动仿真器。现在所有设置进行完毕，再选择菜单 Processing→Start Simulation 命令，直到出现 Simulation was successful 提示信息，仿真结束。

(9) 观察仿真结果。仿真波形文件 Simulation Report 通常会自动弹出(图 5.19)。注意在 QuartusⅡ的仿真波形文件中，波形编辑文件(＊.vwf)与波形仿真报告文件(Simulation Report)是分开的，而 MAX＋PLUSⅡ的激励波形编辑与仿真报告波形文件是合二为一的。

如果在启动仿真运行(Processing－＞Run Simulation)后，并没有出现仿真完成后的波形图，而是出现文字"Can't open Simulation Report Window"，但报告仿真成功，则可自己打开仿真波形报告，选择菜单 Processing－＞Simulation Report 命令。

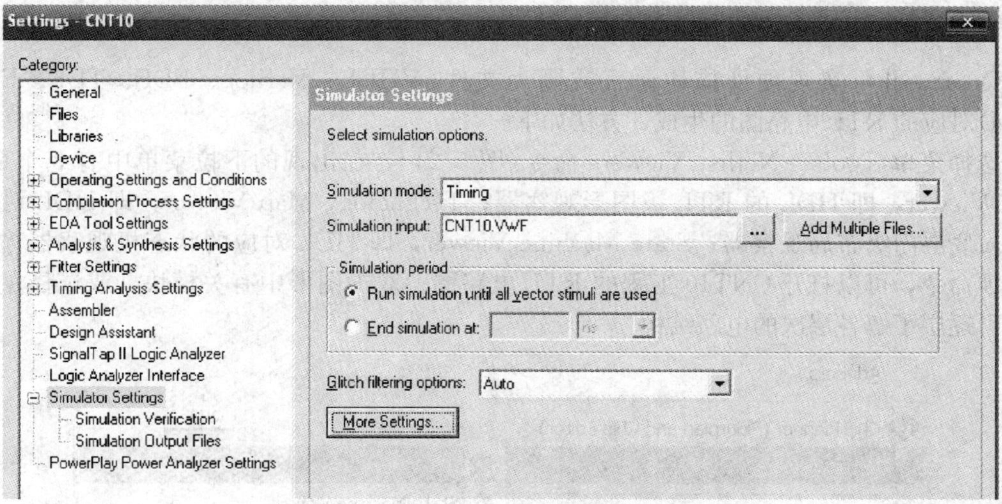

图 5.18　选择仿真控制

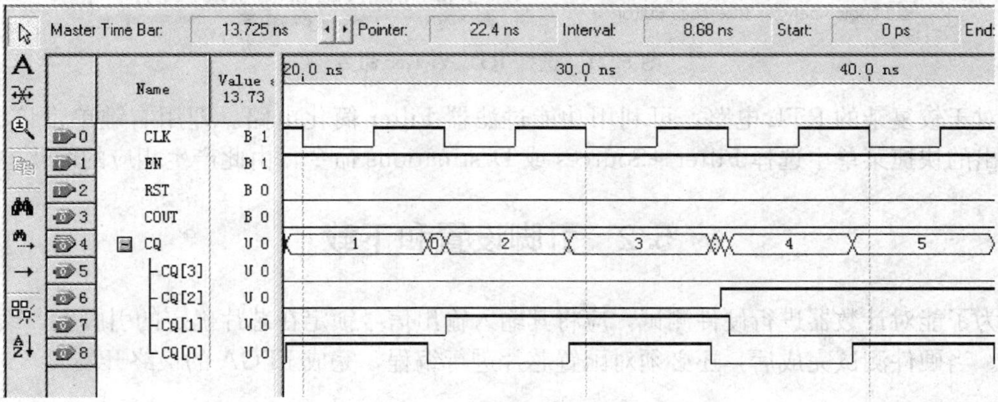

图 5.19　仿真波形输出

如果无法展开波形显示时间轴上的所有波形图，可以右键单击波形编辑器中任何位置，这时再选择弹出快捷菜单中的 Zoom→Fit in Window 命令(图 5.20)。

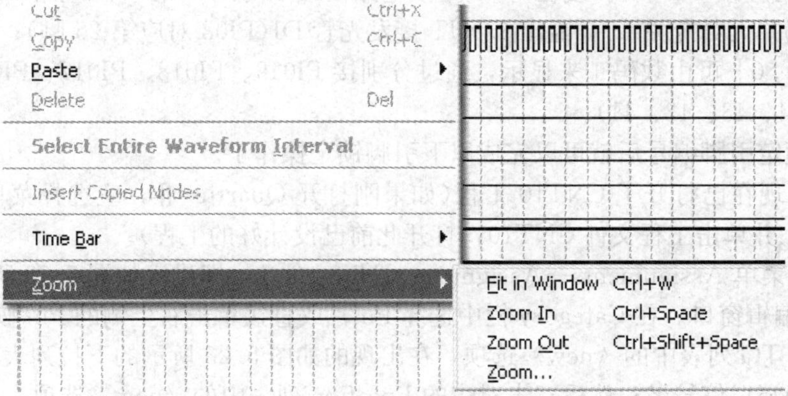

图 5.20　选择全时域显示

5.1.6 应用 RTL 电路图观察器

QuartusⅡ可实现硬件描述语言或网表文件（VHDL、Verilog、BDF、TDF、EDIF、VQM）对应的 RTL 电路图的生成，方法如下。

选择菜单 Tools→Netlist Viewers 命令（图 5.21），在出现的下拉菜单中有 3 个命令：RTL Viewer，即 HDL 的 RTL 级图形观察器；Technology Map Viewer，即 HDL 对应的 FPGA 底层门级布局观察器；State Machine Viewer，即 HDL 对应的状态机观察器。选择第一项命令，可以打开 CNT10 工程的 RTL 电路图。双击图形中有关模块，或选择左侧各项，可逐层了解各层次的电路结构。

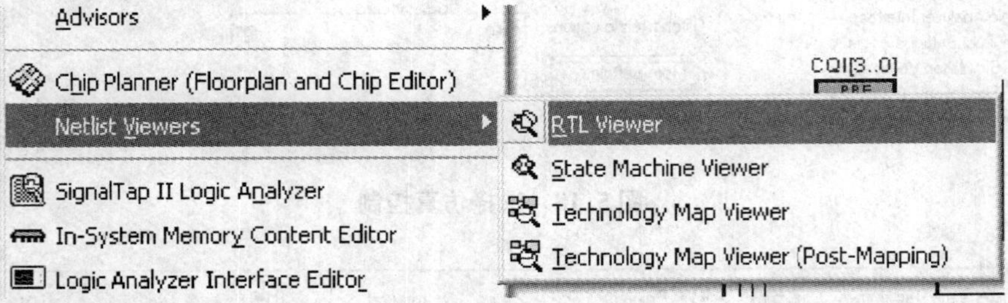

图 5.21 选择 RTL Viewer 命令

对于较复杂的 RTL 电路，可利用功能过滤器 Filter 简化电路。即用右键单击该模块，在弹出的快捷菜单中选择 Filter→Sources 或 Destinations 命令，由此产生相应的简化电路。

5.2 引脚设置和下载

为了能对计数器进行硬件测试，应将其输入输出信号锁定在芯片确定的引脚上，编译后下载。当硬件测试完成后，还必须对配置芯片进行编程，完成 FPGA 的最终开发。

5.2.1 引脚锁定

在此选择 GW48 - EDA 系统的电路模式 5，通过查阅有关芯片引脚对照表，确定引脚分别为：主频时钟 CLK 接 Clock0（第 91 脚，可接在 4Hz 上）；计数使能 EN 可接电路模式 5 的键 1（PI00 对应第 143 脚）；复位 RST 则接电路模式 5 的键 2（PI01 对应第 144 脚，注意键序与引脚号码并无对应关系）；溢出 COUT 接发光管 D1（PI08 对应第 25 脚）；4 位输出数据总线 CQ［3...0］可由数码 1 来显示，通过分别接 PI019、PI018、PI017、PI016（对应引脚编号分别为 44、43、42、41）。

确定了锁定引脚编号后就可以完成以下引脚锁定操作了。

(1) 假设现在已打开了 CNT10 工程（如果刚打开 Quartus Ⅱ，应选择菜单 File→Open Preject 命令，并单击工程文件 CNT10，打开此前已设计好的工程）。

(2) 选择菜单 Assignments→Assignment Editor 命令，即进入如图 5.22 所示的 Assignment Editor 编辑窗口。在 Category 栏中选择 Pin，或直接单击右上侧的 Pin 按钮。

(3) 双击 TO 列表中的《new》选项，在出现的如图 5.23 所示的下拉列表中分别选择本工程要锁定的端口信号名；然后双击对应的 Location 列表中的《new》选项，在出现的下拉列表中选择对应端口信号名的器件引脚号。

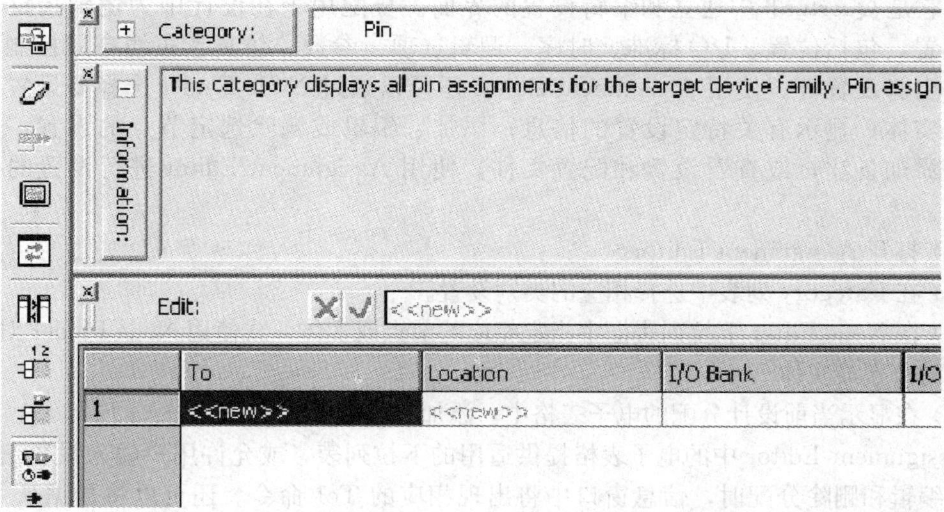

图 5.22　Assignment Editor 编辑器

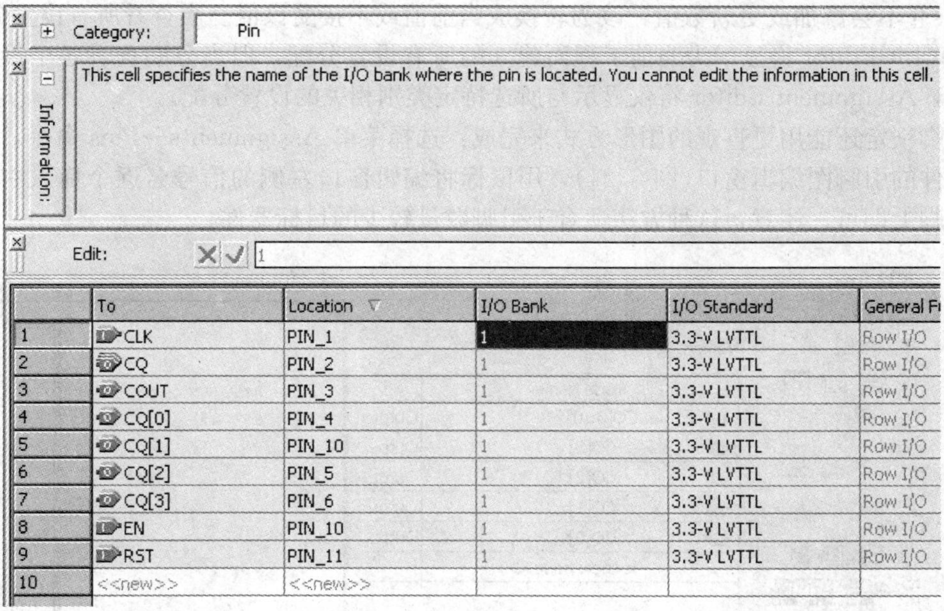

图 5.23　表格式引脚锁定对话框

Assignment Editor 编辑器中还能对引脚作进一步的设定，如在 I/O Standard 列表中，配合芯片的不同 I/O Bank，加载 VCCIO 电压，选择每一信号的 I/O 电压；在 Reserved 栏，可对某些空闲的 I/O 引脚的电气特性作设置；而在 SignalProbe... 等选择栏，可对指定的信号作探测信号的设定。

(4) 最后存储这些引脚锁定的信息后，必须再编译(启动 Start Compilation)一次，才能将引脚锁定信息编译进编程下载文件中。此后就可以准备将编译好的 SOF 文件下载到实验系统的 FPGA 中去了。

以上在引脚锁定中使用了 Assignment Editor。事实上 Assignment Editor 还有许多其他功能，它是 QuartusⅡ中建立和编辑设置的界面。分配用于在设计中为逻辑指定各种选项和设置，包括位置、I/O 标准、时序、逻辑选项、参数、仿真、布线布局控制、适配优化和引脚设置等。使用 Assignment Editor 还可以通过 Node Finder 选择要设置的特定节点和实体；显示有关特定设置的信息；添加、编辑或删除选定节点的设置；还可以向设置添加备注，或查看设置和配置文件。使用 Assignment Editor 进行设置的基本流程如下。

(1) 打开 Assignment Editor。

(2) 在 Category 列表中选择相应的类别设置。

(3) 在 Node Filter 下拉列表框中指定相应的节点或实体，或使用 Node Finder 对话框查找特定的节点或实体。

(4) 在显示当前设计分配的电子表格中，添加相应的设置信息。

Assignment Editor 中的电子表格提供适用的下拉列表，或允许用户输入设置信息。当添加、编辑和删除分配时，信息窗口中将出现相应的 Tc1 命令。还可以将数据从 Assignment Editor 导出到 Tc1 脚本文件(tc1)或与电子表格兼容的文件中。

建立和编辑设置时，QuartusⅡ软件对适用的设置信息进行动态验证。如果设置值无效，QuartusⅡ不会添加或更新数值，改为转换成当前值或不接受该值。当查看所有设置分配时，Assignment Editor 将显示为当前工程而建立的所有设置分配，但当分别查看各个设置分配类别时，Assignment Editor 将仅显示与所选特定类别相关的设置分配。

引脚锁定还能用更直观的图形方式来完成：选择菜单 Assignments→Pins 命令，将弹出目标器件的引脚图编辑窗口(图 5.24)，用鼠标将编辑窗口左侧的信号名逐个拖入右侧器件对应引脚上即可。注意，这种方法适合于引脚数量较少的目标器件。

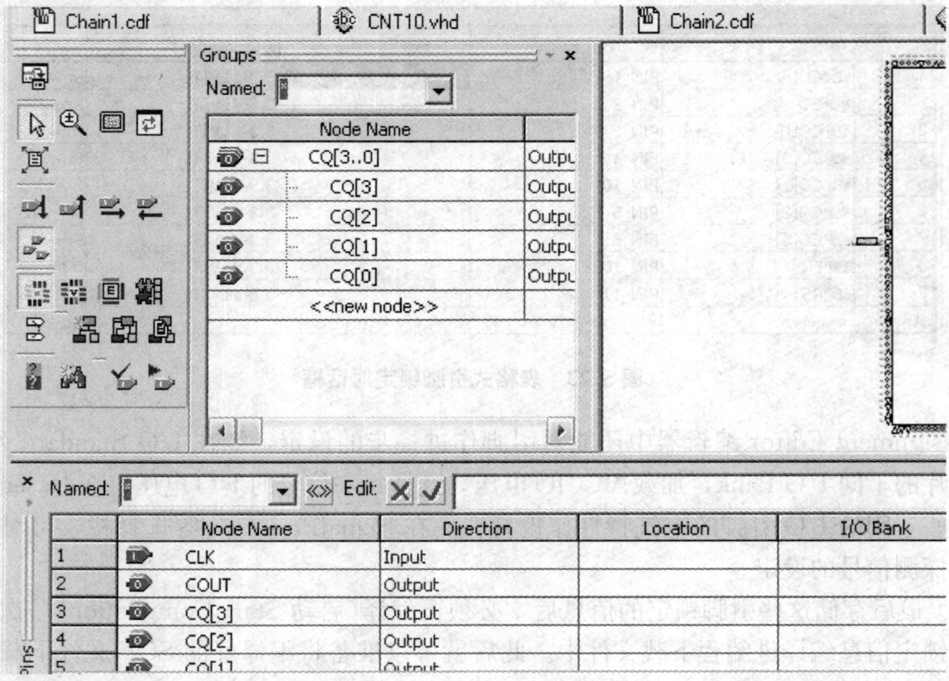

图 5.24　图形方式引脚锁定对话框

5.2.2 配置文件下载

将编译产生的 SOF 格式配置文件配置进 FPGA 中，进行硬件测试的步骤如下。

(1) 打开编程窗和配置文件。首先将实验系统和并口通信线连接好，打开电源。选择菜单 Tool→Programmer 命令，于是弹出如图 5.25 所示的编程窗口。在 Mode 下拉列表框中有 4 种编程模式可以选择：JTAG、Passive Serial、Active Serial Programming 和 In-Socket Programming。为了直接对 FPGA 进行配置，在编程窗的编程模式 Mode 中选择 JTAG(默认)，并选中下载文件右侧的第一个复选框。注意要仔细核对下载文件路径与文件名。如果此文件没有出现或有错，单击左侧 Add File 按钮，手动选择配置文件 CNT10. sof。

(2) 设置编程器。若是初次安装的 QuartusⅡ，在编程前必须进行编程器选择操作。这里准备选择 ByteBlasterMV [LPT1]。单击 Hardware Setup 按钮可设置下载接口方式(图 5.25)，在弹出的 Hardware Setup 对话框中(图 5.26)，选择 Hardware Settings 选项卡，再双击此选项卡中的选项 ByteBlasterMV，之后单击 Close 按钮，关闭对话框即可。这时应该在编程窗口右上方显示出编程方式：ByteBlasterMV [LPT1] (图 5.25)。

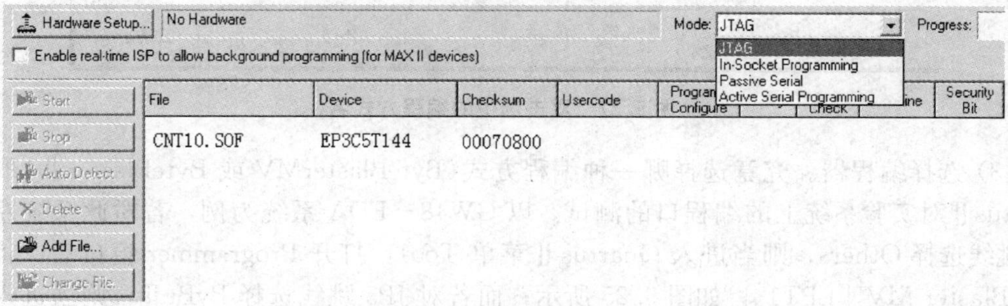

图 5.25 选择编程下载文件

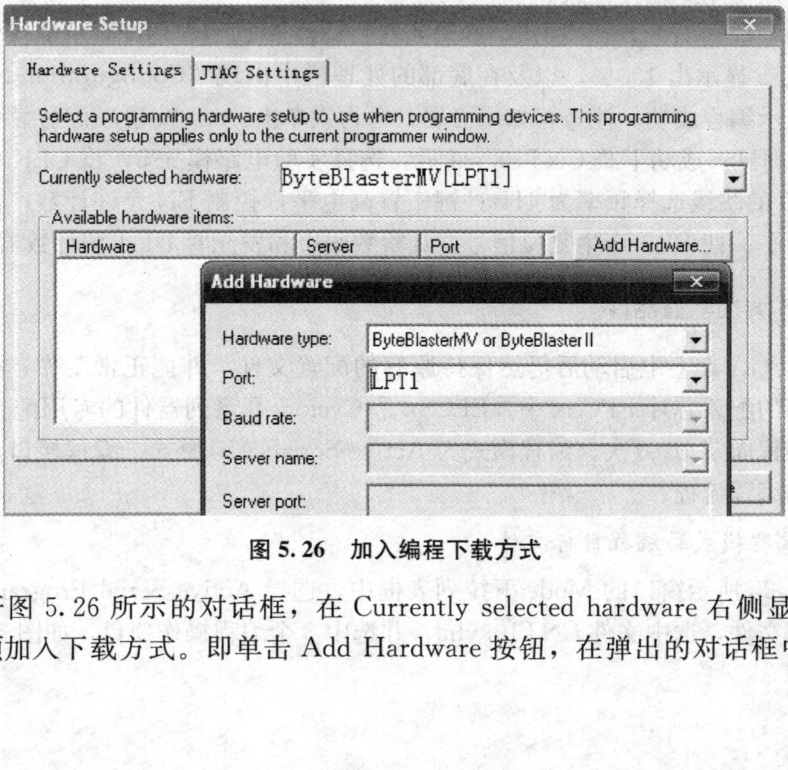

图 5.26 加入编程下载方式

如果打开图 5.26 所示的对话框，在 Currently selected hardware 右侧显示 No Hardware，则必须加入下载方式。即单击 Add Hardware 按钮，在弹出的对话框中单击 OK 按钮，再在图 5.27 所示的窗口双击 ByteBlasterMV，使 Currently selected Hardware 右侧显示 ByteBlasterMV ［LPT1］。

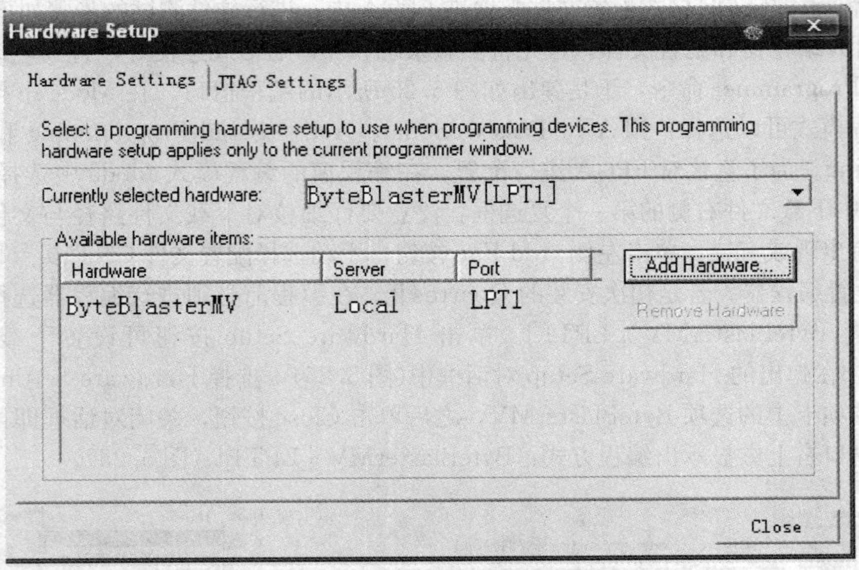

图 5.27　双击选中的编程方式名

（3）选择编程器。究竟选择哪一种编程方式（ByteBlasterMV 或 ByteBlasterⅡ）取决于 QuartusⅡ对实验系统上的编程口的测试。以 GW48－EDA 系统为例，若对此系统左侧的 JP5 跳线选择 Others，则当进入 QuartusⅡ菜单 Tool，打开 Programmer 窗口后，将显示 Byte Blaster MV ［LPT1］，如图 5.25 所示；而若对 JP5 跳线选择 ByBtⅡ，则当进入菜单 Tool，打开 Programmer 窗口后，将显示 ByteBlasterⅡ ［LPT1］。注意，对 Cyclone 的配置器件编程，必须使用此编程方式。

最后单击下载标识符 Start 按钮，即进入对目标器件 FPGA 的配置下载操作。

当 Progress 显示出 100%，以及在底部的处理栏中出现“Configuration Succeeded”提示信息时，表示编程成功。注意，如果必要，可再次单击 Start 按钮，直至编程成功。

（4）硬件测试。成功下载 CNT10.sof 后，选择实验电路模式 5，将 CLK 的时钟通过实验箱上 Clock0 的跳线选择频率为 4Hz；键 1 置高电平，控制 EN 允许计数；键 2 先置高电平，后置低电平，使 RST 产生复位信号。观察数码 1 和发光管 D1 了解计数器工作情况。

5.2.3　AS 模式编程配置器件

为了使 FPGA 在上电启动后仍然保持原有的配置文件，并能正常工作，必须将配置文件烧写进专用的配置芯片 EPCSx 中。EPCSx 是 CycloneⅡ系列器件的专用配置器件，Flash 存储结构，编程周期 10 万次。编程模式为 Active Serial（AS）模式，编程接口为 ByteBlaster Ⅱ。以下给出编程流程。

1. 选择编程模式和编程目标文件

在如图 5.25 所示窗口的 Mode 下拉列表框中，选择 Active Serial Programming 编程模式，打开编程文件，选中文件 CNT10.vhd，并选中 3 个编程操作项目，如图 5.28 所示。

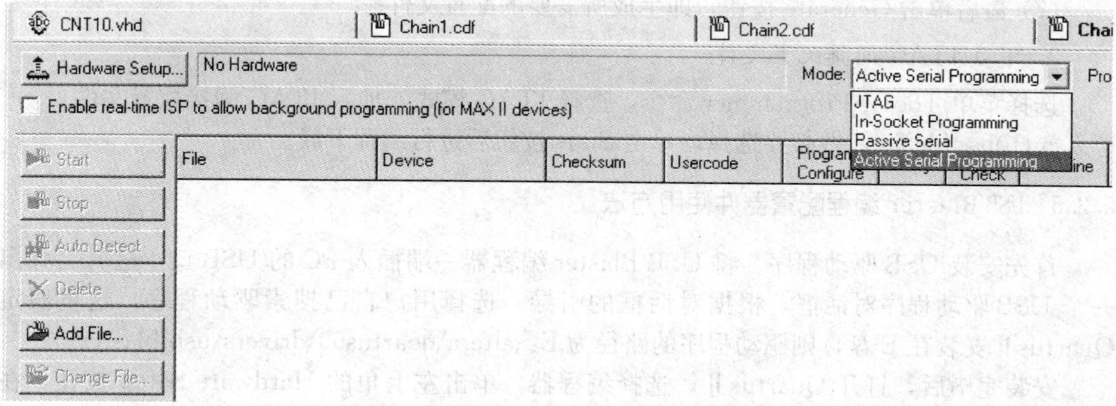

图 5.28 ByteBlasterⅡ接口 AS 模式编程窗口

2. 选择接插模式

GW48 主系统上的 JP5 跳线接 ByBtⅡ，即选择 ByteBlasterⅡ编程方式(JP6 接 3.3V)；适配板上的 4 个跳线都接插 AS 端。

3. AS 模式编程下载

单击图 5.28 所示窗口的 Start 按钮，编程成功后将在下方出现相关的信息。编程成功后 FPGA 将自动被 EPCS 器件配置而进入工作状态。此后每次上电，FPGA 都能被 EPCS1 自动配置，进入正常工作状态。最后要将为 AS 模式编程而改变的短路帽跳线全部还原。

5.2.4 JTAG 间接模式编程配置器件

事实上，不用 AS 编程模式，而只用 JTAG 接口也能对 EPCS 器件进行配置，即使用间接配置模式。方法是首先将 SOF 文件转换为间接配置文件，再通过 JTAG 接口，将此文件载入 FPGA 中，并利用 FPGA 中固有的对 EPCS 器件配置的结构，向该器件进行编程。

1. 将 SOF 文件转换为 JTAG 间接配置文件

选择菜单 File→Convert Programing Files 命令，在弹出的窗口中做如下选择。

(1) 首先在 Programming file type 下拉列表框中选择输出文件类型为 JTAG 间接配置文件类型：JTAG Indirect Configuration File。

(2) 然后在 Configuration device 下拉列表框中选择配置器件型号，这里选择 EPCS1。

(3) 再于 File name 栏输入/输出文件名，如 CNT10b_file。

(4) 单击最下方 Input files to convert 列表中的 Flash Loader 选项，然后单击右侧的 Add Device 按钮，这时将弹出一个 Select Devices 器件选择对话框。在此对话框中首先于左栏中选定目标器件的系列，如 CycloneⅡ；再于右栏中选择具体器件：EP2C5T144。

(5) 单击 Input files to convert 列表中的 SOF Data 选项，然后单击右侧的 Add File 按钮，选择 SOF 文件 CNT10.sof。

(6) 考虑到 EPCS1 的容量比较小，需要压缩后进行转换，所以首先单击 Input files to convert 列表中的 CNT10.sof 文件名，然后单击右侧的 Properties 按钮，在弹出的对话框中选择压缩：Compression。

(7) 最后单击 Generate 按钮，即生成所需要的配置文件。

2. 下载 JTAG 间接配置文件

选择菜单 Tool→Programmer 命令，选择 JTAG 模式，加入 JTAG 间接配置文件 cnt10b _ file. jic，做必要选择，单击 Start 按钮后进行编程下载。

5.2.5 USB Blaster 编程配置器件使用方法

首先安装 USB 驱动程序。将 USB Blaster 编程器一端插入 PC 的 USB 口，这时会弹出一个 USB 驱动程序对话框，根据对话框的引导，选择用户自己搜索驱动程序，这里假定 QuartusⅡ安装在 E 盘，则驱动程序的路径为 E:\altera\quartus60\drivers\usb-blaster。

安装完毕后，打开 QuartusⅡ，选择编程器，单击左上角的 Hardware Setup 按钮，在弹出的对话框中选择 USB-Blaster 项，双击。此后就能如同前面介绍的 ByteBlasterMV/ByteBlasterⅡ编程器一样使用了。In-System Memory Editor 等功能的使用方法也一样。

本章小结

本章首先将通过实例，详细介绍基于 QuartusⅡ的 VHDL 文本输入设计流程，包括工作库文件夹和编辑设计文件的建立、工程的创建、编译前的设置、全程编译、时序仿真、RTL 电路图观察器的应用；再对配置芯片的编程，包括芯片的选择、引脚锁定、配置文件下载的过程作了详细说明；最后对其他几种常用的编程配置器件使用方法作了介绍。

思考题和习题

1. 归纳利用 QuartusⅡ进行 VHDL 文本输入设计的流程：从文件输入一直到 Signal TapⅡ测试。

2. 参考 QuartusⅡ的 Help，详细说明 Assignments 菜单中 Settings 对话框的功能。

3. 用 74148 和与非门实现 8421BCD 优先编码器，用 3 片 74139 组成一个 5－24 译码器。

4. 用 74283 加法器和逻辑门设计实现一位 8421BCD 码加法器电路，输入输出均是 BCD 码，CI 为低位的进位信号，CO 为高位的进位信号，输入为两个一位十进制数 A，输出用 S 表示。

5. 概述 Assignments 菜单中 Assignment Editor 的功能，举例说明。

6. 设计一个 7 人表决电路，参加表决者 7 人，同意为 1，不同意为 0，同意者过半则表决通过，绿指示灯亮；表决不通过则红指示灯亮。

7. 设计一个周期性产生二进制序列 01001011001 的序列发生器，用移位寄存器或用同步时序电路实现，并用时序仿真器验证其功能。

8. 用 D 触发器构成按循环码(000－＞001－＞011－＞111－＞101－＞100－＞000)规律工作的六进制同步计数器。

9. 用 74194、74273、D 触发器等器件组成 8 位串入并出的转换电路，要求在转换过程中数据不变，只有当 8 位一组数据全部转换结束后，输出才变化一次。如果使用 74299、74373、D 触发器和非门来完成上述功能，应该有怎样的电路?

10. 应用 4 位全加器和 74374 构成 4 位二进制加法计数器。

11. 用一片 74163 和两片 74138 构成一个具有 12 路脉冲输出的数据分配器。要求在原理图上标明第 1 路到第 12 路输出的位置。若改用一片 74195 代替 74163，试完成同样的设计。

12. 用同步时序电路对串行二进制输入进行奇偶校验，每检测 5 位输入，输出一个结果。当 5 位输入中 1 的数目为奇数时，在最后一位的时刻输出 1。

13. 用 7490 设计模为 872 的计数器，且输出的个位、十位、百位都应符合 8421 码权重。

第 6 章　VHDL 应用实例

【学习目标】

熟悉 VHDL 程序的结构；熟练运用 VHDL 的顺序语句和并行语句；掌握组合逻辑电路的设计方法；掌握时序逻辑电路的设计方法。

【学习要求】

能力目标	知识要点	相关知识	权重	自测分数
掌握常用组合逻辑电路的工作原理，并能用 VHDL 设计出常用的组合逻辑器件	组合逻辑电路设计	数字电子技术基础，VHDL	40	
掌握常用时序逻辑电路的工作原理，并能用 VHDL 设计出所要求的时序逻辑器件	时序逻辑电路设计	数字电子技术基础，VHDL	60	

6.1　组合逻辑电路设计

在数字电路中，任何时刻输出信号的稳态值仅决定于该时刻各个输入信号取值的组合，而与先前状态无关的逻辑电路叫组合逻辑电路。

本节的组合逻辑电路设计主要有基本门电路、3/8 译码器、4 位 BCD-七段显示码译码器、数据选择器、三态门、编码器和数值比较器的 VHDL 设计实例。

6.1.1　基本门电路设计

基本门电路包括与门、非门、或门、与非门、或非门、异或门、同或门等，主要用来实现基本的输入/输出之间的逻辑关系。对于基本门电路的 VHDL 描述，最简单的方法就是使用 VHDL 中定义的逻辑操作符来实现。下面以 2 输入端或非门为例讲解基本门电路的设计。

表 6-1　2 输入端或非门的真值表

输入端		输出端
A	B	Y
0	0	1
0	1	0
1	0	0
1	1	0

1. 设计要求

设计一个 2 输入端的或非门。

2. 工作原理

假设 2 个输入端为 A、B；输出端为 Y。或非门的工作原理见表 6-1。

3. 设计实现及 VHDL 程序

用 VHDL 描述基本门电路有很多种方法，最简单的方法就是使用 VHDL 中定义的逻辑操作符来完成。

逻辑操作符的相关内容见第 4 章的 4.3.4 节。下面给出 2 输入端或非门的 VHDL 程序。

```
文件名:gate_nor.vhd
LIBRARY IEEE;
USE IEEE.STD_LOGIC_1164.ALL;
ENTITY gate_nor IS
   PORT (A,B:IN STD_LOGIC;
       Y:OUT STD_LOGIC);
END gate_nor;
ARCHITECTURE a OF gate_nor IS
BEGIN
  Y<=A NOR B;  --或非门输出,或者可写成 Y<=NOT(A OR B);
END a;
```

6.1.2　译码器设计

译码器是组合逻辑电路的一个重要的器件，其可以分为变量译码和显示译码两类。

变量译码一般是一种较少输入变为较多输出的器件，一般分为 2^n 译码和 8421BCD－七段显示码译码两类。常用的有 3/8 译码器。

显示译码主要解决二进制数显示成对应的十进制数或十六进制数的转换功能，一般其可分为驱动 LED 和驱动 LCD 两类。常用的有 4 位 BCD－七段显示码译码器。

下面介绍在实际应用中常用的 3/8 译码器和 4 位 BCD－七段显示码译码器的 VHDL 设计。

1. 3/8 译码器 VHDL 设计

1）设计要求

设计一个 3/8 译码器。

2）工作原理

假设 3/8 译码器的输入端为 A2～A0，输出端为 Y7～Y0。其真值表见表 6－2。

表 6－2　3/8 译码器的真值表

输入端			输出端							
A2	A1	A0	Y7	Y6	Y5	Y4	Y3	Y2	Y1	Y0
0	0	0	1	1	1	1	1	1	1	0
0	0	1	1	1	1	1	1	1	0	1
0	1	0	1	1	1	1	1	0	1	1
0	1	1	1	1	1	1	0	1	1	1
1	0	0	1	1	1	0	1	1	1	1
1	0	1	1	1	0	1	1	1	1	1
1	1	0	1	0	1	1	1	1	1	1
1	1	1	0	1	1	1	1	1	1	1

3) 设计实现及 VHDL 程序

对于 3/8 译码器可以用并行语句中的选择信号赋值语句(WITH_SELECT 语句)、条件信号赋值语句(WHEN_ELSE 语句)来描述，也可以用顺序语句中的 IF 语句或者 CASE 语句来描述。下面给出的例程是采用选择信号赋值语句来描述 3/8 译码器。

```
文件名:decoder.vhd
LIBRARY IEEE;
USE IEEE.STD_LOGIC_1164.ALL;
USE IEEE.STD_LOGIC_UNSIGNED.ALL;
ENTITY decoder IS
   PORT(A:in STD_LOGIC_VECTOR(2 DOWNTO 0);
        Y:OUT STD_LOGIC_VECTOR(7 DOWNTO 0));
END decoder;
ARCHITECTURE rtl OF decoder IS
   BEGIN
WITH  A  SELECT
     Y <="11111110"  WHEN  "000",
       "11111101"  WHEN  "001",
       "11111011"  WHEN  "010",
       "11110111"  WHEN  "011",
       "11101111"  WHEN  "100",
       "11011111"  WHEN  "101",
       "10111111"  WHEN  "110",
       "01111111"  WHEN  "111",
       "11111111"  WHEN  OTHERS;
END rtl;
```

2. 4 位 BCD-七段显示码译码器 VHDL 设计

4 位 BCD-七段显示码译码器可将 BCD-七段显示码转换成数字显示码，用于驱动 LED 数码管，可分为共阴与共阳两种，下面以设计共阴 4 位 BCD-七段显示码译码器为例来说明其设计方法。

1) 设计要求

设计一个共阴 4 位 BCD-七段显示码译码器，

2)工作原理

假设 4 位 BCD-七段显示码译码器的 4 个输入端为 D3～D0，7 个输出端为 S6～S0，分别对应数码管的 g 、f、e、d、c、b、a 端。其真值表见表 6-3。

表 6-3　4 位 BCD-七段显示码译码器的真值表

显示字符	输入端				输出端						
	D3	D2	D1	D0	S6	S5	S4	S3	S2	S1	S0
0	0	0	0	0	0	1	1	1	1	1	1
1	0	0	0	1	0	0	0	0	1	1	0

（续）

显示字符	输入端				输出端						
	D3	D2	D1	D0	S6	S5	S4	S3	S2	S1	S0
2	0	0	1	0	1	0	1	1	0	1	1
3	0	0	1	1	1	0	0	1	1	1	1
4	0	1	0	0	1	1	0	0	1	1	0
5	0	1	0	1	1	1	0	1	1	0	1
6	0	1	1	0	1	1	1	1	1	0	1
7	0	1	1	1	0	1	0	0	1	1	1
8	1	0	0	0	1	1	1	1	1	1	1
9	1	0	0	1	1	1	0	1	1	1	1

3）设计实现及 VHDL 程序

对于 4 位 BCD-七段显示码译码器可以用并行语句中的选择信号赋值语句(WITH_SELECT 语句)、条件信号赋值语句(WHEN_ELSE 语句)来描述，也可以用顺序语句中的 IF 语句或者 CASE 语句来描述。下面给出的例程是采用 CASE 语句来描述 4 位 BCD-七段显示码译码器。

```
文件名:BCDseven.vhd
LIBRARY IEEE;
USE IEEE.STD_LOGIC_1164.ALL;
ENTITY BCDseven IS
   PORT(D:IN STD_LOGIC_VECTOR(3 DOWNTO 0);
        S:OUT STD_LOGIC_VECTOR(6 DOWNTO 0));
END BCDseven;
ARCHITECTURE a OF BCDseven IS
BEGIN
  PROCESS(D)
    BEGIN
CASE D IS
       WHEN  "0000"=>S<="0111111";    --0
       WHEN  "0001"=>S<="0000110";    --1
       WHEN  "0010"=>S<="1011011";    --2
       WHEN  "0011"=>S<="1001111";    --3
       WHEN  "0100"=>S<="1100110";    --4
       WHEN  "0101"=>S<="1101101";    --5
       WHEN  "0110"=>S<="1111101";    --6
       WHEN  "0111"=>S<="0100111";    --7
       WHEN  "1000"=>S<="1111111";    --8
       WHEN  "1001"=>S<="1101111";    --9
       WHEN  OTHERS=>S<="0000000";    --不亮
```

```
END CASE;
    END PROCESS;
END a;
```

6.1.3 数据选择器设计

数据选择器的输入端包括地址输入端和数据输入端。由地址输入端给出地址，找出相应的数据输入端，把该数据输入端的数据送入输出端。下面以 4 选 1 数据选择器为例来介绍数据选择器的设计。

1. 设计要求

设计一个 4 选 1 的数据选择器。

2. 工作原理

假设数据输入端为 A3、A2、A1 和 A0，地址输入端为 S1、S0，数据输出端为 Y，4 选 1 数据选择器的真值表见表 6-4。

表 6-4　4 选 1 数据选择器的真值表

地址输入		输出
S1	S0	Y
0	0	A0
0	1	A1
1	0	A2
1	1	A3

3. 设计实现及 VHDL 程序

对于 4 选 1 数据选择器可以用并行语句中的选择信号赋值语句(WITH_SELECT 语句)、条件信号赋值语句(WHEN_ELSE 语句)来描述，也可以用顺序语句中的 IF 语句或者 CASE 语句来描述。下面给出的例程是采用条件信号赋值语句来描述 4 选 1 数据选择器。

```
文件名:mux4_1.vhd
LIBRARY  IEEE;
USE IEEE.STD_LOGIC_1164.ALL;
ENTITY  mux4_1  IS
PORT(A3,A2,A1,A0:IN STD_LOGIC;
        S:IN STD_LOGIC_VECTOR(1 DOWNTO 0);
Y:OUT STD_LOGIC);
END mux4_1;
ARCHITECTURE rtl OF mux4_1 IS
  BEGIN
    y<=A0  WHEN  S="00"  ELSE
       A1  WHEN  S="01"  ELSE
       A2  WHEN  S="10"  ELSE
       A3;
END rtl;
```

6.1.4 三态门设计

所谓三态门，就是具有高电平、低电平和高阻抗 3 种输出状态的门电路。

1. 设计要求

设计一个高电平使能的三态门。

2. 工作原理

假设三态门的输入信号端 Din，使能信号端为 EN，输出信号为 Dout。三态门的真值表见表 6-5。

表 6-5　高电平使能的三态门的真值表

使能端 EN	输出端 Dout
0	高阻态
1	Din

3. 设计实现及 VHDL 程序

可以采用很多种语句来描述高电平使能的三态门的功能，在这里采用 IF 语句完成该三态门的设计。

```
文件名:tri_gate.vhd
LIBRARY IEEE;
USE IEEE.STD_LOGIC_1164.ALL;
ENTITY tri_gate IS
     PORT
     (Din,EN:IN STD_LOGIC;
      Dout:OUT STD_LOGIC);
END tri_gate;
ARCHITECTURE a OF tri_gate IS
BEGIN
      PROCESS(Din,EN)
      BEGIN
       IF EN ='0'THEN
           Dout<='Z';
      ELSE
          Dout<=Din;
      END IF;
     END PROCESS;
END a;
```

6.1.5　编码器设计

所谓编码就是把所使用的每一种二进制代码状态都赋予特定的含义，表示一个特定的信号或对象。实现编码功能的电路就称为编码器。下面介绍常见的 8-3 线优先编码器的 VHDL 设计。

1. 设计要求

设计 8-3 线优先编码器，输入信号为 d0、d1、d2、d3、d4、d5、d6 和 d7，输出信号为 y0、y1 和 y2。其中输入端 d7 优先级最高，d0 优先级最低，且以高电平有效。

2. 工作原理

8-3 线优先编码器的真值表见表 6-6。

3. 设计实现及 VHDL 程序

为了描述编码器的优先特性，可以选用条件信号赋值语句(WHEN _ ELSE 语句)或者 IF 语句，本例采用 IF 语句描述 8-3 线优先编码器。

表6-6 8-3线优先编码器的真值表

输入端								输出端		
d7	d6	d5	d4	d3	d2	d1	d0	y2	y1	y0
1	x	x	x	x	x	x	x	1	1	1
0	1	x	x	x	x	x	x	1	1	0
0	0	1	x	x	x	x	x	1	0	1
0	0	0	1	x	x	x	x	1	0	0
0	0	0	0	1	x	x	x	0	1	1
0	0	0	0	0	1	x	x	0	1	0
0	0	0	0	0	0	1	x	0	0	1
0	0	0	0	0	0	0	1	0	0	0

```
文件名:Encoder.vhd
LIBRARY IEEE;
USE IEEE.STD_LOGIC_1164.ALL;
ENTITY Encoder IS
 PORT(d:IN STD_LOGIC_VECTOR(7 DOWNTO 0);
      y:OUT STD_LOGIC_VECTOR(2 DOWNTO 0))
END Encoder;

ARCHITECTURE a OF Encoder IS
BEGIN
   PROCESS(d)
   BEGIN
      IF  d(7)='1'  THEN  y<="111";
      ELSIF  d(6)='1'  THEN  y<="110";
      ELSIF  d(5)='1'  THEN  y<="101";
      ELSIF  d(4)='1'  THEN  y<="100";
      ELSIF  d(3)='1'  THEN  y<="011";
      ELSIF  d(2)='1'  THEN  y<="010";
      ELSIF  d(1)='1'  THEN  y<="001";
      ELSIF  d(0)='1'  THEN  y<="000";
      END IF;
  END PROCESS;
END a;
```

6.1.6 数值比较器设计

数值比较器是将两个具有相同位数的二进制数A和B进行比较，比较的结果有3种：A>B；A=B；A<B。分别用3个引脚的状态来表示。

1. 设计要求

设计一个 8 位数值比较器。假设两个 8 位二进制数分别为 A 和 B，输出端为 Y0、Y1 和 Y2。当 A>B 时，Y0=1；当 A=B 时，Y1=1；当 A<B 时，Y2=1。

表 6-7 8 位数值比较器的真值表

输入	输出端		
	Y2	Y1	Y0
A>B	0	0	1
A=B	0	1	0
A<B	1	0	0

2. 工作原理

8 位数值比较器的真值表见表 6-7。

3. 设计实现及 VHDL 程序

可以选用条件信号赋值语句(WHEN_ELSE 语句)或者 IF 语句来描述数值比较器的功能，本例采用条件信号赋值语句(WHEN_ELSE 语句)描述 8 位数值比较器。

```
文件名:cmp.vhd
LIBRARY IEEE;
USE IEEE.STD_LOGIC_1164.ALL;
USE IEEE.STD_LOGIC_UNSIGNED.ALL;
ENTITY cmp IS
   PORT(A,B:IN STD_LOGIC_VECTOR(7 DOWNTO 0);
        Y:OUT STD_LOGIC_VECTOR(2 DOWNTO 0))
END cmp;

ARCHITECTURE exam OF cmp IS
   BEGIN
     y<="001"  WHEN  A>B  ELSE
        "010"  WHEN  A=B  ELSE
        "100"  WHEN  A<B  ELSE
        "000";
END exam;
```

6.2 时序逻辑电路设计

在数字电路中，任何一个时刻的输出状态不仅取决于当时的输入信号，还与电路的原状态有关的电路就称为时序逻辑电路。

时序逻辑电路的特点：

(1) 含有记忆元件(最常用的是触发器)；

(2) 具有反馈通道。

根据时序逻辑电路的特点，需要采用 VHDL 语句中的顺序语句来完成对时序逻辑电路功能的描述。

本节的时序逻辑电路设计主要有触发器、寄存器、计数器和存储器等设计实例。

6.2.1 时钟信号和复位信号

1. 时钟信号的描述

在时序逻辑电路中，是以时钟信号作为驱动信号的，也就是说，时序逻辑电路是在时钟信号的边沿到来时，它的状态才会发生改变。因此，在时序逻辑电路中时钟是非常重要的，它是时序逻辑电路的执行条件和同步信号。

用 VHDL 描述时序逻辑电路时，通常采用时钟进程的形式，也就是说，时序逻辑电路中进程的敏感信号是时钟信号。时钟作为敏感信号的描述方式有两种。

(1) 时钟信号显示地出现在 PROCESS 语句后面的敏感信号表中。

(2) 时钟信号没有显示地出现在 PROCESS 语句后面的敏感信号表中，而是出现在 WAIT 语句的后面。

在实际应用中，常常采用第一种描述方式，即将时钟信号列在 PROCESS 语句后面的敏感信号表中。

在时序逻辑电路中，时钟是采用边沿来触发的，时钟边沿分为上升沿和下降沿。以下是这两种边沿的描述方式。

1) 上升沿描述

(1) 描述 1：时钟信号在敏感信号表中。

```
PROCESS(clk)
BEGIN
IF(clk'EVENT AND clk='1')THEN
          顺序语句;
             END PROCESS;
```

(2) 描述 2：时钟信号不在敏感信号表中。

```
PROCESS( )
BEGIN
WAIT UNTIL clk='1';
        顺序语句;
END PROCESS;
```

2) 下降沿描述

(1) 描述 1：时钟信号在敏感信号表中。

```
PROCESS(clk)
BEGIN
IF(clk'EVENT AND clk='0')THEN
          顺序语句;
END PROCESS;
```

(2) 描述 2：时钟信号不在敏感信号表中。

```
PROCESS( )
BEGIN
WAIT UNTIL clk='0';
         顺序语句;
END PROCESS;
```

2. 复位信号的描述

所谓复位，就是时序逻辑电路的输出状态恢复到原始状态。根据复位信号与时钟的关系，可将复位分为同步复位和异步复位。下面分别对同步复位和异步复位的 VHDL 描述进行介绍。

1）同步复位信号的描述

同步复位就是指复位信号只有在时钟上升沿（或下降沿）到来时，才能有效。否则，无法完成对电路的复位工作。

因为在描述同步复位信号时，进程的敏感信号表只需列出时钟信号。例如，一个时序逻辑电路的时钟信号为 CLK（上升沿有效），同步复位信号为 RESET（低电平有效），输出为 Q(3～0)，复位时 Q＝0000。

```
PROCESS(CLK)
  BEGIN
     IF(CLK'EVENT AND CLK='1')  THEN
        IF (RESET='0')THEN
            Q<="0000";
        ELSE
          其他顺序语句;
        END IF;
    END IF;
 END PROCESS;
```

2）异步复位信号的描述

异步复位就是指无论时钟有效边沿是否到来，只要复位信号有效，就对电路进行复位。

因为在描述异步复位信号时，进程的敏感信号表应同时列出时钟信号和复位信号。例如，一个时序逻辑电路的时钟信号为 CLK（上升沿有效），异步复位信号为 RESET（低电平有效），输出为 Q(3～0)，复位时 Q＝0000。

```
PROCESS(CLK,RESET)
  BEGIN
     IF(RESET='0')THEN
           Q<="0000";
     ELSIF(CLK'EVENT AND CLK='1')  THEN
               其他顺序语句;
     END IF;
 END PROCESS;
```

6.2.2　触发器设计

作为时序逻辑电路的基本特征，时序逻辑电路应具有“记忆”功能。触发器是时序电路最常用的记忆元件。

本节主要介绍基本的 D 触发器、同步复位 D 触发器、异步复位 D 触发器的 VHDL 设计。

1. 基本 D 触发器的设计

1）设计要求

设计一个上升沿触发的基本 D 触发器。

2）工作原理

假设D触发器的输入信号端为D，时钟信号输入端为CLK，输出信号为Q。当CLK输入上升沿时，Q=D，否则，Q状态保持不变。

3）设计实现及VHDL程序

```
文件名：dff_g.vhd
LIBRARY IEEE;
USE IEEE.STD_LOGIC_1164.ALL;
ENTITY dff_g IS
      PORT
      (D,CLK:IN STD_LOGIC;
       Q:OUT STD_LOGIC)
END dff_g;
ARCHITECTURE a OF dff_g IS
BEGIN
      PROCESS(CLK)
      BEGIN
       IF (CLK'EVENT AND CLK='1')THEN
            Q<=D;
       END IF;
      END PROCESS;
END a;
```

2. 同步复位D触发器的设计

表6-8　同步复位D触发器的真值表

输　入　端			输出端
D	CLR	CLK	Q
x	0	↑	0
Data	1	↑	Data

1）设计要求

设计一个同步复位D触发器。

2）工作原理

假设D触发器的输入信号端为D，时钟信号输入端为CLK，复位端为CLR，输出信号为Q。其工作原理见表6-8。

3）设计实现及VHDL程序

```
文件名：dff_g2.vhd
LIBRARY IEEE;
USE IEEE.STD_LOGIC_1164.ALL;
ENTITY dff_g2 IS
      PORT
      (D,CLK,CLR:IN STD_LOGIC;
       Q:OUT STD_LOGIC);
END dff_g2;
ARCHITECTURE a OF dff_g2 IS
BEGIN
      PROCESS(CLK)
      BEGIN
```

```
        IF(CLK'EVENT AND CLK='1')THEN
            IF CLR='0' THEN
                Q<='0';
            ELSE
                Q<=D;
            END IF;
        END IF;
    END PROCESS;
END a;
```

3. 异步复位D触发器的设计

1）设计要求

设计一个异步复位D触发器。

2）工作原理

假设D触发器的输入信号端为D，时钟信号输入端为CLK，复位端为CLR，输出信号为Q。其工作原理见表6-9。

表6-9 异步复位D触发器的真值表

输入端			输出端
D	CLR	CLK	Q
x	0	x	0
Data	1	↑	Data

3）设计实现及VHDL程序

```
文件名：dff_g3.vhd
LIBRARY IEEE;
USE IEEE.STD_LOGIC_1164.ALL;
ENTITY dff_g3 IS
    PORT(D,CLK,CLR:IN STD_LOGIC;
        Q:OUT STD_LOGIC)
END dff_g3;
ARCHITECTURE a OF dff_g3 IS
BEGIN
    PROCESS(CLK,CLR)
    BEGIN
     IF CLR='0'THEN
        Q<='0';
     ELSIF(CLK'EVENT AND CLK='1')THEN
        Q<=D;
     END IF;
    END PROCESS;
END a;
```

6.2.3 寄存器和移位寄存器设计

1. 寄存器的设计

寄存器用于存储一组二进制代码，广泛用于各类数字系统。因为一个触发器能存储1位二进制代码，所以用 N 个触发器组成的寄存器能存储一组 N 位的二进制代码。

1）设计要求

设计一个异步复位的8位寄存器。

2)工作原理

假设D触发器的输入信号端为D(7～0)，时钟信号输入端为CLK，复位端为CLR，输出信号为Q。其工作原理见表6-10。

表6-10　异步复位8位寄存器的真值表

输入端			输出端
D(7～0)	CLR	CLK	Q(7～0)
x	0	x	00000000
Data(7～0)	1	↑	Data(7～0)

3）设计实现及VHDL程序

文件名：reg.vhd

```
LIBRARY  IEEE;
USE IEEE.STD_LOGIC_1164.ALL;
ENTITY  reg  IS
     PORT(D:IN STD_LOGIC_VECTOR(7 DOWNTO 0);
          CLK,CLR:IN STD_LOGIC;
          Q:OUT STD_LOGIC_VECTOR(7 DOWNTO 0));
END reg;
ARCHITECTURE a OF reg IS
BEGIN
      PROCESS(CLK,CLR)
      BEGIN
       IF CLR='0' THEN
          Q<="00000000";
       ELSIF(CLK'EVENT AND CLK='1')THEN
            Q<=D;
       END IF;
     END PROCESS;
END a;
```

2. 移位寄存器的设计

移位寄存器除了具有存储代码的功能以外，还具有移位功能。所谓移位功能，是指寄存器里存储的代码能在移位脉冲的作用下依次左移或右移。因此，移位寄存器不但可以用来寄存代码，还可用来实现数据的串并转换、数值的运算以及数据处理等。下面分别介绍串入并出移位寄存器和并入串出移位寄存器的设计。

1）串入并出移位寄存器的设计

(1) 设计要求。

设计一个8位的串入并出移位寄存器，要求具备异步复位功能。

(2) 工作原理。

串行输入信号每8位为一组数据，依次一位一位按顺序移入移位寄存器，当8位数据都移入移位寄存器后，才使寄存器立即并行输出这8位数据。当按下复位键时，8位输出端均为低电平。

(3) 设计实现及VHDL设计。

根据串入并出移位寄存器的原理，在设计时需要设置的外部引脚有串行输入端din、时钟信号输入端CLK、异步复位端CLR、并行输出端Q7～Q0。假设8位数据是从低位串行输入，当8位数据全部输入以后，才能并行输出。因此，在程序设计中，就要设置记录标志位以及8位数据的传送过程中的暂时值。为了设计方便，可以将标志位和8个数据位设置成一个9位的寄存器TEMP(8～0)，初值为：011111111，最高位0作为标志位。在时钟的作用下，每输入一位数据，TEMP右移一位，输入的数据作为TEMP的最高位，从而组成TEMP的新值。当串行输入8位数据时，标志位0移到了TEMP的第0位。因此，可以通过判断TEMP(0)是否为0，来判定8位数据是否全部输入。具体的VHDL程序如下。

```
文件名:SHIFT_8.vhd
  LIBRARY IEEE;
  USE IEEE.STD_LOGIC_1164.ALL;
  ENTITY SHIFT_8 IS
  PORT (CLK,din,CLR:IN STD_LOGIC;
       Q:OUT STD_LOGIC_VECTOR(7 DOWNTO 0));
  END;
  ARCHITECTURE  a  OF  SHIFT_8  IS
SIGNAL TEMP:STD_LOGIC_VECTOR(8 DOWNTO 0):="011111111";
  BEGIN
     PROCESS(CLK,CLR)
     BEGIN
        IF CLR='0'THEN
           TEMP<="000000000";
        ELSIF(CLK'EVENT AND CLK='1')THEN
           IF  TEMP(0)='0'  THEN
               TEMP<="011111111";
               Q<=TEMP(8  DOWNTO  1);
          ELSE
               Q<="00000000";
               TEMP<=din&TEMP(8 DOWNTO 1);
           END IF;
        END IF;
     END PROCESS;
END;
```

2) 并入串出移位寄存器的设计

(1) 设计要求。

设计一个8位的并入串出移位寄存器，要求具备异步复位功能。

(2) 工作原理。

并行输入8位数据信号，在时钟的作用下，从低位开始依次一位一位按顺序将数据从输出端输出。当8位数据全部输出时，才使寄存器接收新的数据。当按下复位键时，输出端为低电平。

(3) 设计实现及VHDL设计。

根据并入串出移位寄存器的原理，在设计时需要设置的外部引脚有并行输入端din(7～0)、时钟信号输入端CLK、异步复位端CLR、输出端Q。为了实现对并入串出的次数的控制，在程序中设置一个模值等于 8 的计数器。具体的 VHDL 程序如下。

```
文件名:SHIFT_8_2.vhd
LIBRARY IEEE;
USE IEEE.STD_LOGIC_1164.ALL;
USE IEEE.STD_LOGIC_UNSIGNED.ALL;
ENTITY  SHIFT_8_2  IS
    PORT(CLK,CLR:IN STD_LOGIC;
         din:IN STD_LOGIC_VECTOR(7 DOWNTO 0);
       Q:OUT STD_LOGIC);
END;

ARCHITECTURE  a  OF  SHIFT_8_2  IS
   SIGNAL  SHIFT_NUMBER:INTEGER RANGE 0 TO 8;
   SIGNAL  TEMP:STD_LOGIC_VECTOR(7 DOWNTO 0);
   BEGIN
      PROCESS(CLK,CLR)
      BEGIN
         IF CLR='0'THEN
            Q<='0';
         ELSIF(CLK'EVENT AND CLK='1')THEN
            IF SHIFT_NUMBER=0 THEN
                  TEMP<=din;
                  SHIFT_NUMBER<=SHIFT_NUMBER+1;
            ELSIF SHIFT_NUMBER<8 THEN
                  SHIFT_NUMBER<=SHIFT_NUMBER+1;
                  Q<=TEMP(0);
                  TEMP(6 DOWNTO 0)<=TEMP(7 DOWNTO 1);
            ELSE
                 SHIFT_NUMBER<=0;
                  Q<=TEMP(0);
           END IF;
     END IF;
   END PROCESS;
END;
```

6.2.4 计数器设计

数字系统经常需要对脉冲的个数进行计数，以实现数字测量、状态控制和数据运算等，计数器就是完成这一功能的逻辑器件。计数器是数字系统的一种基本部件，是典型的时序电路。计数器的应用十分广泛，常用于数/模转换、计时、频率测量等。

计数器按照工作原理和使用情况分可分为很多种类，如最基本的计数器、带清零端的(包括同步清零和异步清零)计数器、能并行预加载初始计数值的计数器、各种进制的计数器(如十二进制、六十进制)等。

下面介绍基本计数器、带进制的计数器的 VHDL 设计。

1. 基本计数器的设计

1）设计要求

设计一个 8 位的基本计数器。

2）工作原理

假设 8 位基本计数器的时钟信号输入端为 CLK，输出信号为 Q(7～0)，其工作原理见表 6-11。

表 6-11 8 位基本计数器的真值表

输入端 CLK	输出端 Q(7～0)
↑	加 1，当 Q=11111111 时，当上升沿到来时，Q 回到 00000000。

3）设计实现及 VHDL 程序

```
文件名：countbasic.vhd
LIBRARY IEEE;
USE IEEE.STD_LOGIC_1164.ALL;
USE IEEE.STD_LOGIC_UNSIGNED.ALL;
ENTITY countbasic IS
   PORT(CLK:IN STD_LOGIC;
        Q:BUFFER  STD_LOGIC_VECTOR(7 DOWNTO 0));
END countbasic;
ARCHITECTURE a OF countbasic IS
   BEGIN
       PROCESS(CLK)
         BEGIN
         IF(CLK'EVENT AND CLK='1')THEN
             Q<=Q+1;
         END IF;
      END PROCESS;
   END a;
```

2. 带进制的计数器设计

基本计数器只有计数到最大值时，才能回到 0，在脉冲的作用下继续计数。如果需要计数到某个特定值时就回到初始计数状态，就涉及带进制的计数器设计。在实际应用中，带进制的计数器的输出既可以是 BCD 码形式，也可以是十六进制形式，下面就以一个六十进制的计数器的设计为例介绍两者设计的不同之处。

1）设计要求

设计一个带异步复位端的六十进制的加法计数器，要求输出为十六进制。

2）设计实现及 VHDL 程序

六十进制计数器表示计数器要 60 个输出状态，若输出为十六进制，则输出可以从 00000000～00111011，因此，只需在输出为 00111011 时，使输出返回到初始值 00000000 即可。

```
文件名:count60.vhd
LIBRARY IEEE;
USE IEEE.STD_LOGIC_1164.ALL;
USE IEEE.STD_LOGIC_UNSIGNED.ALL;
```

```
ENTITY count60 IS
  PORT(CLK,CLR:IN STD_LOGIC;
       Q:BUFFER STD_LOGIC_VECTOR(7 DOWNTO 0));
END count60;
ARCHITECTURE a OF count60 IS
BEGIN
  PROCESS(CLK,CLR)
  BEGIN
      IF CLR='0'THEN
         Q<="00000000";
     ELSIF(CLK'EVENT AND CLK='1')THEN
          IF Q="00111011"THEN
             Q<="00000000";
           ELSE
         Q<=Q+1;
        END IF;
      END IF;
  END PROCESS;
END a;
```

若要求设计一个带异步复位端的六十进制的加法计数器，要求输出为 BCD 形式。其工作原理是：在时钟信号的作用下，当低 4 位小于 9 时，低 4 位加 1，高 4 位保持不变；当低 4 位等于 9 时，低 4 位清零，高 4 位加 1；当高 4 位为 0101，低 4 位为 1001 时，高 4 位和低 4 位同时清零。

```
文件名：count60_2.vhd
   LIBRARY IEEE;
   USE IEEE.STD_LOGIC_1164.ALL;
   USE IEEE.STD_LOGIC_UNSIGNED.ALL;
   ENTITY count60_2 IS
        PORT (CLK,CLR:IN STD_LOGIC;
             QH,QL:OUT STD_LOGIC_VECTOR(3 DOWNTO 0));
   END count60_2;
   ARCHITECTURE a OF count60_2 IS
   BEGIN
   PROCESS(CLK,CLR)
    variable QtmpH,QtmpL:STD_LOGIC_VECTOR(3 DOWNTO 0);
   BEGIN
      IF CLR='0'THEN
         QtmpH:="0000";
         QtmpL:="0000";
   ELSIF(CLK'EVENT AND CLK='1')THEN
        IF QtmpH ="0101" AND QtmpL="1001"THEN
           QtmpH:="0000";
           QtmpL:="0000";
```

```
        ELSIF QtmpL="1001"  THEN
            QtmpH:=QtmpH+1;
            QtmpL:="0000";
        ELSE
           QtmpL:=QtmpL+1;
        END IF;
    END IF;
        QH<=QtmpH;
        QL<=QtmpL;
    END PROCESS;
    END a;
```

6.2.5 存储器设计

存储器是用于存储程序和数据的记忆型器件，从功能上可以分为只读存储器(Read Only Memory，ROM)和随机存储器(Random Access Memory，RAM)两大类。

LPM(Library of Parameterized Modules)即参数化的宏功能模块库。应用这些功能模块库可以大大提高 IC 设计的效率。在 MAX+plus Ⅱ和 Quartus Ⅱ中调用 LPM 库函数非常方便，用户既可以在原理图输入法中直接调用，也可以在 HDL 源文件中调用。下面就利用 LPM 库完成 ROM 和 RAM 的设计。

1. 利用 LPM 定制 ROM

例如要设计一个 8×8 位的 ROM，假定 ROM 的内容为是地址的平方，即为 0、1、4、9、16、25、36、49。

1) 定制 ROM 数据文件

具体步骤如下。

选择菜单 File→New 命令，在弹出的 New 对话框中选择 Memory Files 项中的 Memory Initialization File 选项，单击 OK 按钮后弹出 ROM 数据文件大小设置窗口，在 Number of words 编辑框中设置 ROM 地址单元个数为 8，在 word 编辑框中设置 ROM 数据总线的位数为 8，单击 OK 按钮，即可出现图 6.1。在相应的地址单元填入相应的数据后，将数据文件存盘为 square. mif(假设路径为 D:/eda/)。

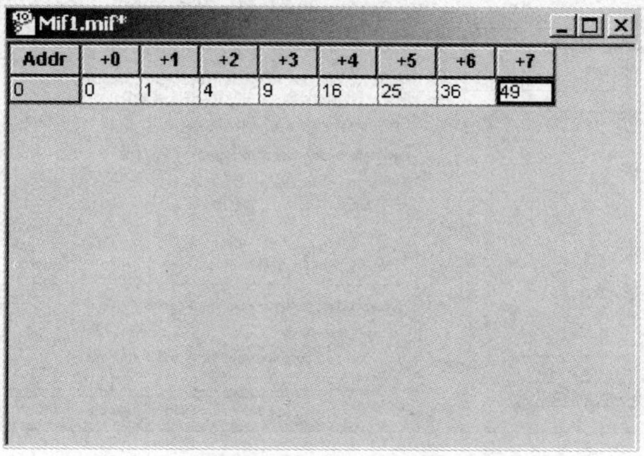

图 6.1 Memory Initialization File

2）利用 LPM 定制 ROM

利用菜单 MegaWizard Plug-In Manager 命令来定制 ROM 宏功能模块。

选择菜单 File→New 命令，在弹出的 New 对话框中选择 Design Files 项中的 Block Diagram/Schematic File 选项，单击 OK 按钮后进入原理图输入界面，双击界面弹出 Symbol 对话框进入定制设置。

选择 Symbol 对话框 Libraries 列表中 storage 选项中的 lpm_rom，双击则出现如图 6.2 所示的对话框。

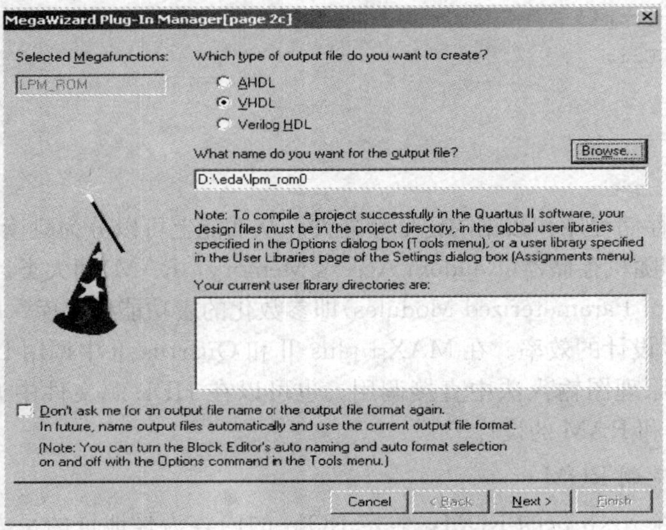

图 6.2　LPM _ ROM 对话框

选择 VHDL 方式，并设置 ROM 文件名及存放路径为 D:\eda\lpm_rom0。单击 Next 按钮进入数据线和地址线的选择窗口，如图 6.3 所示。

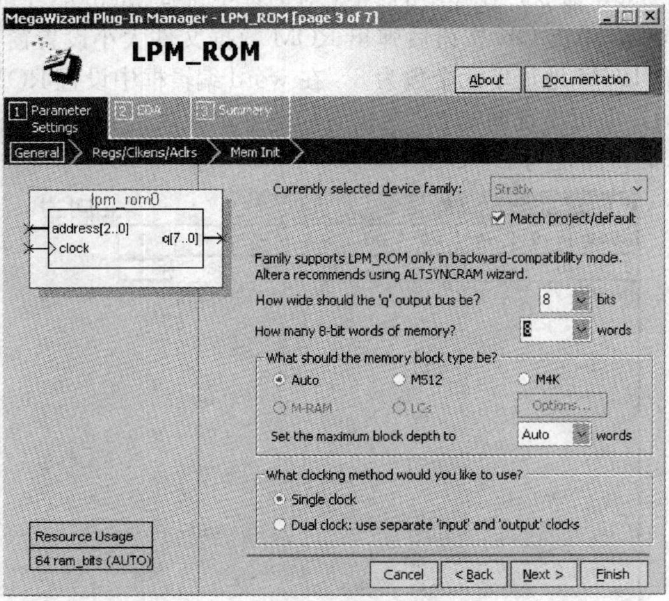

图 6.3　LPM_ROM 窗口

按设计要求，配置输出总线为 8，地址单元个数为 8，单击 Next 按钮进入下一对话框，再单击 Next 按钮进入确定 ROM 数据文件的对话框。

单击 Browse 按钮，选择 D:/EDA/square.mif 文件，如图 6.4 所示。最后按照提示，单击 Next 按钮，直到单击 Finish 按钮，才能完成 lpm_rom0.vhd 的定制。

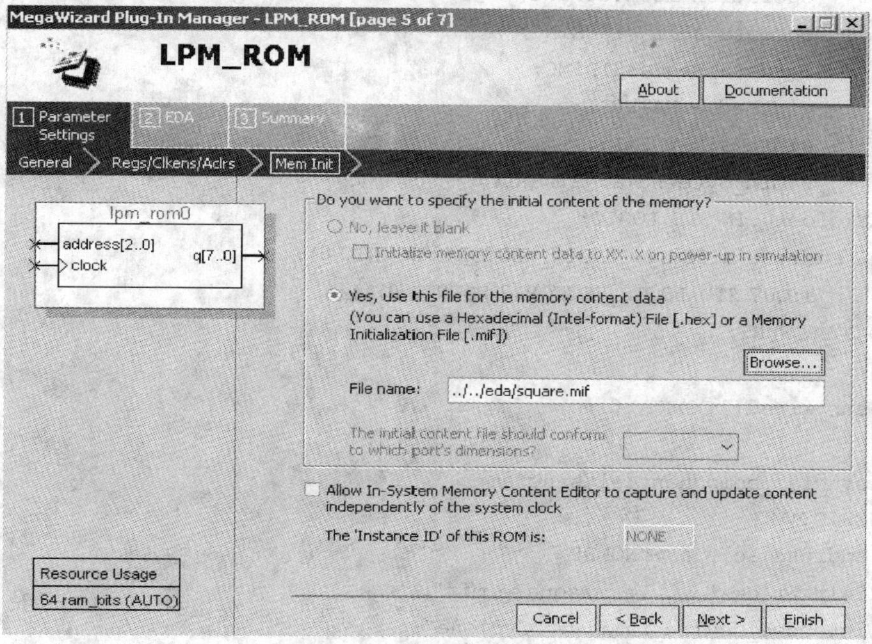

图 6.4　LPM_ROM 窗口

将定制好的 lpm_rom0.vhd 文件进行编译和仿真，则该 lpm_rom0 模块既可以作为原理图中的元件，也可以作为 VHDL 顶层设计中的例化元件。

ROM 的定制文件 lpm_rom0.vhd 的源程序如下。

```
LIBRARY  ieee;
USE  ieee.std_logic_1164.all;
LIBRARY  altera_mf;
USE  altera_mf.all;

ENTITY  lpm_rom0  IS
   PORT
   (address:IN  STD_LOGIC_VECTOR(2 DOWNTO 0);
       clock:IN STD_LOGIC;
       q:OUT STD_LOGIC_VECTOR(7 DOWNTO 0));
END lpm_rom0;
ARCHITECTURE  SYN  OF  lpm_rom0  IS
   SIGNAL sub_wire0:STD_LOGIC_VECTOR(7 DOWNTO 0);
   COMPONENT  altsyncram
   GENERIC(address_aclr_a:STRING;
        init_file:STRING;
```

```
            intended_device_family:STRING;
            lpm_hint:STRING;
            lpm_type:STRING;
            numwords_a:NATURAL;
            operation_mode:STRING;
            outdata_aclr_a:STRING;
            outdata_reg_a:STRING;
            widthad_a:NATURAL;
            width_a:NATURAL;
            width_byteena_a:NATURAL);
    PORT(clock0:IN STD_LOGIC;
         address_a:IN STD_LOGIC_VECTOR(2 DOWNTO 0);
         q_a:OUT STD_LOGIC_VECTOR(7 DOWNTO 0));
    END COMPONENT;
  BEGIN
    q<=sub_wire0(7 DOWNTO 0);

    altsyncram_component:altsyncram
    GENERIC MAP(
        address_aclr_a=>"NONE",
        init_file=>"../../eda/square.mif",
        intended_device_family=>"Cyclone",
        lpm_hint=>"ENABLE_RUNTIME_MOD=NO",
        lpm_type=>"altsyncram",
        numwords_a=>8,
        operation_mode=>"ROM",
        outdata_aclr_a=>"NONE",
        outdata_reg_a=>"CLOCK0",
        widthad_a=>3,
        width_a=>8,
        width_byteena_a=>1
    )
    PORT MAP(clock0=>clock,,address_a=>address,q_a=>sub_wire0);
  END SYN;
```

2. 利用 LPM 定制 RAM

利用菜单 MegaWizard Plug→In Manager 命令来定制 RAM 宏功能模块。

选择菜单 File→New 命令，在弹出的 New 对话框中选择 Design Files 项中的 Block Diagram/Schematic File 选项，单击 OK 按钮后进入原理图输入界面，双击界面弹出 Symbol 对话框进入定制设置。

选择 Symbol 对话框 Libraries 列表中 storage 选项为“lpm_ram_dq”，双击则出现定制的对话框。定制的配置与 ROM 配置类似，在此不再赘述。

将定制好的 lpm_ram_dq0.vhd 文件进行编译和仿真，则该 lpm_ram_dq0 模块既可以作为原理图中的元件，也可以作为 VHDL 顶层设计中的例化元件。

RAM 的定制文件 lpm_ram_dq0 的源程序如下(容量为 256×8 位)。

```
LIBRARY ieee;
USE ieee.std_logic_1164.all;
LIBRARY altera_mf;
USE altera_mf.all;
ENTITY lpm_ram_dq0 IS
    PORT(address:IN STD_LOGIC_VECTOR(7 DOWNTO 0);
        clock:IN STD_LOGIC;
        data:IN STD_LOGIC_VECTOR(7 DOWNTO 0);
        wren:IN STD_LOGIC;
        q:OUT STD_LOGIC_VECTOR(7 DOWNTO 0));
END  lpm_ram_dq0;
ARCHITECTURE  SYN  OF  lpm_ram_dq0  IS
    SIGNAL  sub_wire0  :STD_LOGIC_VECTOR(7 DOWNTO 0);
    COMPONENT  altsyncram
    GENERIC(address_aclr_a:STRING;
            indata_aclr_a:STRING;
            intended_device_family:STRING;
            lpm_hint:STRING;
            lpm_type:STRING;
            numwords_a:NATURAL;
            operation_mode:STRING;
            outdata_aclr_a:STRING;
            outdata_reg_a:STRING;
            power_up_uninitialized:STRING;
            widthad_a:NATURAL;
            width_a:NATURAL;
            width_byteena_a:NATURAL;
            wrcontrol_aclr_:STRING);
    PORT(wren_a:IN STD_LOGIC;
             clock0:IN STD_LOGIC;
             address_a:IN STD_LOGIC_VECTOR(7 DOWNTO 0);
             q_a:OUT STD_LOGIC_VECTOR(7 DOWNTO 0);
             data_a:IN STD_LOGIC_VECTOR(7 DOWNTO 0));
    END COMPONENT;
BEGIN
    q<=sub_wire0(7 DOWNTO 0);
    altsyncram_component:altsyncram
    GENERIC MAP
        (address_aclr_a=>"NONE",
        indata_aclr_a=>"NONE",
        intended_device_family=>"Stratix",
```

```
        lpm_hint=>"ENABLE_RUNTIME_MOD=NO",
        lpm_type=>"altsyncram",
        numwords_a=>256,
        operation_mode=>"SINGLE_PORT",
        outdata_aclr_a=>"NONE",
        outdata_reg_a=>"CLOCK0",
        power_up_uninitialized=>"FALSE",
        widthad_a=>8,
        width_a=>8,
        width_byteena_a=>1,
        wrcontrol_aclr_a=>"NONE"
    )
    PORT  MAP(
        wren_a=>wren,
        clock0=>clock,
        address_a=>address,
        data_a=>data,
        q_a=>sub_wire0
    );
END SYN;
```

6.3 综合实例——数字秒表的设计

在 6.1 节和 6.2 节中已详细介绍了常用的组合逻辑电路及时序逻辑电路的 VHDL 描述，本节以“数字秒表的设计”为例进一步介绍 VHDL 的综合应用。

1. 设计任务及要求

(1) 设计一块用共阴极数码管显示的秒表。

(2) 以 24 小时制显示时间，显示的最小时间为 1 秒。

(3) 开机显示 00.00.00。

(4) 用户可随时清零、暂停和计时。

(5) 假设时钟输入为 10MHz。

2. 工作原理

数字时钟的总体框图如图 6.5 所示。

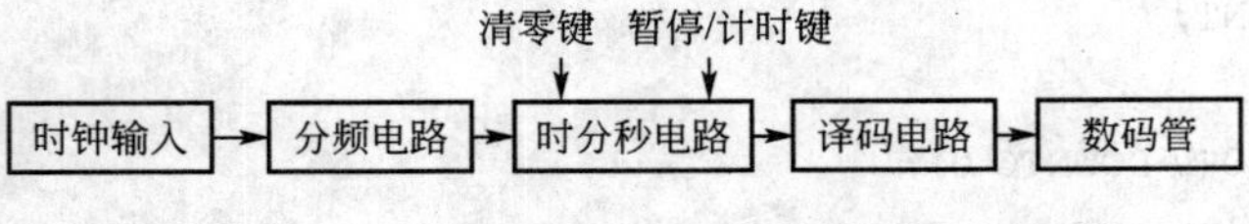

图 6.5　数字时钟的总体框图

分频电路：将时钟输入 10MHz 的脉冲信号通过 10^7 倍分频得到 1Hz 的脉冲信号，即周期为 1 秒的秒脉冲，以控制时分秒电路。

时分秒电路：是数字时钟的核心部分。为了满足显示的时间从 00 时 00 分 00 秒到 23 时

59 分 59 秒，时分秒电路由两个六十进制的加法计数器和一个二十四进制的加法计数器组成。

译码电路：将计数器输出的 BCD 码转换成与共阴极数码管匹配的八段显示码(包括小数点)。

3. 设计实现

EDA 的设计输入方式可以单独采用图形输入法、文本输入法，也可以采用混合输入方式，即底层部件采用文本输入方式完成设计，顶层采用图形输入方式完成电路原理图的设计。

1) 数字秒表文本输入方式的实现

文本输入方式即采用硬件描述语言来完成设计，下面给出了数字秒表的 VHDL 源程序。程序包含分频电路、计时电路以及七段显示译码器电路的 VHDL 程序段。

```
library ieee;
use ieee.std_logic_1164.all;
use ieee.std_logic_unsigned.all;
use ieee.std_logic_arith.all;
entity watch is
  port(reset,clk,beginstop:in std_logic;--clk是时钟信号输入脚
  seghh,seghl,segmh,segml,segsh,segsl:out std_logic_vector(6 downto 0));
end;

a rchitecture a of watch is
signal num1,num2,num3,num4:std_logic_vector(3 downto 0):="0000";
signal num5:std_logic_vector(3 downto 0):="1001";
signal num6:std_logic_vector(3 downto 0):="0001";
signal cp:std_logic;
signal count:std_logic_vector(23 downto 0);
--BCD七段显示译码器函数
function BCD_SEG(dd:std_logic_vector(3 downto 0))return std_logic_vector is
      variable qq:std_logic_vector(6 downto 0);
begin
 case  dd  is
      when"0000"=>qq:="0111111";
      when"0001"=>qq:="0000110";
      when"0010"=>qq:="1011011";
      when"0011"=>qq:="1001111";
      when"0100"=>qq:="1100110";
      when"0101"=>qq:="1101101";
      when"0110"=>qq:="1111101";
      when"0111"=>qq:="0000111";
      when"1000"=>qq:="1111111";
      when"1001"=>qq:="1101111";
      when others=>qq:="0000000";
```

```
end  case;
return  qq;
end  function  BCD_SEG;

begin
    process(clk)--分频,得到 1Hz 的时钟信号 cp
      begin
        if(clk'event and clk='1')then
              if(count="01001100010010110011111")then
                  count<="00000000000000000000000";
                   cp<=not cp;
              else
              count<=count+1;
        end if;
      end if;
    end process;

   process(cp)     --时钟电路程序
      begin
        if reset='1'then
            num1<="0000";
            num2<="0000";
            num3<="0000";
            num4<="0000";
            num5<="0000";
            num6<="0000";
        elsif(clk'event and clk='1')then
            if beginstop='1' then
             if num1<"1001" then
               num1<=num1+1;
             elsif num2<"0101" then
               num1<="0000";
               num2<=num2+1;
             elsif(num2="0101"and num1="1001")then
                 num1<="0000";
                 num2<="0000";
                if num3<"1001"then
                  num3<=num3+1;
                elsif num4<"0101"then
                  num3<="0000";
                   num4<=num4+1;
                elsif(num4="0101"and num3="1001")then
                    num3<="0000";
                    num4<="0000";
```

```
                if  num6<"0010"then
                    if num5<"1001"then
                         num5:=num5+1;
                    else
                         num6:=num6+1;
                         num5:="0000";
                    end if;
                else
                     if num5<"0011"then
                         num5:=num5+1;
                  else
                         num5:="0000";
                       num5:="0000";
                  end if;
               end if;
           end if;
            end if;
            end if;
            end if;
            end if;
    --时、分、秒显示
            seghh<=BCD_SEG(num6);
            seghl<=BCD_SEG(num5);
            segmh<=BCD_SEG(num4);
            segml<=BCD_SEG(num3);
            segsh<=BCD_SEG(num2);
            segsl<=BCD_SEG(num1);
       end process;
end a;
```

2) 数字秒表混合输入方式的实现

数字秒表是由分频器、计时电路(由 2 个六十进制计数器和 1 个二十四进制计数器组成)和七段显示译码器通过一定的逻辑连接而成的。因此，先用文本输入方式分别完成对分频器、二十四进制计数器、六十进制计数器以及七段显示译码器的 VHDL 源程序的设计，然后采用图形输入方式将分频器、二十四进制计数器、六十进制计数器以及七段显示译码器连接起来绘制出符合要求的原理图，如图 6.6 所示。

分频器 VHDL 源程序：fre_div.vhd

```
library ieee;
use ieee.std_logic_1164.all;
use ieee.std_logic_unsigned.all;
use ieee.std_logic_arith.all;
entity fre_div is
port(clk:in std_logic;--clk是时钟信号输入脚
       q:buffer std_logic);
```

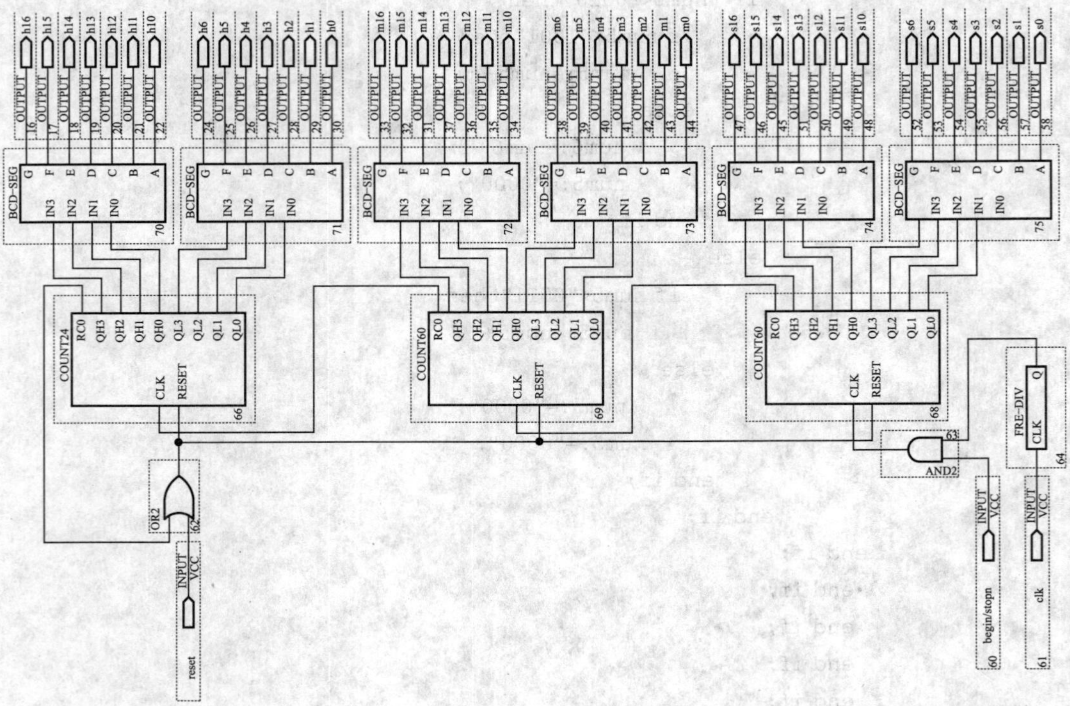

图 6.6　数字秒表的原理图

```
end;
architecture a of fre_div is
signal count:std_logic_vector(23 downto 0);
begin
    process(clk)
      begin
       if(clk'event and clk='1')then
              if(count="010011000100101100111111")then
                  count<="000000000000000000000000";
                  q<=not q;
              else
              count<=count+1;
        end if;
      end if;
    end process;
end a;
```

二十四进制计数器的 VHDL 源程序：count24. vhd

```
library ieee;
use ieee.std_logic_1164.all;
use ieee.std_logic_unsigned.all;
```

```
entity count24 is
    port(clk,reset:in std_logic;--clk 脉冲输入端,reset  复位端
      qh3,qh2,qh1,qh0,ql3,ql2,ql1,ql0:out std_logic;
      rco:out std_logic);--rco 进位端
     end;

a rchitecture a of count24 is
begin
   process(clk)
    variable temph,templ:std_logic_vector(3 downto 0);
begin

    if reset='1'then
         temph:="0000";
         templ:="0000";
         rco<='0';
    elsif clk'event and clk='1'then
        if temph<"0010"then
             if templ<"1001"then
                  templ:=templ+1;
             else
                  temph:=temph+1;
                  templ:="0000";
             end if;
             rco<='0';
        else
             if templ<"0011"then
                  templ:=templ+1;
             else
                  temph:="0000";
                  templ:="0000";
                  rco<='1';
             end if;
        end if;
    end if;
    qh3<=temph(3);
    qh2<=temph(2);
    qh1<=temph(1);
    qh0<=temph(0);
    ql3<=templ(3);
    ql2<=templ(2);
    ql1<=templ(1);
    ql0<=templ(0);
      end process;
```

```
end;
```

六十进制计数器的 VHDL 源程序：count60. vhd

```
library ieee;
use ieee.std_logic_1164.all;
use ieee.std_logic_unsigned.all;

entity count60 is
     port(clk,reset:in std_logic;--clk 脉冲输入端,reset  复位端
          qh3,qh2,qh1,qh0,ql3,ql2,ql1,ql0:out std_logic;
          rco:out std_logic);--rco 进位端
         end;

architecture a of count60 is
begin
   process(clk)
    variable temph,templ:std_logic_vector(3 downto 0);
begin

    if reset='1'then
         temph:="0000";
         templ:="0000";
         rco<='0';
    elsif clk'event and clk='1'then
        if  temph<"0101"then
             if templ<"1001"then
                  templ:=templ+1;
             else
                  temph:=temph+1;
                  templ:="0000";
            end if;
            rco<='0';
       else
            if templ<"1001"then
                 templ:=templ+1;
            else
                  temph:="0000";
                  templ:="0000";
                  rco<='1';
            end if;
       end if;
    end if;
    qh3<=temph(3);
    qh2<=temph(2);
```

```
    qh1<=temph(1);
    qh0<=temph(0);
    ql3<=templ(3);
    ql2<=templ(2);
    ql1<=templ(1);
    ql0 <=templ(0);
        end process;
end;
```

七段显示译码器 VHDL 源程序：BCD _ SEG. vhd

```
library ieee;
use ieee.std_logic_1164.all;
entity BCD_SEG is
port(in3,in2,in1,in0:in std_logic;
      g,f,e,d,c,b,a:out std_logic);
end;
architecture  a  of  BCD_SEG  is
signal  dd:std_logic_vector(3 downto 0);
signal  qq:std_logic_vector(6 downto 0);
begin
 dd<=in3&in2&in1&in0;
 with dd select
 qq<="0111111" when "0000",
     "0000110" when "0001",
     "1011011" when "0010",
     "1001111" when "0011",
     "1100110" when "0100",
     "1101101" when "0101",
     "1111101" when "0110",
     "0000111" when "0111",
     "1111111" when "1000",
     "1101111" when "1001",
     "0000000" when others;

     g<=qq(6);
     f<=qq(5);
     e<=qq(4);
     d<=qq(3);
     c<=qq(2);
     b<=qq(1);
     a<=qq(0);
end;
```

本章小结

本章主要介绍了组合逻辑电路和时序逻辑电路的 VHDL 设计。对于组合逻辑电路一般采用并行语句来描述，而时序逻辑电路则要采用顺序语句来描述，顺序语句只能用于进程或子程序中，设计时特别要注意这一点。

LPM 库中包含了很多实用的功能模块，设计者可以根据实际电路的设计需要，选择 LPM 库中的适当模块，并设置适当的参数，就能满足设计要求，这样可以大大提高电子设计的效率和可靠性。

在进行综合性的电路设计时，首先要分析设计要求，将电路按功能细分，根据设计要求，可以仅采用原理图输入法或文本输入法完成设计，也可以采用原理图输入法和文本输入法相结合的混合输入法完成设计。

思考题和习题

1. 设计一个 3 人表决器。3 人中至少有 2 人以上同意，表示决议通过。要求利用 VHDL 的逻辑操作符完成设计。
2. 用 CASE 语句设计一个 3/8 译码器。
3. 用选择信号赋值语句设计一个共阳 BCD-七段显示码译码器。
4. 设计一个 8 位循环移位寄存器。
5. 设计一个异步复位的 JK 触发器。
6. 设计一个同步复位的 JK 触发器。
7. 设计一个异步复位的 T 触发器。
8. 设计一个串入串出的移位寄存器。
9. 设计一个带同步置数和同步清零端的 100 进制计数器，要求以十六进制输出。
10. 设计一个带同步置数和异步清零端的 100 进制计数器，要求以 BCD 码形式输出。

第 7 章 状态机设计

【学习目标】

了解 VHDL 描述的语法结构，掌握利用 VHDL 设计数字电路的方法，掌握从整体上认识 VHDL 程序的基本结构、设计特点和使用方法。

【学习要求】

能力目标	知识要点	相关知识	权重	自测分数
掌握一般有限状态机	数据类型定义语句及一般有限状态机的设计	相关数据类型定义语句	10	
掌握 Moore 型有限状态机设计	多进程有限状态机 单进程有限状态机	Moore 型状态机的信号输出方式	30	
掌握 Mealy 型有限状态机	Mealy 型有限状态机的设计	Mealy 型状态机的信号输出方式	30	
掌握状态编码	状态机编码方式	相关状态机的编码方式	20	
掌握状态机处理	非法状态处理	非法状态	10	

7.1 一般有限状态机

7.1.1 数据类型定义语句

有限状态机涉及的相关语句类型和语法表述在此前的语法介绍中已经多次涉及，这里仅介绍与状态机设计有联系的其他语法现象，即自定义数据类型定义语句及相关的语法。

除了一些标准的预定义数据类型，如整数类型、BOOLEAN 类型、标准逻辑位类型 STD_LOGIC 等，VHDL 还允许用户自行定义新的数据类型。由用户定义的数据类型可以有多种，如枚举类型(Enumeration Types)、整数类型(Interger Types)、数组类型(Array Types)、记录类型(Record Types)、时间类型(Time Types)、实数类型(Real Types)等。

用户自定义数据类型是用类型定义语句 TYPE 和子类型定义语句 SUBTYPE 实现的。

TYPE 语句的用法如下：

TYPE 数据类型名 IS 数据类型定义 OF 基本数据类型；

或

TYPE 数据类型名 IS 数据类型定义；

利用 TYPE 语句进行数据类型定义有两种不同的格式，但方法是相同的。其中，数据类型名由设计者自定，此名将在数据类型定义时用，方法与以上提到的预定义数据类型的方法一样；数据类型定义部分用来描述所定义的数据类型的表达方式和表达内容；关键词 OF 后的基本数据类型是指数据类型定义中所定义的元素的基本数据类型，一般都是取已有的预定义数据类型，如 BIT、STD_LOGIC 或 INTEGER 等。

以下列出了两种不同的定义方式。

```
TYPE st1 IS ARRAY(0 TO 15)OF STD_LOGIC;
TYPE week IS(sun,mon,tue,wed,thu,fri,sat);
```

第一句定义的数据类型 st1 是一个具有 16 个元素的数组型数据类型，数组中的每一个元素的数据类型都是 STD_LOGIC 型；第二句定义的数据类型属于枚举类型，是由一组文字符号表示的，其中的每一文字都代表一个具体的数值，如可令 sun="1010"。

VHDL 中的枚举数据类型是一种特殊的数据类型。它是用文字符号来表示一组实际的二进制数。例如状态机的每一状态在实际电路中是以一组触发器的当前二进制数位的组合来表示的，但设计者在状态机的设计中，为了更利于阅读、编译和 VHDL 综合器的优化，往往将表征每一状态的二进制数位用文字符号来表示，即所谓状态符号化，例如：

```
TYPE m_state IS(st0,st1,st2,st3,st4,st5);
SIGNAL present_state,next_state:m_state;
```

在此，信号 present_state 和 next_state 的数据类型被定义为 m_state，它们的取值范围是可枚举的，即从 st0～st5 共 6 种，而这些状态代表 6 组唯一的二进制数值。实际上，在 VHDL 中许多常用的数据类型，如位(BIT)、布尔量(BOOLEAN)、字符(CHARCACTER)及 STD_LOGIC 等都是程序包中已定义的枚举型数据类型。例如布尔数据类型的定义语句是：

```
TYPE BOOLEAN IS(FALSE,TRUE);
```

其中 FALSE 和 TRUE 都是可枚举的符号，如前所述，综合后它们被分别用逻辑值 0 和 1 表示。对于此类枚举数据，在综合过程中，都将转化成二进制代码。当然枚举类型也可以直接用数值来定义，但必须使用单引号，如：

```
TYPE my_logic IS('e','d','a');
SIGNAL s1:my_logic;
  s1<='d';
```

在综合过程中，枚举类型文字元素的编码通常是由自动设置的综合器根据优化情况、优化控制的设置或设计者的特殊设定来确定各元素具体编码的二进制位数、数值及元素间编码的顺序。一般情况下，编码顺序是默认的。如一般将第一个枚举量(最左边的量)编码为 0 或 0000 等，以后的依次加 1。综合器在编码过程中自动将每一枚举元素转变成位矢量，位矢量的长度根据实际情况决定。

子类型 SUBTYPE 只是由 TYPE 所定义的原数据类型的一个子集，它满足原数据类型的约束条件，原数据类型称为基本数据类型。子类型 SUBTYPE 的语句格式如下：

```
SUBTYPE 子类型名 IS 基本数据类型 RANGE 约束范围;
```

子类型的定义只在基本数据类型上作一些约束，并没有定义新的数据类型，这是与 TYPE 最大的不同之处。子类型定义中的基本数据类型必须是前面已有过的；TYPE 定义的类型，包括已在 VHDL 预定义程序包中用 TYPE 定义过的类型，例如：

```
SUBTYPE digits IS INTEGER RANGE 0 to 9;
```

其中，INTEGER是标准程序包中已定义过的数据类型，子类型digits只是把INTEGER约束到只含10个值的数据类型。

事实上，在程序包STANDARD中，已有两个预定义子类型，即自然数类型(Natural TYPE)和正整数类型(Positive TYPE)，它们的基本数据类型都是INTEGER。

由于子类型与其基本数据类型属于同一数据类型，因此，属于子类型的和属于基本数据类型的，其数据对象间的赋值和被赋值可以直接进行，不必进行数据类型的转换。

利用子类型定义数据对象的好处是，除了提高程序的可读性和易处理性，其实质性的好处还在于有利于提高综合的优化效率，这是因为综合器可以根据子类型所设的约束范围，有效地推出参与综合的寄存器的最合适的数目等优化措施。

7.1.2 为什么要使用状态机

利用VHDL设计的逻辑系统中，有许多是可以利用有限状态机的设计方案来描述和实现的。无论与基于VHDL的其他设计方案相比，还是与可完成相似功能的CPU相比，在许多方面，有限状态机都有其难以超越的优越性，主要表现在以下几个方面。

(1) 状态机克服了纯硬件数字系统顺序方式控制不灵活的缺点。状态机的工作方式是根据控制信号按照预先设定的状态进行顺序运行，状态机是纯硬件数字系统中的顺序控制模型，因此状态机在其运行方式上类似于控制灵活的CPU。

(2) 由于状态机的结构相对简单，设计方案相对固定，特别是可以定义符号化枚举类型的状态，这一切都为VHDL综合器尽可能发挥其强大的优化功能提供了有利条件。而且，性能良好的综合器具备许多可控或自动的优化状态机的功能。

(3) 状态机可以构成性能良好的同步时序逻辑模块，这对于处理大规模逻辑电路设计中令人深感棘手的冒险现象无疑是一个上佳的选择。此外，为了消除电路中的毛刺现象，在状态机设计中有更多的设计方案可供选择。

(4) 与VHDL的其他描述方式相比，状态机的VHDL表述丰富多样，程序层次分明，结构清晰，易读易懂；在排错、修改和模块移植方面也有其独到的特点。

(5) 在高速运算和控制方面，状态机更有其巨大的优势。

CPU是按照指令周期，以逐条执行指令的方式运行的，每执行一条指令通常只完成一个简单的操作，而一个指令周期通常由多个机器周期构成，一个机器周期又由多个时钟周期构成，一个含有运算和控制的完整设计程序往往需要成百上千条指令，运算速度很低。

而在VHDL中，一个状态机可以由多个进程构成，一个结构体中可以包含多个状态机，而一个单独的状态机(或多个并行运行的状态机)以顺序方式所能完成的运算和控制方面的工作与一个CPU的功能类似。因此，一个实体的功能便类似于一个含有并行运行的多CPU的功能。一般由状态机构成的硬件系统比CPU所能完成同样功能的软件系统的工作速度要高出3～4个数量级。

(6) 高可靠性。就可靠性而言，状态机的优势也是十分明显的。首先它由纯硬件电路构成，在CPU运行软件过程中存在许多固有的缺陷；其次是状态机的设计中能使用各种完整的容错技术；再次是状态机从进入非法状态并从中跳出，到进入正常状态所耗的时间十分短暂，通常只有2～3个时钟周期，有数十微秒，尚不足对系统的运行构成危害，而CPU通过复位方式来恢复，耗时数十毫秒，这对于高速可靠系统显然是不合适的。

7.1.3 一般有限状态机的设计

用 VHDL 设计的状态机的分类有多种形式，从状态机的信号输出方式上分，有 Mealy(米勒)型和 Moore(摩尔)型两种状态机；从结构上分，有单进程状态机和多进程状态机；从状态表达方式上分，有符号化状态机和确定状态编码的状态机；从编码方式上分，有顺序编码状态机、一位热码编码状态机和其他编码方式状态机。

然而最一般和最常用的状态机通常都包含说明部分、主控时序进程、主控组合进程、辅助进程等几个部分。

1. 说明部分

说明部分中使用 TYPE 语句定义新的数据类型，此数据类型为枚举型，其元素通常都用状态机的状态名来定义。状态变量(如现态和次态)应定义为信号，便于信息传递，并将状态变量的数据类型定义为含有既定状态元素的新定义的数据类型。说明部分一般放在结构体的 ARCHITECTURE 和 BEGIN 之间，例如：

```
ARCHITECTURE ... IS
TYPE FSM_ST IS(s0,s1,s2,s3)
SIGNAL current_state,next_state:FSM_ST;
...
```

其中新定义的数据类型名是 FSM_ST，其类型的元素分别为 s0，s1，s2，s3，使其恰好表达状态机的 4 个状态。定义为信号 SIGNAL 的状态变量是 current_state 和 next_state，它们的数据类型被定义为 FSM_ST，因此状态变量 current_state 和 next_state 的取值范围在数据类型 FSM_ST 所限定的 4 个元素中；换言之，也可以把信号 current_state 和 next_state 看成两个容器，在任一时刻，它们只能分别装有 s0，s1，s2，s3 中的任何一个状态。此外，由于状态变量的取值是文字符号，因此，以上语句定义的状态机属于符号化状态机。

2. 主控时序进程

所谓主控时序进程是指负责状态机运转和在时钟驱动下负责状态转换的进程。状态机是随外部时钟信号，以同步时序方式工作的。因此，状态机中必须包含一个对工作时钟信号敏感的进程，作为状态机的“驱动泵”。时钟 Clk 相当于这个“驱动泵”中电动机的驱动功率电源。当时钟发生有效跳变时，状态机的状态才发生变化。状态机向下一状态(包括再次进入本状态)转换的实现仅取决于时钟信号的到来。一般的，主控时序进程不负责下一状态的具体取值，如 s0，s1，s2，s3 中的某一状态值。当时钟的有效跳变到来时，时序进程只是机械地将代表次态的信号 next_state 中的内容送入现态的信号 current_state 中，而信号 current_state 中的内容完全由其他进程根据实际情况来决定，当然此进程(时序进程)中也可以放置一些同步或异步清零或置位方面的控制信号。总体来说，主控时序进程的设计比较固定、单一和简单。

图 7.1 是一个状态机的结构框图。

3. 主控组合进程

主控组合进程也可称为状态译码进程，其任务是根据外部输入的控制信号(包括来自状态机外部的信号和来自状态机内部其他非主控的组合或时序进程的信号)和当前状态的状态

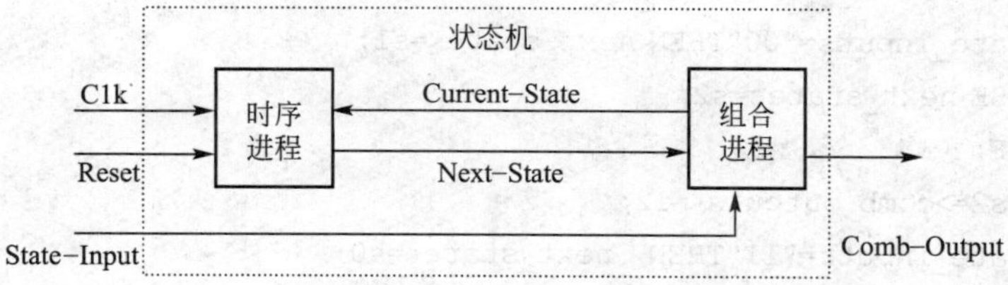

图 7.1 状态机结构框图

值确定下一状态(next _ state)的取向，即 next _ state 的取值内容，以及确定对外输出或对内部其他组合或时序进程输出控制信号的内容。所有的状态均可表达为 CASE-WHEN 结构中的一条 CASE 语句，而状态的转换则通过 IF-THEN-ELSE 语句实现。

4. 辅助进程

辅助进程用于配合状态机工作的组合进程或时序进程。例如为了完成某种算法的进程，或用于配合状态机工作的其他时序进程，或为了稳定输出设置的数据锁存器等。

例 7-1 描述的状态机是由两个主控进程构成的，其中进程 REG 是主控时序进程，COM 是主控组合进程。

【例 7-1】

```
LIBRARY IEEE;
USE IEEE.STD_LOGIC_1164.ALL;
ENTITY s_machine IS
  PORT(clk,reset:IN STD_LOGIC;
       state_inputs:IN STD_LOGIC_VECTOR(0 T01);
       comb_outputs:OUT INTEGER RANGE 0 T015);
END s_machine;
ARCHITECTURE behv OF s_machine IS
  TYPE FSM_ST IS(s0,sl,s2,s3);                 --数据类型定义,状态符号化
  SIGNAL current_state,next_state:FSM_ST;  --将现态和次态定义为新的数据类型
BEGIN
REG:PROCESS(reset,clk)                        --主控时序进程
BEGIN
  IF reset='1'THEN Current_state<=so;         --检测异步复位信号
  ELSIF clk='1' AND clk'EVENT THEN
     current_state<=next_state;
  END IF;
END PROCESS:
COM:PROCESS(current_state,state_inputs)     --主控组合进程
BEGIN
    CASE current_state IS
      WHEN s0=>comb_outputs<=5;
      IF state_inputs="00"THEN next_state<=s0;
         ELSE next_states=sl;
      END IF;
```

```
      WHEN s1=>comb_outputs<=8;
      IF state_inputs="00"THEN next_state<=s1;
        ELSE next_states=s2;
      END IF;
      WHEN s2=>comb_outputs<=12;
      IF state_inputs="11"THEN  next_state<=s0;
        ELSE next_states=s3;
      END IF;
      WHEN s3=>comb_outputs<=14;
      IF state_inputs="11"THEN next_state<=s3;
        ELSE next_states=s0;
      END IF;
    END CASE;
  END PROCESS;
  END behv;
```

在上例的结构体说明部分，定义了含 4 个状态符号的数据类型 FSM _ ST，然后将现态和次态两个状态变量的数据类型定义为 FSM _ ST，数据对象定义为 SIGNAL。

一般地，就状态转换这一行为来说，时序进程 REG 在时钟上升沿到来时，将首先运行完成状态转换的赋值操作。它只负责将当前状态转换为下一状态，而不管所转换的状态究竟处于哪一个状态。如果外部控制信号 state _ inputs 不变，只有当来自进程 REG 的信号 current _ state 改变时，进程 COM 才开始动作。在此进程中，将根据 current _ state 的值和外部的控制码 state _ inputs 来决定当下一时钟边沿到来后，进程 REG 的状态转换方向。设计者通常可以通过输出值了解状态机内部的运行状况，同时可以利用外部控制信号 state _ inputs 任意改变状态机的状态变化模式。在设计中，如果希望输出的信号具有寄存器锁存功能，则需要为此输出加入第三个进程。

7.2 Moore 型有限状态机设计

从状态机的信号输出方式上分，有 Moore 型和 Mealy 型两类状态机。从输出时序上看，前者属于同步输出状态机，而后者属于异步输出状态机。Mealy 型状态机的输出是当前状态和所有输入信号的函数，它的输出是在输入变化后立即发生的，不依赖时钟。Moore 型状态机的输出则仅为当前状态的函数，这类状态机在输入发生变化时还必须等待时钟的到来，时钟使状态发生变化时才导致输出的变化，所以比 Mealy 机要多等待一个时钟周期。

其状态方框图如图 7.2 所示。

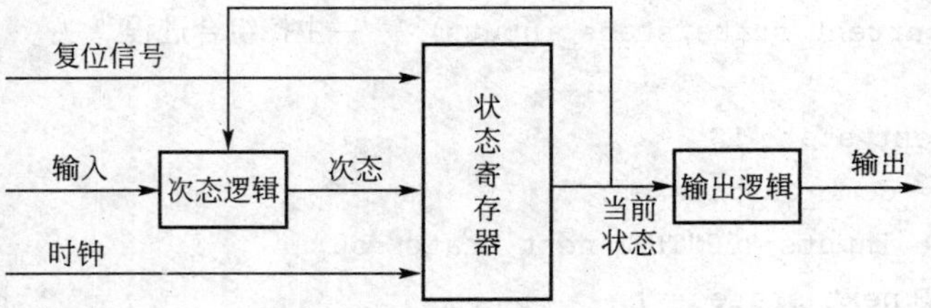

图 7.2　Moore 状态机状态方框图

由图可见，Moore 状态机的输入信号决定当前状态的下一状态，即次态。次态经时钟信号的驱动可以翻转为当前状态，由此实现状态的有序转换，图中的状态寄存器反映着工作的状态。Moore 型状态机的真值表见表 7－1。

表 7－1 Moore 型状态机真值表

当前状态	次	态	输出
	X=0	X=1	
S0	S0	S2	0
S1	S0	S2	1
S2	S2	S3	1
S3	S3	S1	0

7.2.1 多进程有限状态机

【例 7－2】

```
LIBRARY IEEE;
USE IEEE.STD_LOGIC_1164.ALL;
ENTITY ADCINT IS
      PORT(D:IN STD_LOGIC_VECTOR(7 DOWNTO 0);   --来自 0809 转换好的 8 位数据
CLK:IN STD_LOGIC;                               --状态机工作时钟
EOC:IN STD_LOGIC;                               --转换状态指示,低电平表示正在转换
ALE:OUT STD_LOGIC;                              --8 个模拟信号通道地址锁存信号
START:OUT STD_LOGIC                             --转换开始信号
OE:OUT STD_LOGIC;                               --数据输出三态控制信号
ADDA:OUT STD_LOGIC;                             --信号通道最低位控制信号
LOCKO:OUT STD_LOGIC;                            --观察数据锁存时钟
Q:OUT STD_LOGIC_VECTOR(7 DOWNTO 0));            --8 位数据输出
END ADCINT;.
ARCHITECTURE behav OF ADCINT IS
TYPE states IS(st0,stl,st2,st3,st4);            --定义各状态子类型
   SIGNAL current_state,next_stat:states:= sto;
   SIGNAL REGL:STD_LOGIC_VECTOR(7 DOWNTO 0);
   SIGNAL LOCK:STD_LOGIC;                       --转换后数据输出锁存时钟信号
BEGIN
ADDA<='1';
Q<=REGL;LOCK0<=LOCK;
  COM:PROCESS(current_state,EOC)BEGIN
     CASE current_state IS
 WHEN st0=>ALE<='0';START<='0';LOCK<='0';OE<='0';
     next_state<=st1;                           --0809 初始化
 WHEN st1=>ALE<='1';START<='1';LOCK<='0';OE<='0';
     next_state<=st2;                           --启动采样
 WHEN st2=>ALE<='0';START<='0';LOCK<='0';OE<='0';
     IF (EOC='1') THEN next_state<=st3;--EOC=1 表明转换结束
     ELSE next_state<=st2;                      --转换未结束,继续等待
     ENE IF
 WHEN st3=>ALE<='0';START<='0';LOCK<='0';OE<='1';
     next_state<=st4;                           --开启 OE 输出转换好的数据
 WHEN st4=>ALE<='0';START<='0';LOCK<='1';OE<='1';
```

```
        next_state<=st0;
    WHEN OTHERS=>next_state<=st0;
    END CASE;
  END PROCESS COM;
  REG:PROCESS(CLK)
    BEGIN
      IF(CLK'EVENT AND CLK='1')THEN current_state<=next_state;
      END IF;
  END PROCESS REG;        --由信号 current_state 将当前状态值带出此进程 REG
  LATCH1:PROCESS (LOCK)--此进程中,在 LOCK 的上升沿,将转换好的数据锁入
      BEGIN
          IF LOCK='1' AND LOCK'EVENT THEN REGL<=D;
          END IF;
  END PROCESS LATCH1;
  END behave;
```

上例的状态机，由两个主控进程，一个辅助进程构成，属于三进程状态机。

7.2.2 单进程有限状态机

由于以上状态机的输出信号是由组合电路发出的，所以，在一些特定情况下难免出现毛刺现象。如果这些输出被作为时钟信号，极易产生错误的操作，这是需要尽力避免的。单进程 Moore 状态机是能避免出现毛刺现象的状态机。

【例 7-3】

```
LIBRARY IEEE;
USE IEEE.STD_LOGIC_1164.ALL;
ENTITY MOORE1 IS
PORT(DATAIN:IN STD_LOGIC_VECTOR(1 DOWNTO 0);
CLK,RST:IN STD_LOGIC;
        Q:OUT STD_LOGIC_VECTOR(3 DOWNTO 0);
END MOORE1;
ARCHITECTURE behave OF MOORE1 IS
    TYPE ST_TYPE IF(st0,st1,st2,st3,st4);
    SIGNAL C_ST:ST_SYPE;
        BEGIN
        PROCESS(CLK,RST)
            BEGIN
            IF RST='1' THEN C_ST<=st0;Q<="0000";
               ELSIF CLK'EVENT AND CLK='1'THEN
                 CASE C_ST IS
               WHEN st0=>IF DATAIN="10"THEN C_ST<=st1;
                     ELSE C_ST<=st0;END IF;
                        Q<="1001";
              WHEN st1=>IF DATAIN="11"THEN C_ST<=st2;
```

```
                ELSE C_ST<=st1;END IF;
                  Q<="0101";
           WHEN st2=>IF DATAIN="01"THEN C_ST<=st3;
                ELSE C_ST<=st0;END IF;
                  Q<="1100";
           WHEN st3=>IF DATAIN="00"THEN C_ST<=st4;
                ELSE C_ST<=st2;END IF;
                  Q<="0010";
           WHEN st4=>IF DATAIN="11"THEN C_ST<=st0;
                ELSE C_ST<=st3;END IF;
                  Q<="1001";
           WHEN OTHERS=>C_ST<=st0;
       END CASE;
    END IF;
END PROCESS;
END behave;
```

7.3 Mealy 型有限状态机

与 Moore 型状态机相比，Mealy 机的输出变化要领先一个周期，即一旦输入信号或状态发生变化，输出信号即刻发生变化。Moore 机和 Mealy 机在设计上基本相同，不同之处是，Mealy 机的组合进程中的输出信号是当前状态和当前输入的函数。其状态方框图如图 7.3 所示。

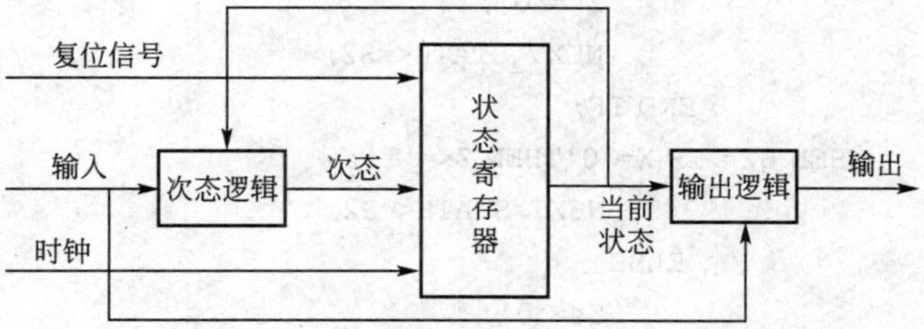

图 7.3　Mealy 状态机状态方框图

Moore 型状态机的真值表见表 7－2。

表 7－2　Mealy 型状态机真值表

当前状态	次　态		输　出	
	X=0	X=1	X=0	X=1
S0	S0	S2	0	1
S1	S0	S2	0	0
S2	S2	S3	1	0
S3	S3	S1	0	1

【例 7-4】 Mealy 型状态机的设计。

```
LIBRARY IEEE;
USE IEEE.STD_LOGIC_1164.ALL;
ENTITY MEALY IS
    PORT(X,CLOCK:IN STD_LOGIC);
         Z:OUT STD_LOGIC;
END MEALY;
ARCHITECTURE MEALY1 OF MEALY IS
TYPE STATE_TYPE IS(S0,S1,S2,S3);
SIGNAL CURRENT_STATE,NEXT_STATE:STATE_TYPE;
    BEGIN
        COMBIN:
        PROSESS(CURRENT_STATE,X)
              BEGIN
                 CASE CURRENT_STATE IS
                 WHEN S0=>IF X='0'THEN Z<='0';
                            NEXT_STATE<=S0;
                          ELSE
                            Z<='1';
                            NEXT_STATE<=S2;
                          END IF;
                WHEN S1=>IF X ='0'THEN Z<='0';
                            NEXT_STATE<=S0;
                         ELSE
                            Z<='0';
                            NEXT_STATE<=S2;
                         END IF;
                WHEN S2=>IF X='0'THEN Z<='1';
                            NEXT_STATE<=S2;
                         ELSE
                            Z<='0';
                         NEXT_STATE<=S3;
                         END IF;
                WHEN S3=>IF X ='0'THEN Z<='0';
                            NEXT_STATE<=S3;
                         ELSE
                            Z<='1';
                            NEXT_STATE< = S1;
                         END IF;
                END CASE;
        END PROCESS COMBIN;
        SYNCH:
        PROCESS(CLOCK)
             BEGIN
```

```
            IF CLOCK'EVENT AND CLOCK='1'THEN
               CURRENT_STATE< = NEXT_STATE;
            END IF;
       END PROCESS SYNCH;
  END MEALY1;
```

7.4 状态编码

在状态机的设计中，用文字符号定义各状态变量的状态机称为符号化状态机，其状态变量，如 st0，st1…的具体编码由 VHDL 综合器根据具体情况确定。状态机的状态编码方式有多种，这要根据实际情况来决定。可以人为控制，也可由综合器自动对编码方式进行选择。为了满足一些特殊需要，状态机设计中，可直接将各状态用具体的二进制数来定义，而不使用文字符号。下面分别讨论状态机直接编码、非符号化编码定义方式及其他编码方式。

7.4.1 状态位直接输出型编码

这类编码方式最典型的应用就是计数器。计数器本质上是一个主控时序进程与一个主控组合进程合二为一的状态机，它的输出就是各状态的状态码。

将状态编码直接输出作为控制信号，即 output＝state，要求对状态机各状态的编码作特殊的选择，以适应控制对象的需求，这种状态机称为状态码直接输出型状态机。表 7－3 是一个用于设计控制 0809 采样的状态机的状态编码表，这是根据 0809 逻辑控制时序编出的，其中 B 是标志信号，用于区别状态 st0 和 st2。这个状态机由 5 个状态组成，从状态 st0 到 st4 的编码分别为 00000，11000，00001、00100，00110。每一位的编码值都被赋予了实际的控制功能，即：

```
START=current_state(4);ALE=current_state(3);
OE=current_state(2);LOCK=current_state(1)。
```

根据状态编码表给出的状态机，示例程序如例 7－5。

表 7－3　控制信号状态编码表

状态	状 态 编 码					
	START	ALE	OE	LOCK	B	功 能 说 明
st0	0	0	0	0	0	初始态
st1	1	1	0	0	0	启动转换
st2	0	0	0	0	1	若测得 EOC=1，转下一状态 st3
st3	0	0	1	0	0	输出转换好的数据
st4	0	0	1	1	0	利用 LOCK 的上升沿将转换好的数据锁存

【例 7－5】

```
LIBRARY IEEE;
```

```
USE IEEE.STD_LOGIC_1164.ALL;
ENTITY AD0809 IS
 PORT(D:IN STD_LOGIC_VECTOR(7 DOWNTO 0);
     CLK,EOC:IN STD_LOGIC;
     ALE,START,OE,ADDA:OUT STD_LOGIC;
     c_state:OUT STD_LOGIC_VECTOR(4 DOWNTO 0)
     Q:OUT STD_LOGIC_VECTOR(7 DOWNTO 0));
END AD0809;
ARCHITECTURE behav OF AD0809 IS
SIGNAL current_state,next_state:STD_LOGIC_VECTOR(4 DOWNTO 0);
    CONSTANT st0:STD_LOGIC_VECTOR(4 DOWNTO 0):="00000";
    CONSTANT st1:STD_LOGIC_VECTOR(4 DOWNTO 0):="11000";
    CONSTANT st2:STD_LOGIC_VECTOR(4 DOWNTO 0):="00001";
    CONSTANT st3:STD_LOGIC_VECTOR(4 DOWNTO 0):="00100";
    CONSTANT st4:STD_LOGIC_VECTOR(4 DOWNTO 0):="00110";
    SIGNAL REGL:STD_LOGIC_VECTOR(7 DOWNTO 0);
    SIGNAL LOCK:STD_LOGIC;
BEGIN
    ADDA<='1';Q<=REGL;START<=current_state(4);
    ALE<=current_state(3);
    OE<=current_state(2);
    LOCK<=current_state(1);
    C_state<=current_state(3);
    COM:PROCESS(current_state,EOC) BEGIN            --规定各状态转换方式
    CASE current_state IS
    WHEN st0=>next_state<=st1;                      --0809 初始化
    WHEN st1=>next_state<=st2;                      --启动采样
    WHEN st2=>IF (EOC='1') THEN next_state<=st3;    --转换结束
              ELSE next_state<=st2;
    END IF;
    WHEN st3=>next_state<=st4;                      --输出转换好的数据
    WHEN st4=>next_state<=st0;
    WHEN OTHERS=>next_state<=st0;
    END CASE;
END PROCESS COM;
REG:PROCESS(CLK)
   BEGIN
     IF (CLK'EVENT AND CLK='1') THEN current_state<=next_state;
     END IF;
END PROCESS REG;                                    --将当前值带出 REG 进程
LATCH1:PROCESS (LOCK)                               --锁入转换好的数据
   BEGIN
   IF LOCK= '1' AND LOCK'EVENT THEN REGL<=D;
   END IF;
```

```
END PROCESS LATCH1;
END behav;
```

这种状态位直接输出型状态机的优点是输出速度快，没有毛刺现象；缺点是程序可读性差，用于状态译码的组合逻辑资源比其他以相同触发器数量构成的状态机多，而且难以有效地控制非法状态的出现。

7.4.2 顺序编码

顺序编码最为简单，且使用的触发器数量最少，剩余的非法状态最少，容错技术最为简单。以上面的 5 状态机为例，只需 3 个触发器，其状态编码方式可作表 7 - 4 所示的改变。

```
...
SIGNAL current_state,next_state:STD_LOGIC_VECTOR(2 DOWNTO 0);
CONSTANT st0:STD_LOGIC_VECTOR(2 DOWNTO 0):="000";
CONSTANT st1:STD_LOGIC_VECTOR(2 DOWNTO 0):="001";
CONSTANT st2:STD_LOGIC_VECTOR(2 DOWNTO 0):="010";
CONSTANT st3:STD_LOGIC_VECTOR(2 DOWNTO 0):="011";
CONSTANT st4:STD_LOGIC_VECTOR(2 DOWNTO 0):="100";
...
```

这种顺序编码方式的缺点是尽管减少了触发器，却增加了从一种状态向另一种状态转换的译码组合逻辑，这对于在触发器资源丰富而组合逻辑资源相对较少的 FPGA 器件中实现是不利的。

7.4.3 一位热码编码

这类状态机状态编码中只有一位是“1”，其余都是“0”。就是用 n 个触发器来实现具有 n 个状态的状态机。状态机中的每一个状态都由其中一个触发器的状态表示，即当处于该状态时，对应的触发器为“1”，其余的触发器都置“0”。显然一位热码编码状态机需要的硬件资源远多于顺序编码状态机。以上面的 5 状态机为例，状态编码见表 7 - 5。

表 7 - 4 编码方式

状态	顺序编码	状态	顺序编码
STATE0	000	STATE3	011
STATE1	001	STATE4	100
STATE2	010	STATE5	101

表 7 - 5 编码方式

状态	一位热码编码	状态	一位热码编码
STATE0	100000	STATE3	000100
STATE1	010000	STATE4	000010
STATE2	001000	STATE5	000001

一位热码编码状态机的优点如下。

(1) 输出编译简单。

(2) 速度快。一位热码编码方式尽管用了较多的触发器，但其简单的编码方式大大简化了状态译码逻辑，提高了状态转换速度。

(3) 不必同顺序编码状态机那样考虑最优化的状态设计。

(4) 易于修改。

此外，许多面向 FPGA 设计的综合器都有将符号化状态机自动优化设置成为一位热码编码状态机的功能。对于 FPGA 来说，Quartus Ⅱ对一位热码编码方式是默认的。

但是，一位热码编码状态机必须考虑剩余状态的处理问题，剩余状态必须转移为有效状态，否则会产生意想不到的错误。

7.5 状态机处理

在状态机设计中，使用枚举类型或直接指定状态编码的程序中，特别是使用了一位热码编码方式后，总是不可避免地出现大量剩余状态，即未被定义的编码组合。这些状态在状态机的正常运行中是不能出现的，通常称为非法状态。在状态机的设计中，如果不对这些非法状态进行合理的处理，在外界不确定的干扰下，或是随机上电的初始启动后，状态机都有可能进入不可预测的非法状态，其后果是对外界出现短暂失控，或是完全无法摆脱非法状态而失去正常的功能，除非使用复位控制信号 Reset。因此，对状态机剩余状态的处理，即状态机系统容错技术的应用是设计者必须慎重考虑的问题。

处理非法状态的方法有两种。

(1) 在语句中对每一个非法状态都作出明确的状态转换指示，如在原来的 CASE 语句中增加如下语句：

```
WHEN st_ilg1=>next_state<=st0;
WHEN st_ilg2=>next_state<=st0;
...
```

(2) 利用 OTHERS 语句对未提到的状态作统一处理。

可以分别处理每一个剩余状态的转向，而且剩余状态的转向不一定都指向初始态，也可以导向专门用于处理出错恢复的状态中。

```
TYPE states IS(st0,st1,st2,st3,st4,st_ilg1,st_ilg2,st_ilg3);
SIGNAL current_state,next_state:states;
...
COM:PROCESS(current_state,state_Inputs)
BEGIN
    CASE current_state IS
    ...
    WHEN OTHERS=>next_state<=st0;
    END CASE;
```

如果采用一位热码编码方式来设计状态机，其剩余状态数将随有效状态数的增加呈指数剧增，如果按照上面的方法来处理非法状态，势必耗用更多的逻辑资源。

由于一位热码编码方式正常状态只可能有一个触发器的状态为“1”，那么任何多于一个“1”的状态都属于非法状态，因此，可以在状态机设计程序中加入对状态编码中“1”的个数是否大于 1 的判断逻辑，当发现有多个状态触发器为“1”时，产生一个警告信号 alarm，系统可根据此信号是否有效来决定是否调整状态转向或复位。即：

```
...
alarm<=(st0 AND(st1 OR st2 OR st3 OR st4 OR st5))OR
```

```
(st1 AND(st0 OR st2 OR st3 OR st4 OR st5))OR
(st2 AND(st0 OR st1 OR st3 OR st4 OR st5))OR
(st3 AND(st0 OR st1 OR st2 OR st4 OR st5))OR
(st4 AND(st0 OR st1 OR st2 OR st3 OR st5))OR
(st5 AND(st1 OR st1 OR st2 OR st3 OR st4))
```

当 alarm 为高电平时，表明状态机进入了非法状态，可以由此信号启动状态机复位操作。对于更多状态的状态机的报警程序也类似于以上程序，即以此类推地增加。

本章小结

本章首先介绍了一般有限状态机设计的相关语句类型和语法表述以及状态机的优越性。接下来从状态机的信号输出方式上重点讲解了 Moore 型和 Mealy 型两类状态机。最后讨论了状态编码的定义方式。VHDL 程序的基本结构、语法要素和子程序调用是本章的重点内容。

思考题和习题

1. 什么是状态机？其基本结构如何？
2. 状态机的种类有哪些？
3. Moore 状态机和 Mealy 状态机的区别是什么？
4. 处理非法状态的方法有哪些？

第 8 章　EDA 实验开发系统

【学习目标】

了解杭州康芯电子有限公司研制开发的、系统性能相对较好的 GW48 EDA/SOPC 实验开发系统的使用方法，掌握基于某种 EDA 平台的 VHDL 逻辑设计所必需的硬件仿真和实验验证的方法与过程。

【学习要求】

能力目标	知识要点	相关知识	权重	自测分数
掌握 GW48 型 EDA 实验开发系统的使用方法	GW48 型 EDA 实验开发系统的使用方法	电路重构软配置设计思想	20	
掌握系统面板主要部件及使用方法	系统面板主要部件及使用方法	适配座、配置口、跳线、拨码开关	30	
掌握各实验电路结构图的特点与使用范围	各实验电路结构图的特点与使用范围	实验电路信号资源符号图的说明	40	
掌握 GW48 系统结构图信号名与芯片引脚对照表的使用	GW48 系统结构图信号名与芯片引脚对照表的使用	系统结构图信号名、芯片引脚号、引脚名称	10	

8.1　GW48 型实验开发系统原理与应用

8.1.1　系统性能及使用注意事项

1. 系统主要性能及特点

(1) GW48 系统设有通用的在系统编程下载电路，可对 Lattice、Xilinx、Altera、Vantis、Atmel 和 Cypress 等世界 PLD 公司各种 ISP 编程下载方式或现场配置的 CPLD/FPGA 系列器件进行实验或开发。其主系统板与目标芯片板采用接插式结构，动态电路结构自动切换工作方式，含可自动切换的 11 种实验电路结构模式。

(2) GW48 系统基于“电路重构软配置”的设计思想，采用了 I/O 口可任意定向目标板的智能化电路结构设计方案。利用在系统微控制器对 I/O 口进行任意定向设置和控制，从而实现了 CPLD/FPGA 目标芯片 I/O 口与实验输入/输出资源以各种不同方式连接来构造形式各异的实验电路的目的。

(3) 系统除具有丰富的实验资源外，还扩展了 A/D、D/A、VGA 视频、PS/2 接口、RS-232 通信、单片机独立用户系统编程下载接口、48MHz 高频时钟源及数字频率计。该系统可完成 200 多种基于 FPGA 和 CPLD 的各类电子设计和数字系统设计实验与开发项目，从而能使实验更接近实际的工程设计。

2. GW48 系统使用注意事项

(1) 闲置不用 GW48 系统时，必须关闭电源。

(2) 在实验中，当选中某种模式后，要按一下右侧的复位键，以使系统进入该结构模式工作。注意此复位键仅对实验系统的监控模块复位，而对目标器件 FPGA 没有影响，FPGA 本身没有复位的概念，上电后即开始工作，在没有配置前，FPGA 的 I/O 口是随机的，可以从数码管上看到随机闪动，配置后的 I/O 口才会有确定的输出电平。

(3) 换目标芯片时要特别注意，不要插反或插错，也不要带电插拔，确信插对后才能开电源。其他接口都可带电插拔。要特别注意，尽可能不要随意插拔适配板，及实验系统上的其他芯片。

8.1.2 GW48 系统主板结构与使用方法

下面将详细叙述 GW48 系列 SOPC/EDA 实验开发系统(GW48－PK2/CK)的结构与使用方法，对于这两种型号的不同之处将单独指出。该系统的电路结构是可控的，即可通过控制接口键，改变其连接方式以适应不同的实验需求。因而，从物理结构上看，实验板的电路结构是固定的，但其内部的信息流在主控器的控制下，电路结构将发生变化—重配置。这种“多任务重配置”设计方案的目的有 3 个：

(1) 适应更多的实验与开发项目；

(2) 适应更多的 PLD 公司的器件；

(3) 适应更多的不同封装的 FPGA 和 CPLD 器件。

系统板面主要部件及其使用方法说明如下。

(1) 模式选择键：按动该键能使实验板产生 12 种不同的电路结构。这些结构如 8.2 节的 12 张实验电路结构图所示。例如选择了 NO. 3 图，须按动系统板上此键，直至“模式指示”数码管显示“3”，于是系统即进入了 NO. 3 图所示的实验电路结构。

(2) 适配板：这是一块插在主系统板上的目标芯片适配座。对于不同的目标芯片可配不同的适配座。可用的目标芯片包括目前世界上最大的 6 家 FPGA/CPLD 厂商几乎所有 CPLD、FPGA 和所有 ispPAC 等模拟 EDA 器件。8.3 节的表中已列出多种芯片与系统板引脚的对应关系，以便在实验时经常查用。

(3) ByteBlasterMV 编程配置口：如果要进行独立电子系统开发、应用系统开发、电子设计竞赛等开发实践活动，首先应该将系统板上的目标芯片适配座拔下(对于 Cyclone 器件不用拔)，用配置的 10 芯编程线将 ByteBlasterMV 口和独立系统上适配板上的 10 芯口相接，进行在系统编程(如 GWDVP－B 板)，并进行调试。ByteBlasterMV 口能对不同公司，不同封装的 CPLD/FPGA 进行编程下载，也能对 isp 单片机 89S51 等进行编程。编程的目标芯片和引脚连线如图 8.1 所示，从而进行二次开发。表 8－1 列出在线编程座各引脚与不同 PLD 公司器件编程下载接口说明。

(4) ByteBlaster Ⅱ编程配置口：该口主要用于对 Cyclone 系列 AS 模式专用配置器件 EPCS4 和 EPCS1 的编程。

(5) 混合工作电压源：系统不必通过切换即可为 CPLD/FPGA 目标器件提供 5V、3.3V、2.5V、1.8V 和 1.5V 的工作电源，此电源位置如图 8.1 所示。

(6) JP5 编程模式选择跳线：(仅 GW48－PK2 型含此)。如果要对 Cyclone 的配置芯片进行编程，应该将跳线接于 ByBt Ⅱ端，将标有 ByteBlaster Ⅱ的编程配置口同适配板上 EPCS4/1 的 AS 模式下载口用 10 芯线连接起来，通过 Quartus Ⅱ进行编程。当短路 Others 端时，可对其他所有器件编程，端口信号如图 8.1 所示。

表 8-1　在线编程座各引脚与不同 PLD 公司器件编程下载接口说明

PLD公司	LATTICE	ALTERA/ATMEL		XILINX		VANTIS
编程座引脚	IspLSI	CPLD	FPGA	CPLD	FPGA	CPLD
TCK(1)	SCLK	TCK	DCLK	TCK	CCLK	TCK
TDO(3)	MODE	TDO	CONF_DONE	TDO	DONE	TMS
TMS(5)	ISPEN	TMS	nCONFIG	TMS	/PROGRAM	ENABLE
nSTA(7)	SDO		nSTATUS			TDO
TDI(9)	SDI	TDI	DATA0	TDI	DIN	TDI
SEL0	GND	VCC *	VCC *	GND	GND	VCC *
SEL1	GND	VCC *	VCC *	VCC *	VCC *	GND

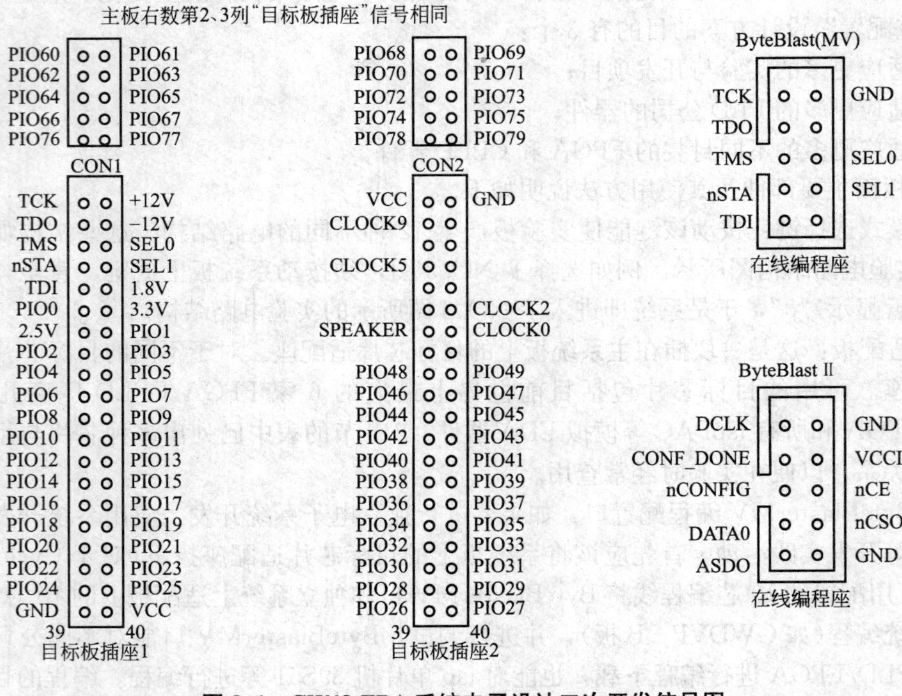

图 8.1　GW48 EDA 系统电子设计二次开发信号图

(7) JP6/JVCC/VS2 编程电压选择跳线：跳线 JVCC(GW48-PK2 型标为"JP6")是对编程下载口的选择跳线。对 5V 器件，如 10K10、10K20、7128S、1032、95108、89S51 单片机等，必须选 5.0V；而对小于或等于 3.3V 的低压器件，如 1K30、1K100、10K30E、20K300、Cyclone、7128B 等一律选择 3.3V

(8) 并行下载口：此接口通过下载线与微机的打印机口相连。来自 PC 的下载控制信号和 CPLD/FPGA 的目标码将通过此口，完成对目标芯片的编程下载。计算机的并行口通信模式最好设置成“EPP”模式。

(9) 键 1～键 8：实验信号控制键，此 8 个键受“多任务重配置”电路控制，它们在每一张电路图中的功能及其与主系统的连接方式随模式选择键的模式而改变，使用时需参照 8.2 节中的电路图。

(10) 键 9～键 14：(GW48－PK2 型含此键)此 6 个键不受“多任务重配置”电路控制，由于键信号速度慢，所以其键信号输入口是全开放的，各端口定义在插座“JP8”处，可通过手动调节插线的方式来实用，键输出默认为高电平。

注意：键 1 至键 8 是由“多任务重配置”电路结构控制的，所以，键的输出信号没有抖动问题，不需要在目标芯片的电路设计中加入消抖动电路，这样能简化设计，快速入门。但设计者如果希望完成键的消抖动电路设计练习，必须使用键 9 至键 14 来实现。

(11) 数码管 1～8/发光管 D1～D16：受“多任务重配置”电路控制，它们的连线形式也需参照 8.2 节的电路图。

(12) 时钟频率选择：位于主系统的右侧，通过短路帽的不同接插方式，使目标芯片获得不同的时钟频率信号。

对于 CLOCK0，同时只能插一个短路帽，以便选择输入 CLOCK0 的一种频率，信号频率范围为 0.5Hz～50MHz。由于 CLOCK0 可选的频率比较多，所以，比较适合于目标芯片对信号频率或周期测量等设计项目的信号输入端。右侧座分 3 个频率源组，它们分别对应 3 组时钟输入端：CLOCK2、CLOCK5、CLOCK9。例如，将 3 个短路帽分别插于对应座的 2Hz、1024Hz 和 12MHz，则 CLOCK2、CLOCK5、CLOCK9 分别获得上述 3 个信号频率。需要特别注意的是，每一组频率源及其对应的时钟输入端，分别只能插一个短路帽。也就是说最多只能提供 4 个时钟频率输入 FPGA：CLOCK0、CLOCK2、CLOCK5、CLOCK9。

(13) 扬声器：与目标芯片的 SPEAKER 端相接，通过此口可以进行奏乐或了解信号的频率，它与目标器件的具体引脚号，应该查阅 8.3 节的表格。

(14) PS/2 接口：通过此接口，可以将 PC 的键盘和鼠标与 GW48 系统的目标芯片相连，从而完成 PS/2 通信与控制方面的接口实验，GW48－GK/PK2 含另一 PS/2 接口，引脚连接情况参见实验电路结构图 NO.5，如图 8.8 所示。

(15) VGA 视频接口：通过它可完成目标芯片对 VGA 显示器的控制。详细连接方式如图 8.8 或图 8.14(GW48－PK2 主系统)所示。

(16) 单片机接口器件：它与目标板的连接方式也已标于主系统板上，连接方式如图 8.13所示。

注 1：对于 GW48－PK2 系统，实验板右侧有一开关，若向“TO_FPGA”拨，将 RS232 通信口直接与 FPGA 相接；若向“TO_MCU”拨，则与 89S51 单片机的 P30 和 P31 端口相接。于是通过此开关可以进行不同的通信实验，详细连接方式如图 8.3 所示。平时此开关应该向“TO_MCU”拨，这样不影响 FPGA 的工作。

注 2：GW48－EK 系统上的用户单片机 89C51 的各引脚是独立的(时钟为 12MHz)，没有和其他任何电路相连，实验时必须使用连接线连接。例如，若希望 89C51 通过实验板右侧的 RS232 口与 PC 进行串行通信，必须将此单片机旁的 40 针座(此座上每一脚恰好与 89C51 的对应脚相接)上的 P30、P31 分别与右侧的 TX30、RX30 相接。

(17) RS－232 串行通信接口：此接口是为 FPGA 与 PC 通信和 SOPC 调试准备的。或使 PC、单片机、FPGA/CPLD 三者实现双向通信。对于 GW48－EK 系统，其通信端口是与中间的双排插座上的 TX30、RX31 相连的。

详细连接方式如图 8.12(对 GW48－GK/PK2 主系统)或图 8.14(对 GW48－CK 主系统)所示。

(18) AOUT D/A 转换：利用此电路模块(实验板左下侧)，可以完成 FPGA/CPLD 目标芯片与 D/A 转换器的接口实验或相应的开发，它们之间的连接方式如图 8.8(实验电路结构图 NO.5)所示。D/A 模拟信号的输出接口是 AOUT，示波器可挂接左下角的两个连接端。当使能拨码开关 8 为“滤波 1”时，D/A 的模拟输出将获得不同程度的滤波效果。

注意：进行 D/A 接口实验时，需打开系统上侧的±12V 电源开关(实验结束后关上此电源)。

(19) AIN0/AIN1：外界模拟信号可以分别通过系统板左下侧的两个输入端“AIN0”和“AIN1”进入 A/D 转换器 ADC0809 的输入通道 IN0 和 IN1，ADC0809 与目标芯片直接相连。通过适当设计，目标芯片可以完成对 ADC0809 的工作方式确定、输入端口选择、数据采集与处理等所有控制工作，并可通过系统板提供的译码显示电路，将测得的结果显示出来。此项实验首先需参阅 8.2 节的实验电路结构图 NO.5 有关 0809 与目标芯片的接口方式，同时了解系统板上的接插方法以及有关 0809 工作时序和引脚信号功能方面的资料。

注意：不用 0809 时，需将左下角的拨码开关的“A/D 使能”和“转换结束”拨为禁止：向上拨，以避免与其他电路冲突。ADC0809A/D 转换实验接插方法(如图 8.8 实验电路结构图 NO.5 所示)。

① 左下角拨码开关的“A/D 使能”和“转换结束”拨为使能，向下拨，即将 ENABLE(9)与 PIO35 相接；若向上拨则禁止，即使 ENABLE(9)←0，表示禁止 0809 工作，使它的所有输出端为高阻态。

② 左下角拨码开关的“转换结束”使能，则使 EOC(7)←PI036，由此可使 FPGA 对 ADC0809 的转换状态进行测控。

(20) VR1/AIN1：VR1 电位器，通过它可以产生 0～＋5V 幅度可调的电压。其输入口是 0809 的 IN1(与外接口 AIN1 相连，但当 AIN1 插入外输入插头时，VR1 将与 IN1 自动断开)。若利用 VR1 产生被测电压，则需使 0809 的第 25 脚置高电平，即选择 IN1 通道，参考“实验电路结构图 NO.5”。

(21) AIN0 的特殊用法：系统板上设置了一个比较器电路，主要由 LM311 组成。若与 D/A 电路相结合，可以将目标器件设计成逐次比较型 A/D 变换器的控制器件，参考“实验电路结构图 NO.5”。

(22) 系统复位键：此键是系统板上负责监控的微处理器的复位控制键，同时也与接口单片机和 LCD 控制单片机的复位端相连，因此兼作单片机的复位键。

(23) 下载控制开关：(仅 GW48－GK/PK 型含此开关)在系统板左侧的开关。当需要对实验板上的目标芯片下载时必须将开关向上拨(即“DLOAD”)；而当向下拨(LOCK)时，将关闭下载口，这时可以将下载并行线拔下(这时已经下载进 FPGA 的文件不会由于下载口线的电平变动而丢失)。此时拔下的 25 芯下载线可以与其他适配板上的并行接口相接，以完成类似逻辑分析仪方面的并行通信实验。

(24) 跳线座 SPS：短接“T_F”可以使用“在系统频率计”。频率输入端在主板右侧标有“频率计”处。模式选择为“A”。短接“PIO48”时，信号 PIO48 可用，如实验电路结构图 NO.1 中的 PIO48，平时应该短路“PIO48”。

(25) 目标芯片万能适配座 CON1/2：在目标板的下方有两条 80 个插针插座(GW48－CK 系统)，其连接信号如图 8.1 所示，此图为用户对此实验开发系统作二次开发提供了条件。

对于 GW48－GK/PK2/EK 系统，此适配座在原来的基础上增加了 20 个插针，功能大大增强。增加的 20 插针信号与目标芯片的连接方式可参考"实验电路结构 NO.5"、图 8.12 和 8.3 节表格。GW48－EK 系统中此 20 个插针信号全开放。

(26) 左下拨码开关：(仅 GK/PK2/EK 型含此开关)拨码开关的详细用法可参考"实验电路结构图 NO.5"(图 8.8)。

(27) 上拨码开关：(仅 GK/PK2 型含此开关)是用来控制数码管作扫描显示用的。当要将 8 个数码管从原来的重配置可控状态下向扫描显示方式转换时，可以将此拨码开关全部向下拨，然后将左下侧的拨码开关的"DS8 使能"向上拨。这时，由这 8 个数码管构成的扫描显示电路如图 8.13 所示。

(28) ispPAC 下载板：对于 GW48－GK 系统，其右上角有一块 ispPAC 模拟 EDA 器件下载板，可用于模拟 EDA 实验中对 ispPAC10/20/80 等器件编程下载用，详细方法可看光盘中"模拟 EDA 实验演示"的 PPT。

(29) 8X8 数码点阵：(仅 GW48－GK 型含有)在右上角的模拟 EDA 器件下载板上还附有一块数码点阵显示块，是通用共阳方式，需要 16 根接插线和两根电源线连接。详细方法可看"模拟 EDA 实验演示"的 PPT。

(30) ±12V 电源开关：在实验板左上角，有指示灯。电源提供对象：

① 与 082、311 及 DAC0832 等相关的实验；

② 模拟信号发生源；

③ GW48－DSP/DSP＋适配板上的 D/A 及参考电源；此电源输出口如图 8.1 所示。平时，此电源必须关闭。

(31) 智能逻辑笔：(仅 GK/PK2 型含此)逻辑信号由实验板左侧的"LOGIC PEN INPUT"输入。测试结果如下：

①"高电平"：判定为大于 3V 的电压，亮第 1 个发光管；

②"低电平"：判定为小于 1V 的电压，亮第 2 个发光管；

③"高阻态"：判定为输入阻抗大于 100kΩ 的输出信号，亮第 3 个发光管。注意，此功能具有智能化；

④"中电平"：判定为小于 3V，大于 1V 的电压，亮第 4 个发光管；

⑤"脉冲信号"：判定为存在脉冲信号时，亮所有的发光管。(注意，使用逻辑笔时，CLOCK0/CLOCK9 上不要接 50MHz，以免干扰)。

(32) 模拟信号发生源：(GK/PK2 型含此)信号源主要用于 DSP/SOPC 实验及 A/D 高速采样。使用方法如下：

① 打开±12V 电源；

② 用一插线将右下角的某一频率信号(如 65536Hz)连向单片机上方插座"JP18"的 INPUT 端；

③ 这时在"JP17"的 OUTPUT 端及信号挂钩"WAVE OUT"端同时输出模拟信号，可用示波器显示输出的模拟信号(这时输出的频率也是 65536Hz)；

④ 实验系统右侧的电位器上方的 3 针座控制输出是否加入滤波，向左端短路加滤波电

容；向右端短路断开滤波电容；

⑤ 此电位器是调谐输出幅度的，应该将输出幅度控制在 0～5V 内。

(33) JP13 选择 VGA 输出：(仅 GW48－GK/PK2 含此)。将“ENBL”短路，使 VGA 输出显示使能；将“HIBT”短路，使 VGA 输出显示禁止，这时可以将来自外部的 VGA 显示信号通过 JP12 座由 VGA 口输出。此功能留给 SOPC 开发。

(34) FPGA 与 LCD 连接方式：(仅 PK2 型含此)由图 8.13 的实验电路结构图 COM 可知，默认情况下，FPGA 是通过 89C51 单片机控制 LCD 液晶显示的，但若 FPGA 中有 Nios 嵌入式系统，则能使 FPGA 直接控制 LCD 显示。方法是拔去此单片机(在右下侧)，用连线将座 JP22/JP21(LCD 显示器引脚信号)各信号分别与座 JP19/JP20(FPGA 引脚信号)相连接即可。针对目标器件的型号，查表锁定引脚后，参考 .\gwdvpb\H128X64 液晶显示使用说明 .doc 即可。

(35) JP23 使用说明：(仅 GW48－GK/PK2 型含此)单排座 JP23 有 3 个信号端，分别来自此单片机的 I/O 口。

(36) 使用举例：若模式键选中了实验电路结构图 NO. 1，这时的 GW48 系统板所具有的接口方式变为：FPGA/CPLD 端口 PI/O31～28(即 PI/O31、PI/O30、PI/O29、PI/O28)、PI/O27～24、PI/O23～20 和 PI/O19～16，共 4 组 4 位二进制 I/O 端口分别通过一个全译码型 7 段译码器输向系统板的 7 段数码管。这样，如果有数据从上述任一组 4 位输出，就能在数码管上显示出相应的数值，其数值对应范围见表 8－2。

表 8－2　数码管显示对应表

FPGA/CPLD 输出	0000	0001	0010	…	1100	1101	1110	1111
数码管显示	0	1	2	…	C	D	E	F

端口 I/O32～39 分别与 8 个发光二极管 D8～D1 相连，可作输出显示，高电平亮。还可分别通过键 8 和键 7，发出高低电平输出信号进入端口 I/O49 和 48；键控输出的高低电平由键前方的发光二极管 D16 和 D15 显示，高电平亮。此外，可通过按动键 4 至键 1，分别向 FPGA/CPLD 的 PIO0～PIO15 输入 4 位十六进制码。每按一次键将递增 1，其序列为 1、2、…、9、A、…、F。注意，对于不同的目标芯片，其引脚的 I/O 标号数一般是同 GW48 系统接口电路的“PIO”标号是一致的(这就是引脚标准化)，但具体引脚号是不同的，而在逻辑设计中，引脚的锁定数必须是该芯片的具体的引脚号。具体对应情况需要参考 8.3 节的引脚对照表。

8.2　实验电路结构图

8.2.1　实验电路信号资源符号图说明

结合图 8.2，对实验电路结构图中出现的信号资源符号功能作一些说明。

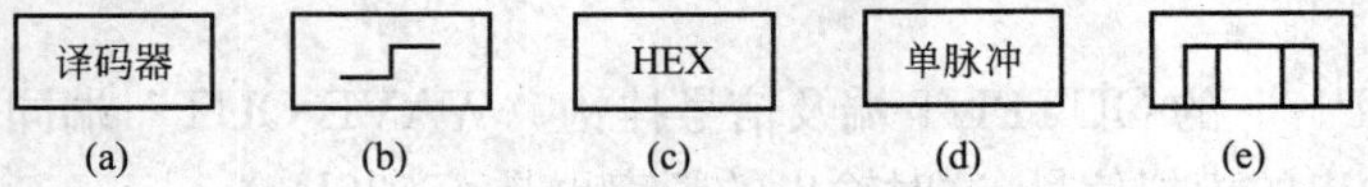

图 8.2　实验电路信号资源符号图

(1) 图 8.2(a)是十六进制 7 段全译码器，它有 7 位输出，分别接 7 段数码管的 7 个显示输入端：a、b、c、d、e、f 和 g；它的输入端为 D、C、B、A，D 为最高位，A 为最低位。例如，若所标输入的口线为 PIO19～16，表示 PIO19 接 D、18 接 C、17 接 B、16 接 A。

(2) 图 8.2(b)是高低电平发生器，每按键一次，输出电平由高到低或由低到高变化一次，且输出为高电平时，按键所对应的发光管变亮，反之不亮。

(3) 图 8.2(c)是十六进制码(8421 码)发生器，由对应的键控制输出 4 位二进制构成的 1 位十六进制码，数的范围是 0000～1111，即^H0 至^HF。每按键一次，输出递增 1，输出进入目标芯片的 4 位二进制数将显示在该键对应的数码管上。

(4) 直接与 7 段数码管相连的连接方式是为了便于对 7 段显示译码器的设计学习。以图 NO.2 为例，如图所标“PIO46 - PIO40”接 g、f、e、d、c、b、a，表示 PIO46、PIO45…PIO40 分别与数码管的 7 段输入 g、f、e、d、c、b、a 相接。

(5) 图 8.2(d)是单次脉冲发生器。每按一次键，输出一个脉冲，与此键对应的发光管也会闪亮一次，时间 20ms。

(6) 图 8.2(e)是琴键式信号发生器，当按下键时，输出为高电平，对应的发光管发亮；当松开键时，输出为低电平，此键的功能可用于手动控制脉冲的宽度。具有琴键式信号发生器的实验结构图是 NO.3。

8.2.2 各实验电路结构图特点与适用范围简述

(1) 结构图 NO.0：如图 8.3 所示，目标芯片的 PIO19 至 PIO44 共 8 组 4 位二进制码输出，经外部的 7 段译码器可显示于实验系统的 8 个数码管上。键 1 和键 2 可分别输出 2 个 4 位二进制码。一方面这 4 位码输入目标芯片的 PIO11～PIO8 和 PIO15～PIO12，另一方面，

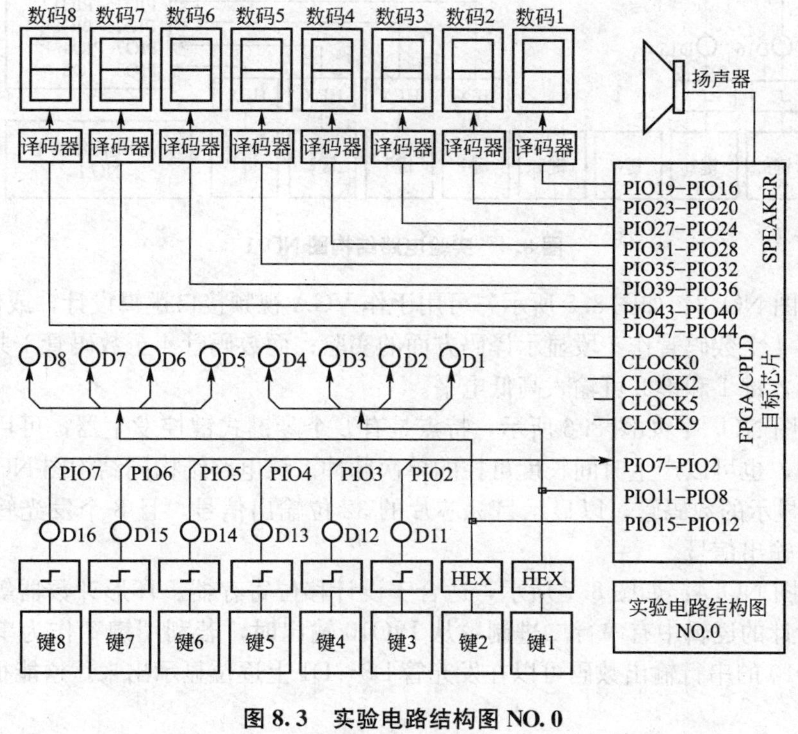

图 8.3 实验电路结构图 NO.0

可以观察发光管 D1 至 D8 来了解输入的数值。例如，当键 1 控制输入 PIO11～PIO8 的数为 ˆHA时，则发光管 D4 和 D2 亮，D3 和 D1 灭。电路的键 8 至键 3 分别控制一个高低电平信号发生器向目标芯片的 PIO7 至 PIO2 输入高电平或低电平，扬声器接在“SPEAKER”上，具体接在哪一引脚要看目标芯片的类型，这需要查 8.3 节的引脚对照表。如目标芯片为 FLEX10K10，则扬声器接在“3”引脚上。目标芯片的时钟输入未在图上标出，也需查阅 8.3 节的引脚对照表。例如，目标芯片为 XC95108，则输入此芯片的时钟信号有 CLOCK0 至 CLOCK9，共 4 个可选的输入端，对应的引脚为 65～80。具体的输入频率，可参考主板频率选择模块。此电路可用于设计频率计、周期计、计数器等。

(2) 结构图 NO.1：如图 8.4 所示，适用于作加法器、减法器、比较器或乘法器等。例如，加法器设计，可利用键 4 和键 3 输入 8 位加数；键 2 和键 1 输入 8 位被加数，输入的加数和被加数将显示于键对应的数码管 4～1，相加的和显示于数码管 6 和 5；可令键 8 控制此加法器的最低位进位。

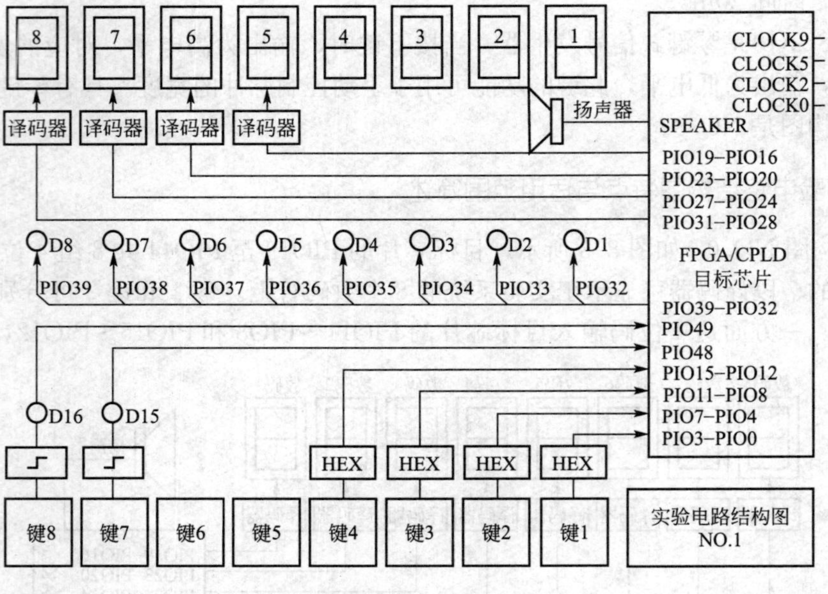

图 8.4 实验电路结构图 NO.1

(3) 结构图 NO.2：如图 8.5 所示，可用于作 VGA 视频接口逻辑设计，或使用数码管 8 至数码管 5 共 4 个数码管作 7 段显示译码方面的实验；而数码管 4 至数码管 1 共 4 个数码管可作译码显示，键 1 和键 2 可输入高低电平。

(4) 结构图 NO.3：如图 8.6 所示，特点是有 8 个琴键式键控发生器，可用于设计八音琴等电路系统，也可以产生时间长度可控的单次脉冲。该电路结构同结构图 NO.0 一样，有 8 个译码输出显示的数码管，以显示目标芯片的 32 位输出信号，且 8 个发光管也能显示目标器件的 8 位输出信号。

(5) 结构图 NO.4：如图 8.7 所示，适合于设计移位寄存器、环形计数器等。电路特点是，当在所设计的逻辑中有串行二进制数从 PIO10 输出时，若利用键 7 作为串行输出时钟信号，则 PIO10 的串行输出数码可以在发光管 D8～D1 上逐位显示出来，这能很直观地看到串出的数值。

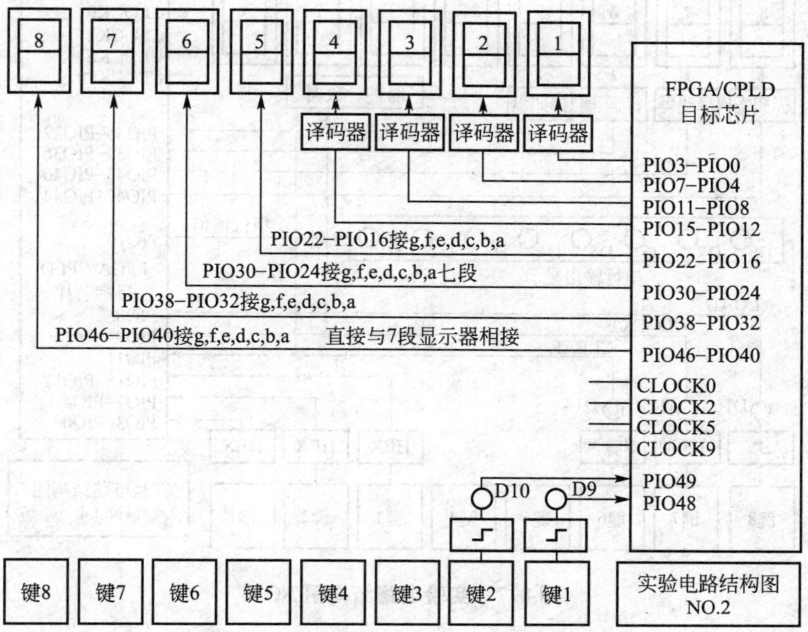

图 8.5　实验电路结构图 NO. 2

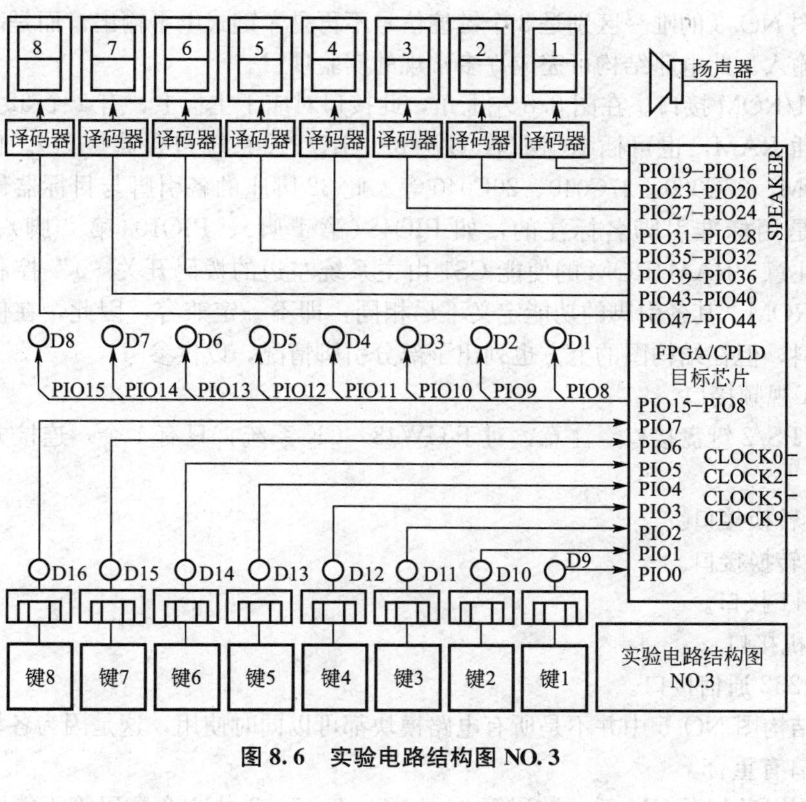

图 8.6　实验电路结构图 NO. 3

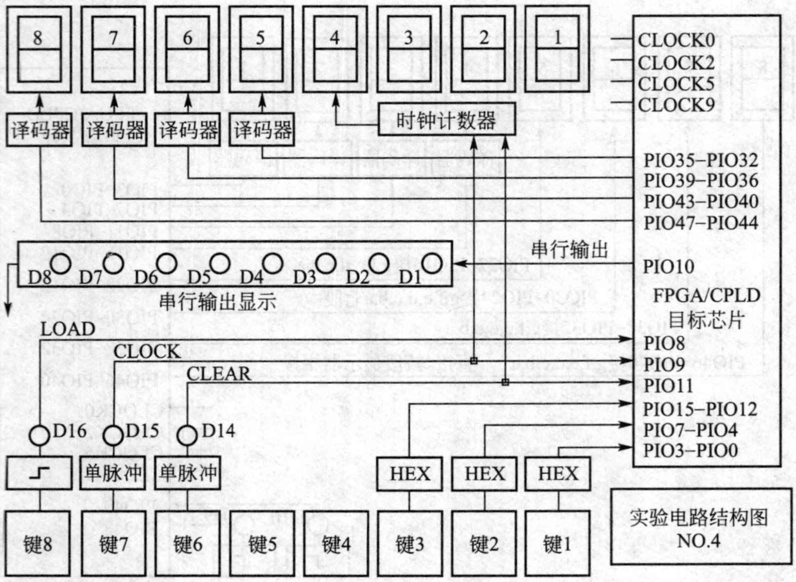

图 8.7　实验电路结构图 NO. 4

(6) 结构图 NO. 5：如图 8.8 所示，此电路结构有较强的功能，主要用于目标器件与外界电路的接口设计实验。主要包含 9 大模块：

① 普通内部逻辑设计模块。在图 8.8 的左下角。此模块与以上几个电路使用方法相同，例如同结构图 NO. 3 的唯一区别是 8 个键控信号不再是琴键式电平输出，而是高低电平方式向目标芯片输入。此电路结构可完成许多常规的实验项目。

② RAM/ROM 接口。在图 8.8 左上角，此接口对应于主板上，有 1 个 32 脚的 DIP 座，在上面可以插 RAM，也可插 ROM(仅 GW48 - GK/PK 系统包含此接口)。例如，RAM：628128；ROM：27C020、27C040、29C040 等。此 32 脚座的各引脚与目标器件的连接方式示于图上，是用标准引脚名标注的，如 PIO48(第 1 脚)、PIO10(第 2 脚)、OE 控制为 PIO62 等。注意，RAM/ROM 的使能 CS1 由主系统左边的拨码开关“1”控制。对于不同的 RAM 或 ROM，其各引脚的功能定义不尽相同，即不一定兼容，因此，在使用前应该查阅相关的资料，但在结构图的上方也列出了部分引脚情况，以供参考。

③ VGA 视频接口。

④ 两个 PS/2 键盘接口。注意，对于 GW48 - CK 系统，只有 1 个，连接方式是下方的 PS/2 口。

⑤ A/D 转换接口。

⑥ D/A 转换接口。

⑦ LM311 接口。

⑧ 单片机接口。

⑨ RS - 232 通信接口。

注意，结构图 NO. 5 中并不是所有电路模块都可以同时使用，这是因为各模块与目标器件的 I/O 接口有重合。

① 当使用 RAM/ROM 时，数码管 3、4、5、6、7、8 共 6 个数码管不能同时使用，这

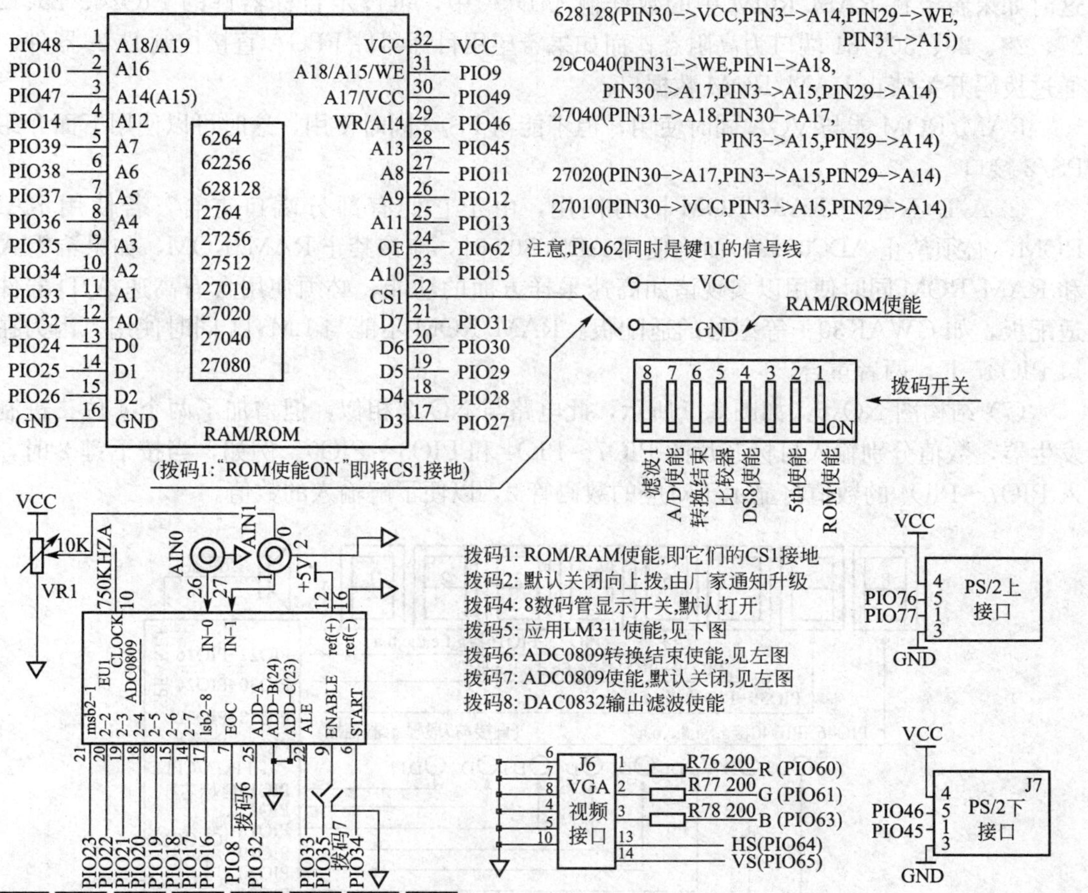

图 8.8　实验电路结构图 NO.5

时，如果有必要有更多的显示，必须使用下面介绍的扫描显示电路。但 RAM/ROM 可以与 D/A 转换同时使用，尽管它们的数据口(PIO24、25、26、27、28、29、30、31)是重合的。

这时如果希望将 RAM/ROM 中的数据输入 D/A 中，可设定目标器件的 PIO24、25、26、27、28、29、30、31 端口为高阻态；而如果希望用目标器件 FPGA 直接控制 D/A 器件，可通过拨码开关禁止 RAM/ROM 数据口。

RAM/ROM 能与 VGA 同时使用，但不能与 PS/2 同时使用，这时可以使用下面介绍的 PS/2 接口。

② A/D 不能与 RAM/ROM 同时使用，由于它们有部分端口重合，若使用 RAM/ROM，必须禁止 ADC0809，而当使用 ADC0809 时，应该禁止 RAM/ROM，如果希望 A/D 和 RAM/ROM 同时使用以实现诸如高速采样方面的功能，必须使用含有高速 A/D 器件的适配板，如 GWAK30＋等型号的适配板。RAM/ROM 不能与 LM311 同时使用，因为在端口 PIO37 上，两者重合。

(7) 结构图 NO. 6：如图 8.9 所示，此电路与 NO. 2 相似，但增加了两个 4 位二进制数发生器，数值分别输入目标芯片的 PIO7～PIO4 和 PIO3～PIO0。例如，当按下键 2 时，输入 PIO7～PIO4 的数值将显示于对应的数码管 2，以便了解输入的数值。

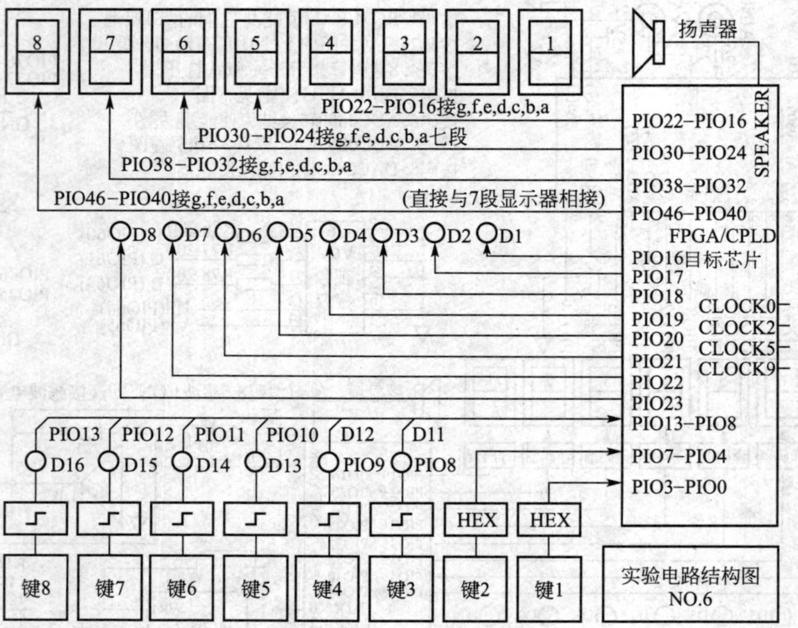

图 8.9　实验电路结构图 NO. 6

(8) 结构图 NO. 7：如图 8.10 所示，此电路适合于设计时钟、定时器、秒表等。因为可利用键 8 和键 5 分别控制时钟的清零和设置时间的使能；利用键 7、5 和 1 进行时、分、秒的设置。

(9) 结构图 NO. 8：如图 8.11 所示，此电路适用于作并入/串出或串入/并出等工作方式的寄存器、序列检测器、密码锁等逻辑设计。它的特点是利用键 2、键 1 能预置 8 位二进制数，而键 6 能发出串行输入脉冲，每按键一次，即发一个单脉冲，则此 8 位预置数的高位在前，向 PIO10 串行输入一位，同时能从 D8 至 D1 的发光管上看到串行左移的数据，十分形象直观。

(10) 结构图 NO. 9：如图 8.12 所示，若欲验证交通灯控制等类似的逻辑电路，可选此电路结构。

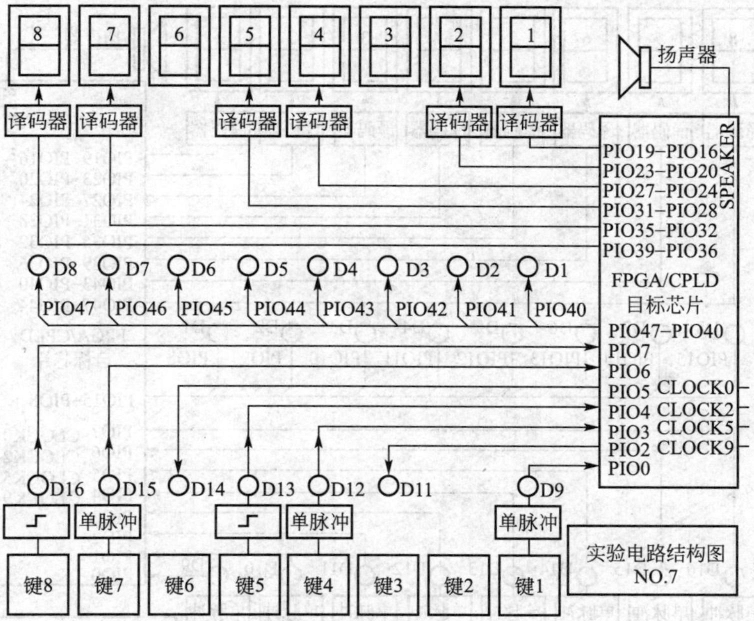

图 8.10　实验电路结构图 NO. 7

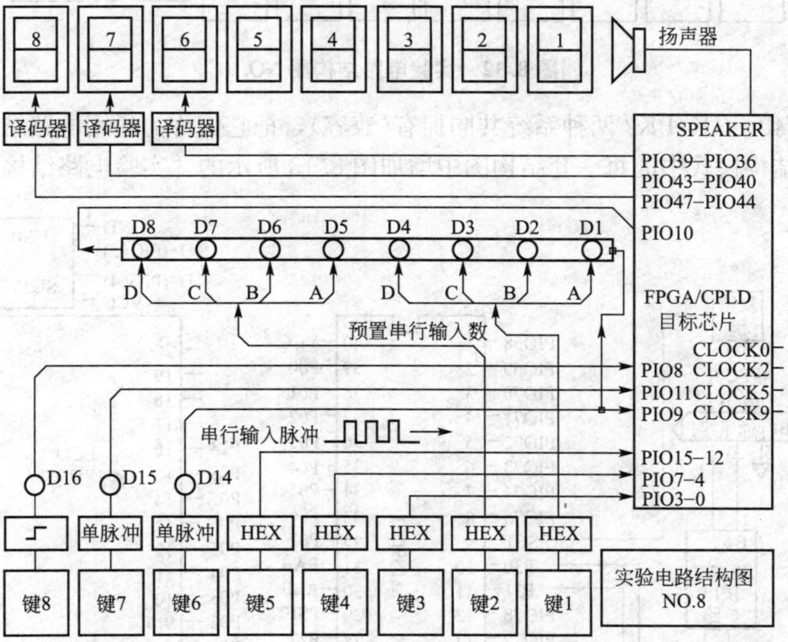

图 8.11　实验电路结构图 NO. 8

(11) 当系统上的“模式指示”数码管显示“A”时，系统将变成一台频率计，数码管 8 将显示“F”，“数码 6”至“数码 1”显示频率值，最低位单位是 Hz。系统板扫描显示模式时数码管的连接图如图 8.14 所示。测频输入端为系统板右下侧的插座，系统目标板插座如图 8.15 所示。

(12) 实验电路结构图 COM：图 8.12 电路仅 GW48 - GK/PK2 拥有，即以上所述的所有电路结构，包括“实验电路结构图 NO. 0”至“实验电路结构图 NO. 9”共 10 套电路结构

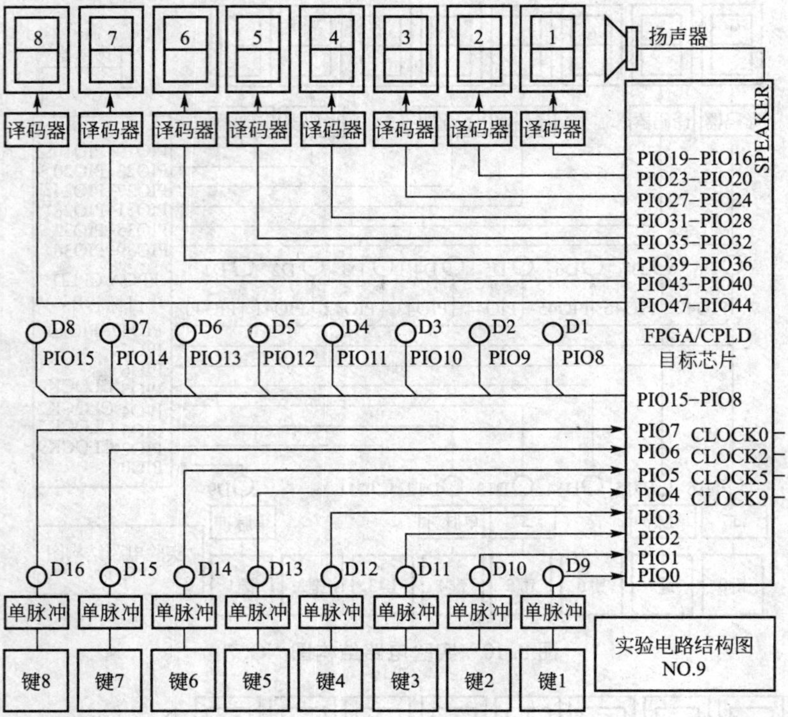

图 8.12　实验电路结构图 NO.9

模式，为 GW48－GK/PK2 两种系统共同拥有(兼容)，把它们称为通用电路结构。即在原来的 10 套电路结构模式中的每一套结构图中增加图 8.13 所示的“实验电路结构图 COM”。例

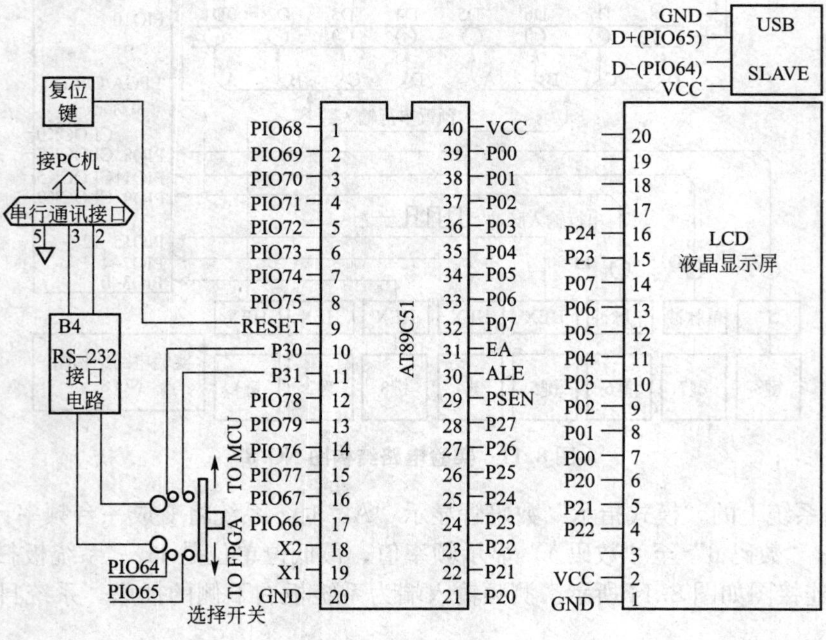

图 8.13　实验电路结构图 COM(GW48－PK2 上液晶与单片机以及 FPGA 的 I/O 口的连接方式，Cyclone 和 20K 系列器件通用)

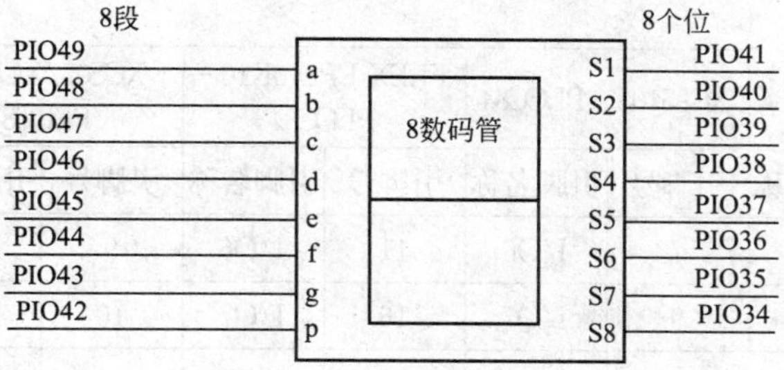

图 8.14 GW48-PK2 系统板扫描显示模式时的连接方式：8 数码管扫描式显示，输入信号高电平有效

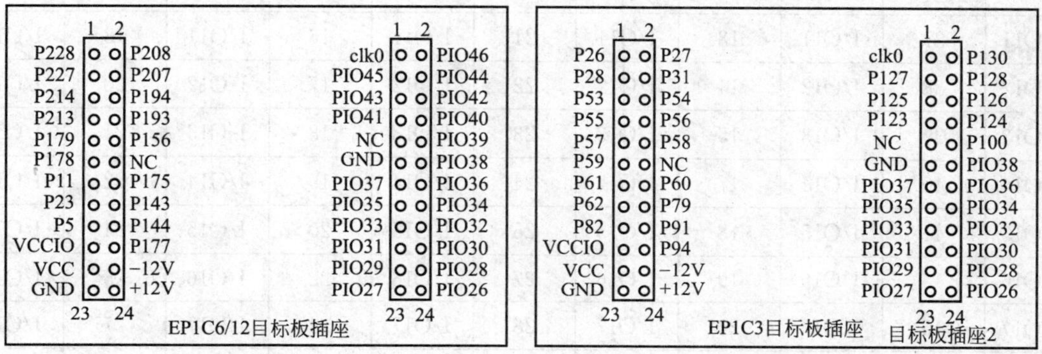

图 8.15 GW_ADDA 板插座引脚

如，在 GW48-PK2 系统中，当模式键选择“5”时，电路结构除了将加入图 8.8 所示的实验电路结构图 NO.5 外，还应该加入“实验电路结构图 COM”。这样，在每一电路模式中就能比原来实现更多的实验项目。

“实验电路结构图 COM”中各标准信号(PIOX)对应的器件的引脚名，可以查 8.3 节的表。

8.3 GW48CK/GK/EK/PK2 系统信号名与芯片引脚对照表

表 8-3 系统信号名与芯片引脚对照表

结构图信号名	ispLSI1032E-PC84		XC95108-PLCC84		FLEX EPF10K10-PLCC84		XCS05/XCS10-PLCC84		EPM7128S-PL84	
	引脚号	引脚名称	引脚号	引脚名称	引脚号	引脚名称	引脚号	引脚名称	引脚号	引脚名称
PIO0	26	I/O0	1	I/O0	5	I/O0	3	I/O0	4	I/O0
PIO1	27	I/O1	2	I/O1	6	I/O1	4	I/O1	5	I/O1
PIO2	28	I/O2	3	I/O2	7	I/O2	5	I/O2	6	I/O2
PIO3	29	I/O3	4	I/O3	8	I/O3	6	I/O3	8	I/O3
PIO4	30	I/O4	5	I/O4	9	I/O4	7	I/O4	9	I/O4
PIO5	31	I/O5	6	I/O5	10	I/O5	8	I/O5	10	I/O5

（续）

结构图信号名	ispLSI1032E - PC84		XC95108 - PLCC84		FLEX EPF10K10 - PLCC84		XCS05/XCS10 - PLCC84		EPM7128S - PL84	
	引脚号	引脚名称	引脚号	引脚名称	引脚号	引脚名称	引脚号	引脚名称	引脚号	引脚名称
PIO6	32	I/O6	7	I/O6	11	I/O6	9	I/O6	11	I/O6
PIO7	33	I/O7	9	I/O7	16	I/O7	10	I/O7	12	I/O7
PIO8	34	I/O8	10	I/O8	17	I/O8	13	I/O8	15	I/O8
PIO9	35	I/O9	11	I/O9	18	I/O9	14	I/O9	16	I/O9
PIO10	36	I/O10	12	I/O10	19	I/O10	15	I/O10	17	I/O10
PIO11	37	I/O11	13	I/O11	21	I/O11	16	I/O11	18	I/O11
PIO12	38	I/O12	14	I/O12	22	I/O12	17	I/O12	20	I/O12
PIO13	39	I/O13	15	I/O13	23	I/O13	18	I/O13	21	I/O13
PIO14	40	I/O14	17	I/O14	24	I/O14	19	I/O14	22	I/O14
PIO15	41	I/O15	18	I/O15	25	I/O15	20	I/O15	24	I/O15
PIO16	45	I/O16	19	I/O16	27	I/O16	23	I/O16	25	I/O16
PIO17	46	I/O17	20	I/O17	28	I/O17	24	I/O17	27	I/O17
PIO18	47	I/O18	21	I/O18	29	I/O18	25	I/O18	28	I/O18
PIO19	48	I/O19	23	I/O19	30	I/O19	26	I/O19	29	I/O19
PIO20	49	I/O20	24	I/O20	35	I/O20	27	I/O20	30	I/O20
PIO21	50	I/O21	25	I/O21	36	I/O21	28	I/O21	31	I/O21
PIO22	51	I/O22	26	I/O22	37	I/O22	29	I/O22	33	I/O22
PIO23	52	I/O23	31	I/O23	38	I/O23	35	I/O23	34	I/O23
PIO24	53	I/O24	32	I/O24	39	I/O24	36	I/O24	35	I/O24
PIO25	54	I/O25	33	I/O25	47	I/O25	37	I/O25	36	I/O25
PIO26	55	I/O26	34	I/O26	48	I/O26	38	I/O26	37	I/O26
PIO27	56	I/O27	35	I/O27	49	I/O27	39	I/O27	39	I/O27
PIO28	57	I/O28	36	I/O28	50	I/O28	40	I/O28	40	I/O28
PIO29	58	I/O29	37	I/O29	51	I/O29	41	I/O29	41	I/O29
PIO30	59	I/O30	39	I/O30	52	I/O30	44	I/O30	44	I/O30
PIO31	60	I/O31	40	I/O31	53	I/O31	45	I/O31	45	I/O31
PIO32	68	I/O32	41	I/O32	54	I/O32	46	I/O32	46	I/O32
PIO33	69	I/O33	43	I/O33	58	I/O33	47	I/O33	48	I/O33
PIO34	70	I/O34	44	I/O34	59	I/O34	48	I/O34	49	I/O34
PIO35	71	I/O35	45	I/O35	60	I/O35	49	I/O35	50	I/O35

（续）

结构图信号名	ispLSI1032E - PC84		XC95108 - PLCC84		FLEX EPF10K10 - PLCC84		XCS05/XCS10 - PLCC84		EPM7128S - PL84	
	引脚号	引脚名称	引脚号	引脚名称	引脚号	引脚名称	引脚号	引脚名称	引脚号	引脚名称
PIO36	72	I/O36	46	I/O36	61	I/O36	50	I/O36	51	I/O36
PIO37	73	I/O37	47	I/O37	62	I/O37	51	I/O37	52	I/O37
PIO38	74	I/O38	48	I/O38	64	I/O38	56	I/O38	54	I/O38
PIO39	75	I/O39	50	I/O39	65	I/O39	57	I/O39	55	I/O39
PIO40	76	I/O40	51	I/O40	66	I/O40	58	I/O40	56	I/O40
PIO41	77	I/O41	52	I/O41	67	I/O41	59	I/O41	57	I/O41
PIO42	78	I/O42	53	I/O42	70	I/O42	60	I/O42	58	I/O42
PIO43	79	I/O43	54	I/O43	71	I/O43	61	I/O43	60	I/O43
PIO44	80	I/O44	55	I/O44	72	I/O44	62	I/O44	61	I/O44
PIO45	81	I/O45	56	I/O45	73	I/O45	65	I/O45	63	I/O45
PIO46	82	I/O46	57	I/O46	78	I/O46	66	I/O46	64	I/O46
PIO47	83	I/O47	58	I/O47	79	I/O47	67	I/O47	65	I/O47
PIO48	3	I/O48	61	I/O48	80	I/O48	68	I/O48	67	I/O48
PIO49	4	I/O49	62	I/O49	81	I/O49	69	I/O49	68	I/O49
SPKER	5	I/O50	63	I/O50	3	CLRn	70	I/O50	81	I/O50
CLOCK0	6	I/O51	65	I/O51	2	IN1	72	I/O52	2	
CLOCK2	7	I/O52	67	I/O53	43	GCK2	78	I/O54	70	I/O51
CLOCK5	63	Y2	70	I/O56	83	OE	81	I/O57	75	I/O54
CLOCK9	12	I/O57	79	I/O63	1	GCK1	84	I/O60	83	IN1

表 8 - 4 适合于 Quartus Ⅱ 的部分器件引脚对照表

结构图上的信号名	GW48 - CCP GWAK100A EP1K100QC208		GW48 - SOC+/GW48 - DSP EP20K200/300EQC240		GWAK30/50 EP1K30/20/50TQC144		GWAC3 EP1C3TC144		GW48 - SOPC/DSP EP1C6/1C12 Q240		GW48 - XS200	GW48 - XS400
	引脚号	引脚名称	引脚号	引脚名称	引脚号	引脚名称	引脚号	引脚名称	引脚号	引脚名称	引脚号	引脚号
PIO0	7	I/O	224	I/O0	8	I/O0	1	I/O0	233	I/O0	5	21
PIO1	8	I/O	225	I/O1	9	I/O1	2	I/O1	234	I/O1	6	22
PIO2	9	I/O	226	I/O2	10	I/O2	3	I/O2	235	I/O2	7	24
PIO3	11	I/O	231	I/O3	12	I/O3	4	I/O3	236	I/O3	8	26
PIO4	12	I/O	230	I/O4	13	I/O4	5	I/O4	237	I/O4	10	27

（续）

结构图上的信号名	GW48-CCP GWAK100A EP1K100QC208		GW48-SOC+/GW48-DSP EP20K200/300EQC240		GWAK30/50 EP1K30/20/50TQC144		GWAC3 EP1C3TC144		GW48-SOPC/DSP EP1C6/1C12 Q240		GW48-XS200	GW48-XS400
	引脚号	引脚名称	引脚号	引脚名称	引脚号	引脚名称	引脚号	引脚名称	引脚号	引脚名称	引脚号	引脚号
PIO5	13	I/O	232	I/O5	17	I/O5	6	I/O5	238	I/O5	11	28
PIO6	14	I/O	233	I/O6	18	I/O6	7	I/O6	239	I/O6	12	29
PIO7	15	I/O	234	I/O7	19	I/O7	10	I/O7	240	I/O7	13	31
PIO8	17	I/O	235	I/O8	20	I/O8	11	DPCLK1	1	I/O8	14	33
PIO9	18	I/O	236	I/O9	21	I/O9	32	VREF2B1	2	I/O9	15	34
PIO10	24	I/O	237	I/O10	22	I/O10	33	I/O10	3	I/O10	17	15
PIO11	25	I/O	238	I/O11	23	I/O11	34	I/O11	4	I/O11	18	16
PIO12	26	I/O	239	I/O12	26	I/O12	35	I/O12	6	I/O12	20	35
PIO13	27	I/O	2	I/O13	27	I/O13	36	I/O13	7	I/O13	21	36
PIO14	28	I/O	3	I/O14	28	I/O14	37	I/O14	8	I/O14	23	37
PIO15	29	I/O	4	I/O15	29	I/O15	38	I/O15	12	I/O15	24	39
PIO16	30	I/O	7	I/O16	30	I/O16	39	I/O16	13	I/O16	25	40
PIO17	31	I/O	8	I/O17	31	I/O17	40	I/O17	14	I/O17	26	42
PIO18	36	I/O	9	I/O18	32	I/O18	41	I/O18	15	I/O18	27	43
PIO19	37	I/O	10	I/O19	33	I/O19	42	I/O19	16	I/O19	28	44
PIO20	38	I/O	11	I/O20	36	I/O20	47	I/O20	17	I/O20	30	45
PIO21	39	I/O	13	I/O21	37	I/O21	48	I/O21	18	I/O21	31	46
PIO22	40	I/O	16	I/O22	38	I/O22	49	I/O22	19	I/O22	32	48
PIO23	41	I/O	17	I/O23	39	I/O23	50	I/O23	20	I/O23	33	50
PIO24	44	I/O	18	I/O24	41	I/O24	51	I/O24	21	I/O24	35	51
PIO25	45	I/O	20	I/O25	42	I/O25	52	I/O25	41	I/O25	36	52
PIO26	113	I/O	131	I/O26	65	I/O26	67	I/O26	128	I/O26	76	113
PIO27	114	I/O	133	I/O27	67	I/O27	68	I/O27	132	I/O27	77	114
PIO28	115	I/O	134	I/O28	68	I/O28	69	I/O28	133	I/O28	78	115
PIO29	116	I/O	135	I/O29	69	I/O29	70	I/O29	134	I/O29	79	116
PIO30	119	I/O	136	I/O30	70	I/O30	71	I/O30	135	I/O30	80	117
PIO31	120	I/O	138	I/O31	72	I/O31	72	I/O31	136	I/O31	82	119
PIO32	121	I/O	143	I/O32	73	I/O32	73	I/O32	137	I/O32	83	120

（续）

结构图上的信号名	GW48-CCP GWAK100A EP1K100QC208		GW48-SOC+/GW48-DSP EP20K200/300EQC240		GWAK30/50 EP1K30/20/50TQC144		GWAC3 EP1C3TC144		GW48-SOPC/DSP EP1C6/1C12 Q240		GW48-XS200	GW48-XS400
	引脚号	引脚名称	引脚号	引脚名称	引脚号	引脚名称	引脚号	引脚名称	引脚号	引脚名称	引脚号	引脚号
PIO33	122	I/O	156	I/O33	78	I/O33	74	I/O33	138	I/O33	84	122
PIO34	125	I/O	157	I/O34	79	I/O34	75	I/O34	139	I/O34	85	123
PIO35	126	I/O	160	I/O35	80	I/O35	76	I/O35	140	I/O35	86	123
PIO36	127	I/O	161	I/O36	81	I/O36	77	I/O36	141	I/O36	87	125
PIO37	128	I/O	163	I/O37	82	I/O37	78	I/O37	158	I/O37	89	126
PIO38	131	I/O	164	I/O38	83	I/O38	83	I/O38	159	I/O38	90	128
PIO39	132	I/O	166	I/O39	86	I/O39	84	I/O39	160	I/O39	92	130
PIO40	133	I/O	169	I/O40	87	I/O40	85	I/O40	161	I/O40	93	131
PIO41	134	I/O	170	I/O41	88	I/O41	96	I/O41	162	I/O41	95	132
PIO42	135	I/O	171	I/O42	89	I/O42	97	I/O42	163	I/O42	96	133
PIO43	136	I/O	172	I/O43	90	I/O43	98	I/O43	164	I/O43	97	135
PIO44	139	I/O	173	I/O44	91	I/O44	99	I/O44	165	I/O44	98	137
PIO45	140	I/O	174	I/O45	92	I/O45	103	I/O45	166	I/O45	99	138
PIO46	141	I/O	178	I/O46	95	I/O46	105	I/O46	167	I/O46	100	139
PIO47	142	I/O	180	I/O47	96	I/O47	106	I/O47	168	I/O47	102	140
PIO48	143	I/O	182	I/O48	97	I/O48	107	I/O48	169	I/O48	103	141
PIO49	144	I/O	183	I/O49	98	I/O49	108	I/O49	173	I/O49	104	143

以下引脚仅 GW48-GK 和 GW48-PK2 系统包含

PIO60	202	PIO60	223	PIO60	137	PIO60	131	PIO60	226	PIO60	130	2
PIO61	203	PIO61	222	PIO61	138	PIO61	132	PIO61	225	PIO61	131	3
PIO62	204	PIO62	221	PIO62	140	PIO62	133	PIO62	224	PIO62	132	4
PIO63	205	PIO63	220	PIO63	141	PIO63	134	PIO63	223	PIO63	135	5
PIO64	206	PIO64	219	PIO64	142	PIO64	139	PIO64	222	PIO64	137	7
PIO65	207	PIO65	217	PIO65	143	PIO65	140	PIO65	219	PIO65	140	9
PIO66	208	PIO66	216	PIO66	144	PIO66	141	PIO66	218	PIO66	141	10
PIO67	10	PIO67	215	PIO67	7	PIO67	142	PIO67	217	PIO67	1	11
PIO68	99	PIO68	197	PIO68	119	PIO68	122	PIO68	180	PIO68	129	161
PIO69	100	PIO69	198	PIO69	118	PIO69	121	PIO69	181	PIO69	123	156

（续）

结构图上的信号名	GW48－CCP GWAK100A EP1K100QC208		GW48－SOC＋/ GW48－DSP EP20K200/ 300EQC240		GWAK30/50 EP1K30/20/ 50TQC144		GWAC3 EP1C3TC144		GW48－SOPC/ DSP EP1C6/ 1C12 Q240		GW48－XS200	GW48－XS400
	引脚号	引脚名称	引脚号	引脚名称	引脚号	引脚名称	引脚号	引脚名称	引脚号	引脚名称	引脚号	引脚号
PIO70	101	PIO70	200	PIO70	117	PIO70	120	PIO70	182	PIO70	122	155
PIO71	102	PIO71	201	PIO71	116	PIO71	119	PIO71	183	PIO71	119	154
PIO72	103	PIO72	202	PIO72	114	PIO72	114	PIO72	184	PIO72	118	152
PIO73	104	PIO73	203	PIO73	113	PIO73	113	PIO73	185	PIO73	116	150
PIO74	111	PIO74	204	PIO74	112	PIO74	112	PIO74	186	PIO74	113	149
PIO75	112	PIO75	205	PIO75	111	PIO75	111	PIO75	187	PIO75	112	148
PIO76	16	PIO76	212	PIO76	11	PIO76	143	PIO76	216	PIO76	2	12
PIO77	19	PIO77	209	PIO77	14	PIO77	144	PIO77	215	PIO77	4	13
PIO78	147	PIO78	206	PIO78	110	PIO78	110	PIO78	188	PIO78	108	147
PIO79	149	PIO79	207	PIO79	109	PIO79	109	PIO79	195	PIO79	107	146
SPEAKER	148	I/O	184	I/O	99	I/O50	129	I/O	174	I/O	105	144
CLOCK0	182	I/O	185	I/O	126	INPUT1	93	I/O	28	I/O	124	184
CLOCK2	184	I/O	181	I/O	54	INPUT3	17	I/O	153	I/O	125	203
CLOCK5	78	I/O	151	CLKIN	56	I/O53	16	I/O	152	I/O	127	204
CLOCK9	80	I/O	154	CLKIN	124	GCLOK2	92	I/O	29	I/O	128	205

本章小结

综合前面介绍的情况，可知使用 GW48 型 EDA 实验开发系统的基本步骤如下。

(1) 根据所设计的实体输入和输出的要求，选择合适的实验电路结构图，并记下对应的实验模式。

(2) 根据所选的实验电路结构图、拟采用的实验芯片的型号以及 GW48 系统结构图信号名与芯片引脚对照表，确定各个输入和输出所对应的芯片引脚号，并根据所采用的开发软件工具，编写符合要求的引脚锁定文件，以供设计中的有关步骤使用。

(3) 进入 VHDL 的 EDA 设计中的编程下载步骤时，首先将实验开发系统的下载接口通过实验开发系统提供的并行下载接口扁平电缆线与计算机的并行接口(打印机接口)连接好，将实验开发系统提供的实验电源输入端接上 220V 的交流电，输出端与实验开发系统的＋5V 电源输入端相接，这时即可进行编程下载的有关操作。

(4) 编程下载成功后，首先通过模式选择键将实验模式转换到前面选定的实验模式，若输入和输出涉及时钟、声音和视频等信号，还应将相应部分的短路帽或接口部分连接好，之后输入设计实体所规定的各种输入信号即可进行相应的实验。

思考题和习题

1. EDA 实验开发系统主要起什么作用？它一般包括几个组成部分？各部分的作用是什么？

2. 阐述通用 EDA 实验开发系统的工作原理和使用步骤。

3. GW48 系统结构图信号名与芯片引脚对照表中“结构图上的信号名”、“引脚号”和“引脚名”分别指什么？

4. 阐述使用 GW48 系列 EDA 实验开发系统的基本步骤。

5. 阐述 GW48 系列 EDA 实验开发系统的“电路重构软配置”的设计思想。在实际使用时，是如何实现“电路重构软配置”的？实验开发系统上的模式选择键起什么作用？

第 9 章　EDA 技术实验

【学习目标】

本章提供了大量基于 VHDL 的逻辑设计实验实例，通过这些实验操作，很好地掌握 EDA 的开发设计方法和 Quartus 的培养Ⅱ、MAX＋plus Ⅱ等软件工具的使用技能。本章立足于有效地提高学生对 EDA 技术的应用和实践能力。

【学习要求】

能力目标	知识要点	相关知识	权重	自测分数
掌握简单组合逻辑电路的设计与实验操作方法	简单组合逻辑电路的设计与实验操作	组合逻辑电路	30	
掌握时序逻辑电路的设计与实验操作方法	时序逻辑电路的设计与实验操作	时序逻辑电路	30	
掌握综合电子系统电路的设计与实验操作方法	综合电子系统电路的设计与实验操作	状态机设计	40	

实验一：全加器的设计

1. 实验目的

熟悉 Quartus Ⅱ的原理图输入及 VHDL 设计过程，学习简单组合逻辑电路的设计。

2. 实验原理

全加器可对两个多位二进制数进行加法运算，同时产生进位。当两个二进制数相加时，较高位相加时必须加入较低位的进位项(Ci)，以得到输出位和(S)和进位(Co)。其真值表见表 9－1。

表 9－1　全加器真值表

A	B	Ci	S	Co
0	0	0	0	0
0	0	1	1	0
0	1	0	1	0
0	1	1	0	1

（续）

A	B	Ci	S	Co
1	0	0	1	0
1	0	1	0	1
1	1	0	0	1
1	1	1	1	1

全加器应具备的脚位：

输入端：A、B、Ci；

输出端：S、Co。

全加器的原理图如图 9.1 所示。

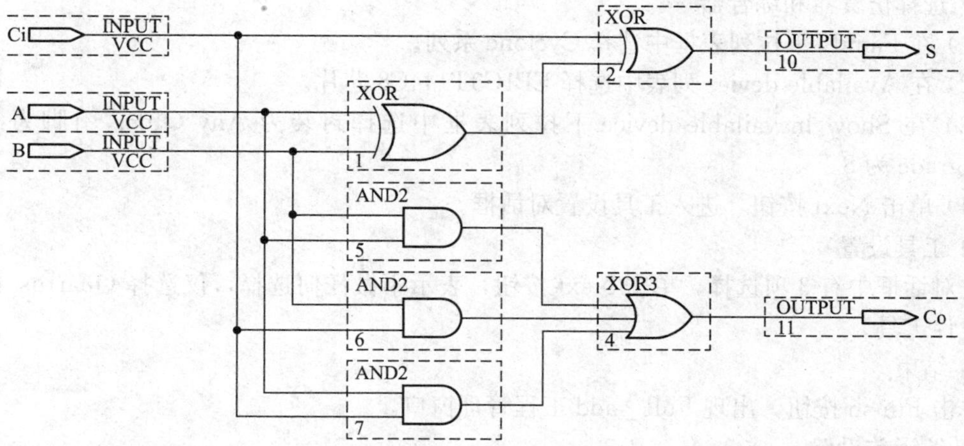

图 9.1　全加器的原理图

3. 原理图输入实验步骤

1）为本项工程设计建立文件夹

D:\Full_add

2）输入设计项目和存盘

(1) 打开 Quartus Ⅱ软件，选择菜单 File→New 命令，出现对话框，选择 Block Diagram/Schematic File 选项，单击 OK 按钮，进入原理图编辑窗口。

(2) 在原理图编辑窗口中任意位置右击，选择 Insert→Symbol 命令，进入输入元件的对话框。

(3) 单击“寻找”按钮，找基本元件路径，Quartus Ⅱ软件安装后，基本元件库路径为 C:\Altera\Quartus60\Libraries\Primitives\Logic。选中元件，单击“打开”按钮，单击 OK 按钮，可将元件调入原理图编辑窗口。

(4) 为了设计全加器，分别调入元件：AND2(二输入与门)3 个，XOR(异或门)两个，OR3(三输入或门)一个，INPUT(输入引脚)3 个，OUTPUT(输出引脚)两个。输入、输出引脚元件在基本元件库中路径为 C:\Altera\Quartus60\Libraries\Primitives\Pin。

(5) 使用绘图工具连接好各元件。注意不要用画符号工具连接。

(6) 分别双击 INPUT、OUTPUT 元件，输入引脚名：Ci 、A、B；输出引脚名：S、Co。

(7) 保存文件。选择菜单 File→Save As 命令，出现保存文件对话框，选择文件保存目录 D:\Full _ add；输入原理图文件名：Full _ add. bdf；出现提示：Do you want to create a new project with this file? 单击“是”按钮，进入创建工程流程。

3) 将设计文件加入工程

(1) 单击 Next 按钮，进入创建工程对话框。

(2) 输入工程工作目录名 D:\Full _ add；输入工程名称：Full _ add；输入顶层实体名：Full _ add。

(3) 单击 Next 按钮，选择工程中包含的所有设计文件 D:\Full _ add. bdf。

(4) 单击 Next 按钮，进入选择仿真器和综合器对话框。

4) 选择仿真器和综合器

(1) 在 Family 下拉列表框中选择 Cyclone 系列。

(2) 在 Available device 列表中选择 EP1C3T144C8 芯片。

(3) 在 Show inavailable device 下拉列表框中选择封装为 Any QFP；引脚为：144；Speed grade 为 8。

(4) 单击 Next 按钮，进入工具设置对话框。

5) 工具设置

此对话框中有 3 项选择，单击 Next 按钮，表示不做任何选择，仅选择 Quartus Ⅱ自含所有设计工具。

6) 结束

单击 Finish 按钮，出现 Full _ add 工程管理窗口。

7) 编译前设置

(1) 选择 FPGA 目标芯片。

选择菜单 Assigments→Setting 命令，出现 Settings 对话框，选择 Gategory 目录下 Device 子目录，选择目标芯片：EP1C3T144C8。

(2) 选择配置器件工作方式。

单击 Device and Pin Option 按钮，出现 Device and Pin Options 对话框，选中 Auto-restart configuration after error 复选框。

(3) 选择配置器件和编程方式。

选择 Configuration 选项卡，选中 Generate compressed bitstreams 复选框，就能产生用于 EPCS 的 POF 压缩配置文件；选中 Use configuration device 并选择 EPCS1。EPCSx 是 CycloneⅡ系列器件的专用配置器件，Flash 存储结构，编程周期 10 万次。

(4) 选择输出设置。

选择 Programming Files 选项卡，选中 Hexadecimal (Intel-Format) output File [. hexout] 复选框，即在生成下载文件的同时，产生二进制配置文件，此文件可用于单片机或 CPLD 与 EPROM 构成的 FPGA 配置电路系统中。

(5) 选择目标器件中闲置引脚状态。

选择 Unused Pins 选项卡，选择 Reserve all unused pins 下拉列表框内容为 As output driving ground(输出状态呈低电平)。

(6) 退出编译前设置。

单击“确定”按钮，单击 OK 按钮。

8) 全程编译

选择菜单 Processing→Start Compilation 命令，启动全程编译，编译成功提示 Full Compilation was succesful 信息，单击“确定”按钮。

9) 将全加器设置成可调用的元件

选择菜单 File→Create/Update 命令，选择 Create Symbol Files for Current File 子命令，出现 Create Block Symbol File full _ add 对话框，单击“确定”按钮，即可将当前文件 Full _ add. bdf 变成一个元件符号存盘，存在当前工程的路径文件中。

4. 时序仿真(软件仿真)

1) 打开波形编辑器

选择菜单 File→New 命令，出现 New 对话框，选择 Other Files 选项卡，选择 Vector Waveform File 选项，单击 OK 按钮。

2) 设置仿真时间域

选择菜单 Edit→End Time 命令，出现 End Time 对话框，在 Time 文本框中输入 50，单位选择 μs，单击 OK 按钮。

3) 保存波形文件

选择菜单 File→Save As 命令，出现 Save As 对话框，选择保存目录：D:\Full _ add，波形文件名：Full _ add. vwf，单击“保存”按钮存盘。

4) 将工程 Full _ add 的端口信号名选入波形编辑器中

选择菜单 View→Utility Windows 命令，选择 Node Finder 子命令，出现 Node Finder 对话框。在 Filter 下拉列表框中选择 Pins：aLL；单击 List 按钮，显示 Full _ add 工程所有端口引脚名；用鼠标将输入、输出端口名拖到波形编辑器中，先拖输入端口，后拖输出端口；关闭 Node Finder 对话框，单击全屏显示按钮，波形窗口全屏显示；单击放大/缩小按钮，再把鼠标光标移到波形编辑区，右键单击缩小，左键单击放大，使仿真坐标处于适当位置(数十微秒数量级)。

5) 编辑输入波形(输入激励信号)

单击输入信号 A，使之变成蓝色，单击左列波形工具，对 A 信号进行框选，对框选部分进行编辑；单击输入信号 B，使之变成蓝色，单击左列波形工具，对 B 信号进行框选，对框选部分进行编辑；单击进位输入信号 Ci，使之变成蓝色，按上述方法对 Ci 进行编辑。

6) 仿真器参数设置

选择菜单 Assigment→Setting 命令，选择 Category 目录下 Simulator setting 子目录；在 Simulation mode 下拉列表框中选择 Timing 即选择时序仿真；在 Simulation input 下拉列表框中选择仿真激励文件 Full _ add. vwf；在 Select simulation option 选项卡上选择 Glitch detection(毛刺检测)为 1ns 宽度；选中 Simulation coverge reporting(仿真报告)复选框；在 Simulation period 选项中选中 Run simulation until all vector stimuli are used(全程仿真)复选框；单击 OK 按钮。

7) 保存仿真程序

单击“保存”按钮。

8）启动仿真器

选择菜单 Processing→Start Simulation 命令，出现 Simulation was successful 的提示信息时仿真成功。

9）观察仿真结果

选择菜单 Assigments→Simulation Report 命令，单击全屏显示按钮，波形窗口全屏显示；单击放大/缩小按钮，再把鼠标光标移到波形编辑区，右键单击缩小，左键单击放大，放大或缩小仿真区域，查看仿真结果，如图 9.2 所示。

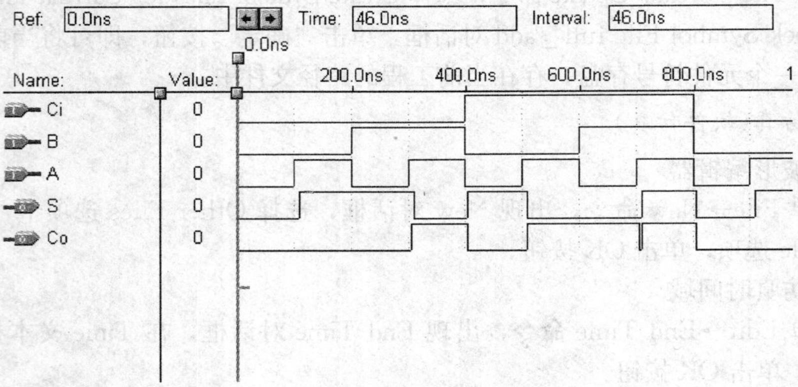

图 9.2　全加器的波形图

10）应用 RTL 电路图观察器

选择菜单 Tools→Netlist Viewers 命令，选择 RTL Viewer 命令，显示寄存器传输级电路；对于复杂 RTL 电路，利用过滤器 Filter 来简化电路，右击该模块，选择 Filter 命令，选择 Sources 或 Destinations 命令，产生简化电路。

5. 硬件仿真

1）下载实验验证

(1) 选择器件。

选择菜单 Assigments→Device 命令，出现对话框，选择 Cyclone 系列的 EP1C3T144C8 芯片。

(2) 锁定引脚。

选择 GW48－PK2/CK 实验箱模式 5，在实验箱上按模式选择键完成。通过查阅 GW48－PK2/CK 实验箱有关芯片引脚对照表，确定引脚为：输入信号 A，用键 3 控制，实验箱上信号为 PIO2，接 FPGA 芯片 Pin3 引脚，信号灯 D11；输入信号 B，用键 2 控制，实验箱上信号为 PIO1，接 FPGA 芯片 Pin2 引脚，信号灯 D10；输入信号 Ci，用键 1 控制，实验箱上信号为 PIO0，接 FPGA 芯片 Pin1 引脚，信号灯 D9；输出信号 S，用信号灯 D1 表示，实验箱上信号为 PIO8，接 FPGA 芯片 Pin11 引脚；进位位输出 Co，用信号灯 D2 表示，实验箱上信号为 PIO9，接 FPGA 芯片 Pin32 引脚。

(3) 引脚锁定操作。

选择菜单 Assigments→Assigment Editor 命令，出现对话框，在 Category 目录中单击 Pin 按钮，双击 To 列表中的 new，分别选择本工程要锁定的端口信号名，双击 Location 列表中的 new，在下拉列表中选择对应端口号信号名的器件引脚号。例如 A 信号对应 Pin3。

(4) 存储引脚锁定信息并编译。

单击“保存”按钮，选择菜单 Processing→Start Compilation 命令，提示 Full compilation was successful 时表示编译成功，单击“确定”按钮。

(5) 配置文件下载。

选择菜单 Tools→Programmer 命令，在 Hardware setup 选项卡中，选择 USB-Blaster [USB-0] 选项；在 Mode 下拉列表框中，选 JTAG 选项；在下载文件 Full _ add. sof 右侧第一个小方框打勾；单击 Start 按钮，开始下载文件并运行。

2) 实验结果

设定输入信号为键按下时输入“1”信号，此时信号灯亮；否则，输入“0”信号，信号灯灭。输出信号在信号灯亮时为“1”，信号灯灭时为“0”。见表 9-2，分别按下 KEY3、KEY2、KEY1 键，观察输出 LED1 和 LED2 的结果。

表 9-2 全加器的实验结果

D11(A)	D10(B)	D9(Ci)	D1(S)	D2(Co)
灭	灭	灭	灭	灭
灭	灭	亮	亮	灭
灭	亮	灭	亮	灭
灭	亮	亮	灭	亮
亮	灭	灭	亮	灭
亮	灭	亮	灭	亮
亮	亮	灭	灭	亮
亮	亮	亮	亮	亮

3) 实验解释

信号输入键为 KEY3、KEY2、KEY1。按下 KEY3 键，信号灯 D11 亮，即把“1”信号输入到 Pin3 引脚(A)，否则，表示送入信号“0”。按下 KEY2 键，信号灯 D10 亮，即把“1”信号输入到 Pin2 引脚(B)，否则，表示送入信号“0”。按下 KEY1 键，信号灯 D9 亮，即把“1”信号输入到 Pin1 引脚(Ci)，否则，表示送入信号“0”。

实验二：4 位加减法器的设计

1. 实验目的

熟悉 Quartus. Ⅱ 的原理图输入及 VHDL 设计过程，学习简单组合逻辑电路设计。

2. 实验原理

4 位加减法器可以对两个 4 位二进制数进行加减法运算，并且产生进位，其真值表见表 9-3。

4 位加法器应具备的脚位：

输入端：Sub、A [3..0]、B [3..0]；

表 9-3　4 位加减法器真值表

输　入			输　出	
Sub	A [3..0]	B [3..0]	S [3..0]	Co
0	A	B	A+B	进位
1	A	B	A−B	借位

输出端：S [3..0]、Co。

4 位加减法器的原理图如图 9.3 所示。

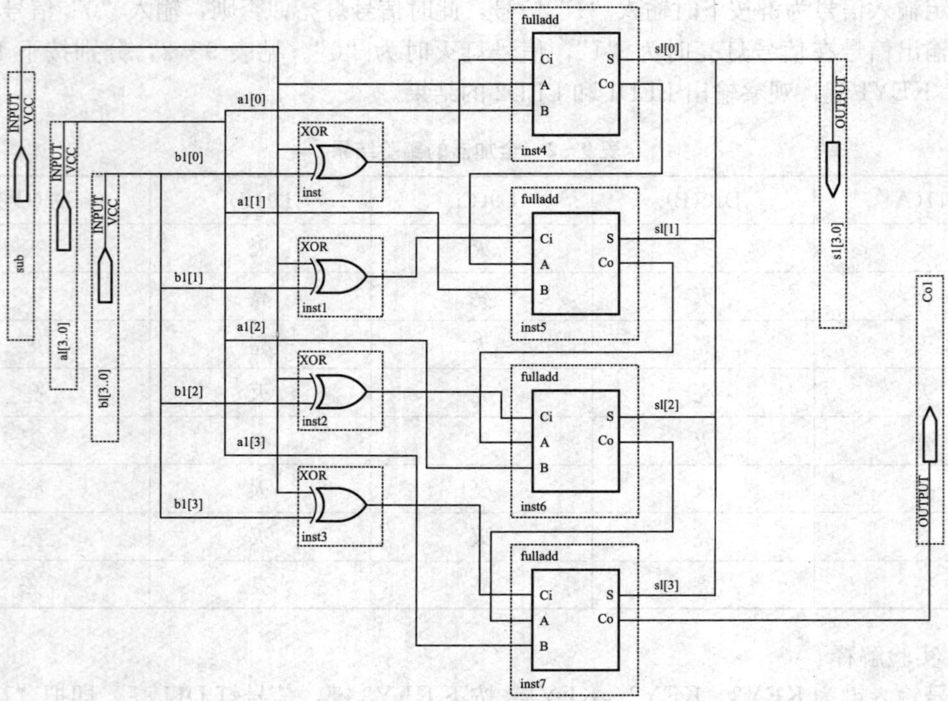

图 9.3　4 位加减法器的原理图

3. 原理图输入实验步骤

1）打开工程

打开已建工程文件 Full _ add，然后创建 4 位加减法器文件 Subadd _ v. bdf，4 位加减法器文件 Subadd _ v. bdf 要调用工程中定义的元件符号 Full _ add。

2）输入设计项目和存盘

(1) 选择菜单 File→New 命令，出现对话框，选择 Block Diagram/Schematic File 选项，单击 OK 按钮，进入原理图编辑窗口。

(2) 在原理图编辑窗口中任意位置右击，选择 Insert→Symbol 命令，进入输入元件的对话框。

(3) 单击“寻找”按钮，找基本元件路径，Quartus Ⅱ软件安装后，基本元件库路径为 C:\Altera\Quartus60\Libraries\Primitives\Logic。选中元件，单击“打开”按钮，单击 OK 按钮，可将库中的逻辑元件调入原理图编辑窗口中。

(4) 选择基本元件库路径 C:\Altera\Quartus60\Libraries\Primitives\Pin。选中元件，单击“打开”按钮，单击 OK 按钮，可将库中的输入、输出元件调入原理图编辑窗口中。

(5) 单击“寻找”按钮，选工程文件路径 D:\Full _ add，选择工程中定义的元件符号 Full _ add(一位全加器)，将此元件符号调入原理图编辑窗口中。

(6) 为了设计 4 位加减法器，分别调入元件：XOR(异或门)4 个，工程中定义的元件符号 Full _ add(一位全加器)4 个，INPUT(输入引脚)3 个，OUTPUT(输出引脚)2 个。

(7) 使用绘图工具连接好各元件。总线用粗线条来画，连线用细线来画。

(8) 分别双击 INPUT、OUTPUT 元件，输入引脚名：Sub，A1 [3..0]，B1 [3..0]；输出引脚名：S1 [3..0]、C1o。

(9) 对总线中各条连线进行标号。右击某条连线，弹出快捷菜单，选择 Properties 命令，出现 Node Properties 对话框，在 Name 栏，输入连线名称，例如：A1 [0]。按此方法分别对 A1 [3..0] 总线的各条连线分别标示 A1 [0]、A1 [1]、A1 [2]、A1 [3]；对 B1 [3..0] 总线的各条连线分别标示 B1 [0]、B1 [1]、B1 [2]、B1 [3]；对 S1 [3..0] 总线的各条连线分别标示 S1 [0]、S1 [1]、S1 [2]、S1 [3]。

(10) 保存文件。选择菜单 File→Save As 命令，出现保存文件对话框，选择文件保存目录 D:\Full _ add；输入原理图文件名：Subadd _ v. bdf；单击“保存”按钮。

3) 将 Subadd _ v. bdf 文件设置为顶层文件

选择菜单 Project→Set as Top _ level Entity 命令。

4) 编译前设置

(1) 选择 FPGA 目标芯片。

选择菜单 Assigments→Setting 命令，出现 Setting 对话框，选择 Gategory 目录下 Device 子目录，选择目标芯片：EP1C3T144C8。

(2) 选择配置器件工作方式。

单击 Device and Pin Options 按钮，出现 Device and Pin Options 对话框，选中 Auto-restart configuration after error 复选框。

(3) 选择配置器件和编程方式。

选择 Configuration 选项卡，选中 Generate compressed bitstreams 复选框，就能产生用于 EPCS 的 POF 压缩配置文件；选中 Use configuration device 并选择 EPCS1。EPCSx 是 Cyclone Ⅱ系列器件的专用配置器件，Flash 存储结构，编程周期 10 万次。

(4) 选择输出设置。

选择 Programming Files 选项卡，选中 Hexadecimal(Intel-Format)output File [. hexout] 复选框，即在生成下载文件的同时，产生二进制配置文件，此文件可用于单片机或 CPLD 与 EPROM 构成的 FPGA 配置电路系统中。

(5) 选择目标器件中闲置引脚状态。

选择 Unused Pins 选项卡，选择 Reserve all unused pins 下拉列表框内容为 As output driving ground(输出状态呈低电平)。

(6) 退出编译前设置。

单击“确定”按钮，单击 OK 按钮。

5) 全程编译

选择菜单 Processing→Start Compilation 命令，启动全程编译，编译成功提示 Full

Compilation was succesful 信息，单击“确定”按钮。

4．时序仿真(软件仿真)

1）打开波形编辑器

选择菜单 File→New 命令，出现 New 对话框，选择 Other Files 选项卡，选择 Vector Waveform File 类型，单击 OK 按钮。

2）设置仿真时间域

选择菜单 Edit→End Time 命令，出现 End Time 对话框，在 Time 文本框中输入 50，单位选择 μs，单击 OK 按钮。

3）保存波形文件

选择菜单 File→Save As 命令，出现 Save As 对话框，选择保存目录：D:\Full _ add，波形文件名：Subadd _ v. vwf，单击“保存”按钮存盘。

4）将实体 Subadd _ v 的端口信号名选入波形编辑器中

选择菜单 View→Utility Windows 命令，选择 Node Finder 子命令，出现 Node Finder 对话框。在 Filter 下拉列表框中选择 Pins：aLL；单击 List 按钮，显示 Subadd _ v 实体所有端口引脚名；用鼠标将输入、输出端口名拖到波形编辑器中，先拖输入端口，后拖输出端口；关闭 Node Finder 对话框，单击全屏显示按钮，波形窗口全屏显示；单击放大/缩小按钮，再把鼠标光标移到波形编辑区，右键单击缩小，左键单击放大，使仿真坐标处于适当位置(数十微秒数量级)。

5）编辑输入波形(输入激励信号)

单击输入信号 Sub，使之变成蓝色，单击左列波形工具，对 Sub 信号进行框选，对框选部分进行编辑；单击输入信号 A1，使之变成蓝色，双击信号 A1，出现 Node Properties 对话框，在 Radix 下拉列表框中选择 Hexadecimal。单击 A1 前的“+”号，展开 A1 [3]、A1 [2]、A1 [1]、A1 [0]，利用波形工具分别输入对应信号的波形。单击输入信号 B1，使之变成蓝色，双击信号 B1，出现 Node Properties 对话框，在 Radix 下拉列表框中选择 Hexadecimal。单击 B1 前的“+”号，展开 B1 [3]、B1 [2]、B1 [1]、B1 [0]，利用波形工具分别输入对应信号的波形。单击输出信号 S1，使之变成蓝色，双击信号 S1，出现 Node Properties 对话框，在 Radix 下拉列表框中选择 Hexadecimal。

6）仿真器参数设置

选择菜单 Assigments→Setting 命令，选择 Category 目录下 Simulator setting 子目录；在 Simulation mode 下拉列表框中选择 Timing 即选择时序仿真；在 Simulation input 下拉列表框中选择仿真激励文件 Subadd _ v. vwf；在 Select simulation option 选项卡上选择 Glitch detection(毛刺检测)为 1ns 宽度；选中 Simulation coverge reporting(仿真报告)复选框；在 Simulation period 选项中选中 Run simulation until all vector stimuli are used(全程仿真)复选框；单击 OK 按钮。

7）保存仿真文件

单击“保存”按钮。

8）启动仿真器

选择菜单 Processing→Start Simulation 命令，出现 Simulation was successful 的提示信息时仿真成功。

9）观察仿真结果

选择菜单 Assigments→Simulation Report 命令，单击“全屏显示”按钮，波形窗口全屏显示；单击放大/缩小按钮，再把鼠标光标移到波形编辑区，右键单击缩小，左键单击放大，放大或缩小仿真区域，查看仿真结果，如图9.4所示。

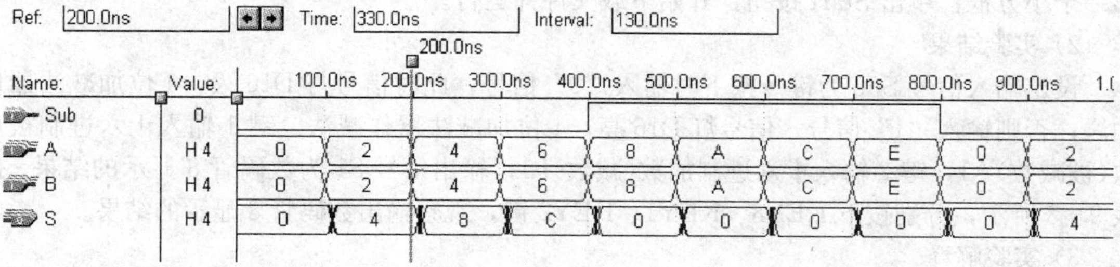

图9.4　4位加减法器的波形图

10）应用RTL电路图观察器

选择菜单 Tools→Netlist Viewers 命令，选择 RTL Viewer 命令，显示寄存器传输级电路；对于复杂 RTL 电路，利用过滤器 Filter 来简化电路，右击该模块，选择 Filter 命令，选择 Sources 或 Destinations 命令，产生简化电路。

5. *硬件仿真*

1）下载实验验证

（1）选择器件。

选择菜单 Assigments→Device 命令，出现对话框，选择 Cyclone 系列的 EP1C3T144C8 芯片。

（2）锁定引脚。

选择 GW48-PK2/CK 实验箱模式4，在实验箱上按模式选择键完成。通过查阅 GW48-PK2/CK 实验箱有关芯片引脚对照表，确定引脚为：输入信号 Sub，用键8控制，实验箱上信号为 PIO8，接 FPGA 芯片 Pin11 引脚，信号灯 D16；输入信号 A1，用键1控制，实验箱上信号为 PIO3～PIO0，接 FPGA 芯片 Pin4～Pin1 引脚，数码管1显示；输入信号 B1，用键2控制，实验箱上信号为 PIO7～PIO4，接 FPGA 芯片 Pin10、Pin7～Pin5 引脚，数码管2显示；输出信号 S1，用数码管8表示，实验箱上信号为 PIO47～PIO44，接 FPGA 芯片 Pin106、Pin105、Pin103、Pin99 引脚；进位位输出 Co1，用信号灯 D1 表示，实验箱上信号为 PIO10，接 FPGA 芯片 Pin33 引脚。GW48-PK2/CK 实验箱模式4下，键1、2都是十六进制，每按键一次，增加数值1，并在对应的数码管1、2显示输入的十六进制数据；键8是单脉冲输入键，每按一次，进行一次高低电平转换。

（3）引脚锁定操作。

选择菜单 Assigment→Assigment Editor 命令，出现对话框，在 Category 目录中单击 Pin 按钮，双击 To 列表中的 new，分别选择本工程要锁定的端口信号名，双击 Location 列表中的 new，在下拉列表中选择对应端口号信号名的器件引脚号。例如 A1［0］信号对应 Pin1，S1［0］信号对应 Pin99。

（4）存储引脚锁定信息并编译。

单击“保存”按钮，选择菜单 Processing→Start Compilation 命令，提示 Full compilation was successful 时表示编译成功，单击“确定”按钮。

(5) 配置文件下载。

选择菜单 Tools→Programmer 命令，在 Hardware setup 选项卡中，选择 USB-Blaster [USB-0]；在 Mode 下拉列表框中，选择 JTAG 选项；在下载文件 Subadd _ v. sof 右侧选中第一个小方框；单击 Start 按钮，开始下载文件并运行。

2) 实验结果

设定输入信号 Sub 为键 8 按下时输入“0”信号，此时信号灯 D16 灭，4 位加减法器作加法；否则输入“1”信号，信号灯 D16 亮，4 位加减法器作减法。键 1 输入十六进制被加数(被减数)A1，键 2 输入十六进制加数(减数)B1；输出信号 S1 为数码管 8 显示的结果。按表 9-3 所示，分别按下 KEY8、KEY1、KEY2 键，观察输出数码管 8 显示的结果。

3) 实验解释

信号输入键为 KEY8、KEY1、KEY2。按下 KEY8 键，信号灯 D16 亮，即把“1”信号输入到 Pin11 引脚(A)，4 位加减法器作加法，否则，表示送入信号“0”，4 位加减法器作减法。按下 KEY1 键多次，每次增加 1，表示把十六进制数据送入 Pin4～Pin1，数码管 1 显示对应的数字；按下 KEY2 键多次，每次增加 1，表示把十六进制数据送入 Pin10、Pin7～Pin5，数码管 2 显示对应的数字；数码管 8 显示 4 加减器运算结果。

实验三：基本 D 触发器的设计

1. 实验目的

熟悉 VHDL 设计过程，学习时序逻辑电路设计。

2. 实验原理

触发器为具有记忆功能的装置，可储存两种不同的状态“0”和“1”；借助输入状态的改变，可改变储存的状态。但由于系统需要同步变化，故通常在计时脉冲的上升沿变迁(Positive Transition)时刻才容许储存数据改变，其他时刻触发器是被“锁住”的。触发器常被用在计数器、寄存器等器件中。

D 触发器是最常用的触发器，其他的时序电路(包括其他触发器)都可以由 D 触发器外加一部分组合逻辑电路转换而来。

(1) 基本 D 触发器。基本触发器的特征方程为

$$Q^{n+1}=D$$

基本 D 触发器应具备的脚位：

数据输入端：D；

时钟输入端：clk；

输出端：Q。

(2) 带异步复位/置位端的同步使能 D 触发器。所谓异步复位，是指只要复位端有效，不需等时钟的上升沿到来就立刻使 D 触发器清零。而异步置位是指只要复位端有效，不需等时钟的上升沿到来就立刻使 D 触发置位。若异步复位端与异步置位端同时有效，则输出为不定状态。

由于实际硬件情况的复杂性，系统刚开始工作时并不能确保处于所需要的初始状态。这一问题在使用了异步复位信号或异步置位信号后得到了解决。当异步复位信号有效时，输出

端立刻为“0”；当异步置位信号有效时，输出端立刻为“1”。

带异步复位/置位端的同步使能 D 触发器具备的脚位：

数据输入端：D；

时钟输入端：clk；

复位信号端：clrn；

置位信号端：prn；

使能输入端：ena；

输出端：Q。

表 9-4 是带异步复位/置位功能 D 触发器真值表，从表中可以看出，当预置位端 prn(或复位端 clrn)有效时(低电平)，无论时钟和 D 端的电平情况怎样，输出都为高电平(或低电平)；而当二者同为低电平，即预置位端与复位端同时有效时，输出不定，用“X”表示。当预置位端 prn 与复位端 clrn 均无效时，随着上升沿的到来，输出逻辑与输入端 D 逻辑值相同。

表 9-4　异步复位/置位端同步使能 D 触发器真值表

输入					输出
prn	clrn	ena	clk	D	Q
0	1	X	X	X	1
1	0	X	X	X	0
0	0	X	X	X	X
1	1	0	↑(上升沿)	X	Q^n
1	1	1	↑	1	1
1	1	1	↑	0	0

3. VHDL 设计实验步骤

1) 为本项工程设计建立文件夹

D:\DFFE2

2) 输入设计项目和存盘

(1) 打开 Quartus Ⅱ软件，选择菜单 File→New 命令，出现对话框，选择 VHDL File 选项，单击 OK 按钮，进入源程序编辑窗口。

(2) 在源程序编辑窗口中，输入以下源程序：

程序一：

```
LIBRARY IEEE;
USE IEEE.STD_LOGIC_1164.ALL;
ENTITY dffe2 IS
      PORT(d,clk,clrn,prn,ena    :IN       STD_LOGIC;
                          q    :OUT    STD_LOGIC);
END dffe2;
ARCHITECTURE a OF dffe2 IS
BEGIN
PROCESS(clk,prn,clrn,ena,d)
   BEGIN
```

```
        IF prn='0'THEN q<='1';
        ELSIF clrn='0'THEN q<='0';
        ELSIF clk'event AND clk='1'THEN
            IF ena='1'then
              q<=d;
        END IF;
        END IF;
      END PROCESS;
END a;
```

程序二：

```
LIBRARY IEEE;
USE IEEE.STD_LOGIC_1164.ALL;
LIBRARY ALTERA;
USE ALTERA.MAXPLUS2.ALL;
ENTITY dffe_v IS
      PORT(d,clk,clrn,prn,ena:IN    STD_LOGIC;
                q               :OUT STD_LOGIC);
END dffe_v;
ARCHITECTURE a OF dffe_v IS
BEGIN
exam:DFFE
      PORT MAP(D=>d,CLK=>clk,CLRN=>clrn,PRN=>prn,ENA=>ena,Q=>q);
END a;
```

(3) 保存文件。选择菜单 File→Save As 命令，出现保存文件对话框，选择文件保存目录 D:\DFFE2；输入 VHDL 文件名：DFFE2.VHD；出现提示：Do you want to create a new project with this file? 单击“是”按钮，进入创建工程流程。

3) 将设计文件加入工程

(1) 单击 Next 按钮，进入创建工程对话框。

(2) 输入工程工作目录名 D:\DFFE2；输入工程名称：DFFE2；输入顶层实体名：DFFE2。

(3) 单击 Next 按钮，选择工程中包含的所有设计文件 D:\DFFE2.VHD。

(4) 单击 Next 按钮，进入选择仿真器和综合器对话框。

4) 选择仿真器和综合器

(1) 在 Family 下拉列表框中，选择 Cyclone 系列。

(2) 在 Available device 列表中，选择 EP1C3T144C8 芯片。

(3) 在 Show in available device 下拉列表框中，选择封装为 Any QFP；引脚为 144；speed grade 为 8。

(4) 单击 Next 按钮，进入工具设置对话框。

5) 工具设置

此对话框有 3 项选择，单击 Next 按钮，表示不做任何选择，仅选择 Quartus Ⅱ 自含所有设计工具。

6）结束

单击 Finish 按钮，出现 DFFE2 工程管理窗口。

7）编译前设置

(1) 选择 FPGA 目标芯片。

选择菜单 Assigments→Setting 命令，出现 Settings 对话框，选择 Gategory 目录下 Device 子目录，选择目标芯片：EP1C3T144C8。

(2) 选择配置器件工作方式。

单击 Device and Pin Options 按钮，出现 Device and Pin Options 对话框，选中 Auto-restart configuration after error 复选框。

(3) 选择配置器件和编程方式。

选择 Configuration 选项卡，选中 Generate compressed bitstreams 复选框，就能产生用于 EPCS 的 POF 压缩配置文件；选中 Use configuration device 复选框并选择 EPCS1。EPCSx 是 Cyclone Ⅱ系列器件的专用配置器件，Flash 存储结构，编程周期 10 万次。

(4) 选择输出设置。

选择 Programming Files 选项卡，选中 Hexadecimal(Intel-Format)output File [.hexout] 复选框，即在生成下载文件的同时，产生二进制配置文件，此文件可用于单片机或 CPLD 与 EPROM 构成的 FPGA 配置电路系统中。

(5) 选择目标器件中闲置引脚状态。

选择 Unused Pins 选项卡，选择 Reserve all unused pins 下拉列表框内容为 As output driving ground(输出状态呈低电平)。

(6) 退出编译前设置。

单击"确定"按钮，单击 OK 按钮。

8）全程编译

选择菜单 Processing→Start Compilation 命令，启动全程编译，编译成功提示 Full Compilation was succesful 信息，单击"确定"按钮。

9）将触发器设置成可调用的元件

选择菜单 File→Create/Update 命令，选择 Create Symbol Files for Current File 子命令，出现 Create Block Symbol File DFFE2 提示框，单击"确定"按钮。即可将当前文件 DFFE2.VHD 变成一个元件符号存盘，存在当前工程的路径文件中。

4. 时序仿真(软件仿真)

1）打开波形编辑器

选择菜单 File→New 命令，出现 New 对话框，选择 Other Files 选项卡，选择 Vector Waveform File 选项，单击 OK 按钮。

2）设置仿真时间域

选择菜单 Edit→End Time 命令，出现 End Time 对话框，在 Time 文本框中输入 500，单位选择 ns，单击 OK 按钮。

3）保存波形文件

选择菜单 File→Save As 命令，出现 Save As 对话框，选择保存目录 D:\DFFE2，波形文件名：DFFE2.vwf，单击"保存"按钮存盘。

4）将工程 DFFE2 的端口信号名选入波形编辑器中

选择菜单View→Utility Windows命令，选择Node Finder子命令，出现Node Finder对话框。在Filter下拉列表框中选择Pins：aLL；单击List按钮，显示DFFE2工程所有端口引脚名；用鼠标将输入、输出端口名拖到波形编辑器中，先拖输入端口，后拖输出端口；关闭Node Finder对话框，单击全屏显示按钮，波形窗口全屏显示；单击放大/缩小按钮，再把鼠标光标移到波形编辑区，右键单击缩小，左键单击放大，使仿真坐标处于适当位置(数十微秒数量级)。

5）编辑输入波形(输入激励信号)

单击时钟信号clk使之变成蓝色，单击左列的时钟设置按钮，弹出Clock窗口，在Period文本框中输入80ns，则clk时钟周期为80ns，$f=1/T=1/80=10^9/80=12.5$M(Hz)，单击OK按钮。单击置位信号prn使之变成蓝色，对prn信号进行框选，对框选部分进行编辑；单击清零信号clrn使之变成蓝色，单击左列波形工具，对clrn信号进行框选，对框选部分进行编辑；单击使能输入信号ena使之变成蓝色，单击左列波形工具，对ena信号进行框选，对框选部分进行编辑；单击数据输入信号D使之变成蓝色，单击左列波形工具，对D信号进行框选，对框选部分进行编辑。

6）仿真器参数设置

选择菜单Assigments→Setting命令，选择Category目录下Simulator setting子目录；在Simulation mode下拉列表框中选择Timing即选择时序仿真；在Simulation input下拉列表框中选择仿真激励文件DFFE2.vwf；在Select simulation option选项卡上选择Glitch detection(毛刺检测)为1ns宽度；选中Simulation coverge reporting(仿真报告)复选框；在Simulation period选项中选中Run simulation until all vector stimuli are used(全程仿真)复选框；单击OK按钮。

7）保存仿真文件

单击“保存”按钮。

8）启动仿真器

选择菜单Processing→Start Simulation命令，出现Simulation was successful的提出信息时仿真成功。

9）观察仿真结果

选择菜单Assigments→Simulation Report命令，单击全屏显示按钮，波形窗口全屏显示；单击放大/缩小按钮，再把鼠标光标移到波形编辑区，右键单击缩小，左键单击放大，放大或缩小仿真区域，查看仿真结果，如图9.5所示。

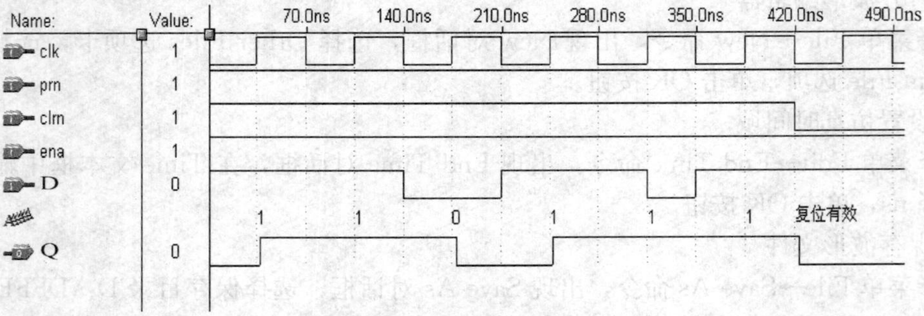

图9.5 异步复位/置位端、同步使能D触发器仿真结果

10）波形分析

观察仿真结果，在使能端ena="1"且prn、clrn均为高电平(无效)期间，随着每个时钟上升沿的到来，输出端Q与输入端D的逻辑相同，符合$Q_{n+1}=D$的D触发器特征方程。而当清零端有效clrn有效时，尽管输入是高电平，输出仍被无条件地复位为"0"。图9.5中未列出预置位信号prn置零(有效)时的输出情况，读者可尝试将预置位信号prn置零(有效)，观察输出的逻辑情况。

11）应用RTL电路图观察器

选择菜单Tools→Netlist Viewers命令，选择RTL Viewer命令，显示寄存器传输级电路；对于复杂RTL电路，利用过滤器Filter来简化电路，右击该模块，选择Filter命令，选择Sources或Destinations命令，产生简化电路。

5. 硬件仿真

1）下载实验验证

(1) 选择器件。

选择菜单Assigments→Device命令，出现对话框，选择Cyclone系列的EP1C3T144C8芯片，单击OK按钮。

(2) 锁定引脚。

选择GW48-PK2/CK实验箱模式5，在实验箱上按模式选择键完成。通过查阅GW48-PK2/CK实验箱有关芯片引脚对照表，确定引脚为：数据输入信号D，用键1控制，实验箱上信号为PI00，接FPGA芯片Pin1引脚，信号灯D9；时钟信号clk选Clock0时钟，接FPGA芯片Pin93引脚，Clock0时钟频率跳接到12MHz；清零信号clrn，用键8控制，实验箱上信号为PI07，接FPGA芯片Pin10引脚，信号灯D16；置位信号prn，用键7控制，实验箱上信号为PI06，接FPGA芯片Pin7引脚，信号灯D15；输入使能信号ena，用键6控制，实验箱上信号为PI05，接FPGA芯片Pin6引脚，信号灯D14；输出信号Q，用信号灯D1表示，实验箱上信号为PI08，接FPGA芯片Pin11引脚。

(3) 引脚锁定操作。

选择菜单Assigments→Assigment Editor命令，出现对话框，在Category目录中单击Pin按钮，双击To列表中的New，分别选择本工程要锁定的端口信号名，双击Location列表中的New，在下拉列表中选择对应端口号信号名的器件引脚号。例如D信号对应Pin1。

(4) 存储引脚锁定信息并编译。

单击"保存"按钮，选择菜单Processing→Start Compilation命令，提示Full compilation was successful时表示编译成功，单击"确定"按钮。

(5) 配置文件下载。

选择菜单Tools→Programmer命令，在Hardware setup选项卡中，选择USB-Blaster[USB-0]；在Mode下拉列表框中选择JTAG选项；在下载文件DFFE2.sof右侧第一个小方框打勾；单击Start按钮，开始下载文件并运行。

2）实验结果

GW48型EDA实验箱模式5，提供了8个按键作为一部分输入信号，这些键按下时表示向有关引脚输入了"1"信号，此时，按键上方的信号灯亮；反之，则表示输入的是"0"信号，信号灯灭。该实验箱还提供了8个LED作为一部分输出信号，这些LED信号灯亮时表示输出为"1"，LED信号灯灭时表示输出为"0"。见表9-5，按下输入键KEY8～

KEY6、KEY1，观察输出 LED 的结果。

表 9-5 D 触发器的实验结果

输入				输出
输入 KEY8 clrn	输入 KEY7 prn	输入 KEY6 ena	输入 KEY1 D	LED1 Q
0	1	X	X	灭
1	0	X	X	亮
1	1	0	X	不变
1	1	1	1	亮
1	1	1	0	灭

3）实验解释

见表 9-5，用"1"代表按键按入，则对应的 LED 灯亮，"0"代表按键恢复，则对应的 LED 灯灭。

由表可见，输出的逻辑结果与 D 触发器的逻辑功能一致，因此，设计正确。

实验四：同步清零计数器的设计

1. 实验目的

熟悉 VHDL 设计过程，学习时序逻辑电路设计。

2. 实验原理

数字系统经常需要对脉冲的个数进行计数，以实现数字测量、状态控制和数据运算等，计数器就是完成这一功能的逻辑器件。计数器是数字系统的一种基本部件，是典型的时序电路。计数器的应用十分广泛，常用于数/模转换、计时、频率测量等。

计数器按照工作原理和使用情况分可分为很多种类，如最基本的计数器、带清零端的(包括同步清零和异步清零)计数器、能并行预加载初始计数值的计数器、各种进制的计数器(如十二进制、六十进制)等。基本计数器只能实现单一递增计数或递减计数功能，没有其他任何控制端。

同步清零计数器只是在基本计数器的基础上增加了一个同步清零控制端，本例设计一个同步清零的递增计数器，它只需以下基本引脚：

时钟输入端：clk；

计数输出端：Q；

同步清零端：clr。

3. VHDL 设计实验步骤

1）为本项工程设计建立文件夹

D:\COUNTCLR

2）输入设计项目和存盘

(1) 打开 Quartus Ⅱ 软件，选择菜单 File→New 命令，出现对话框，选择 VHDL File

选项，单击 OK 按钮，进入源程序编辑窗口。

（2）在源程序编辑窗口中，输入以下源程序。

```
LIBRARY IEEE;
USE IEEE.STD_LOGIC_1164.ALL;
USE IEEE.STD_LOGIC_UNSIGNED.ALL;
ENTITY countclr IS
 PORT(clk  :IN STD_LOGIC;
     clr  :IN STD_LOGIC;
       q   :BUFFER STD_LOGIC_VECTOR(7 DOWNTO 0));
END countclr;
ARCHITECTURE a OF countclr IS
BEGIN
     PROCESS(clk)
     VARIABLE qtmp:STD_LOGIC_VECTOR(7 DOWNTO 0);
     BEGIN
       IF clk'event AND clk='1'THEN
         IF clr='0'THEN qtmp:="00000000";
             ELSE qtmp:= qtmp+1;
         END IF;
       END IF;
       q<=qtmp;
     END PROCESS;
END a;
```

（3）保存文件。选择菜单 File→Save As 命令，出现保存文件对话框，选择文件保存目录 D:\COUNTCLR；输入 VHDL 文件名：COUNTCLR. VHD；出现提示：Do you want to create a new project with this file? 单击“是”按钮，进入创建工程流程。

3）将设计文件加入工程

（1）单击 Next 按钮，进入创建工程对话框。

（2）输入工程工作目录名 D:\COUNTCLR；输入工程名称：COUNTCLR；输入顶层实体名：COUNTCLR。

（3）单击 Next 按钮，选择工程中包含的所有设计文件 D:\COUNTCLR. VHD。

（4）单击 Next 按钮，进入选择仿真器和综合器对话框。

4）选择仿真器和综合器

（1）在 Family 下拉列表框中选择 Cyclone 系列。

（2）在 Available device 列表中选择 EP1C3T144C8 芯片。

（3）在 Show in available device 下拉列表框中选择封装为 Any QFP；引脚为 144；Speed grade 为 8。

（4）单击 Next 按钮，进入工具设置对话框。

5）工具设置

此对话框有 3 项选择，单击 Next 按钮，表示不做任何选择，仅选择 Quartus Ⅱ自含所有设计工具。

6）结束

单击 Finish 按钮，出现 COUNTCLR 工程管理窗口。

7）编译前设置

(1) 选择 FPGA 目标芯片。

选择菜单 Assigments→Setting 命令，出现 Settings 对话框，选择 Gategory 目录下 Device 子目录，选择目标芯片：EP1C3T144C8。

(2) 选择配置器件工作方式。

单击 Device and Pin Options 按钮，出现 Device and Pin Options 对话框，选中 Auto-restart configuration after error 复选框。

(3) 选择配置器件和编程方式。

选择 Configuration 选项卡，选中 Generate compressed bitstreams 复选框，就能产生用于 EPCS 的 POF 压缩配置文件；选中 Use configuration device 复选框并选择 EPCS1。EPCSx是 Cyclone Ⅱ系列器件的专用配置器件，Flash 存储结构，编程周期 10 万次。

(4) 选择输出设置。

选择 Programming Files 选项卡，选中 Hexadecimal(Intel-Format)output File [.hexout] 复选框，即在生成下载文件的同时，产生二进制配置文件，此文件可用于单片机或 CPLD 与 EPROM 构成的 FPGA 配置电路系统中。

(5) 选择目标器件中闲置引脚状态。

选择 Unused Pins 选项卡，选择 Reserve all unused pins 下拉列表框内容为 As output driving ground(输出状态呈低电平)。

(6) 退出编译前设置。

单击“确定”按钮，单击 OK 按钮。

8）全程编译

选择菜单 Processing→Start Compilation 命令，启动全程编译，编译成功提示 Full Compilation was succesful 信息，单击“确定”按钮。

9）将计数器设置成可调用的元件

选择菜单 File→Create/Update 命令，当前工程一定要打开，选择 Create Symbol Files for Current File 子命令，出现 Create Block Symbol File COUNTCLR 提示框，单击“确定”按钮。即可将当前文件 COUNTCLR. VHD 变成一个元件符号存盘，存在当前工程的路径文件中。

4. 时序仿真(软件仿真)

1）打开波形编辑器

选择菜单 File→New 命令，出现 New 对话框，选择 Other Files 选项卡，选择 Vector Waveform File 类型，单击 OK 按钮。

2）设置仿真时间域

选择菜单 Edit→End Time 命令，出现 End Time 对话框，在 Time 文本框中输入 1000，单位选择 ns，单击 OK 按钮。

3）保存波形文件

选择菜单 File→Save As 命令，出现 Save As 对话框，选择保存目录 D:\COUNTCLR，波形文件名：COUNTCLR. vwf，单击“保存”按钮存盘。

4）将工程 COUNTCLR 的端口信号名选入波形编辑器中

选择菜单 View→Utility Windows 命令，选择 Node Finder 子命令，出现 Node Finder 对话框。在 Filter 下拉列表框中选择 Pins：aLL；单击 List 按钮，显示 COUNTCLR 工程所有端口引脚名；用鼠标将输入、输出端口名拖到波形编辑器中，先拖输入端口，后拖输出端口；关闭 Node Finder 对话框，单击全屏显示按钮，波形窗口全屏显示；单击放大/缩小按钮，再把鼠标光标移到波形编辑区，右键单击缩小，左键单击放大，使仿真坐标处于适当位置(数十微秒数量级)。

5）编辑输入波形(输入激励信号)

单击清零信号 clr 使之变成蓝色，单击左列波形工具，对 clr 信号进行框选，对框选部分进行编辑；单击时钟信号 clk 使之变成蓝色，单击左列的时钟设置按钮，弹出 Clock 窗口，在 Period 文本框中输入 80ns，则 clk 时钟周期为 80ns，$f=1/T=1/80=10^9/80=12.5M(Hz)$，单击 OK 按钮。单击数据输出信号 Q 使之变成蓝色，双击 Q 信号，出现 Node Properties 对话框，在 Radix 下拉列表中选择 Unsigned decimal，单击“确定”按钮，则 Q 输出结果以十进制形式显示。

6）仿真器参数设置

选择菜单 Assigments→Setting 命令，选择 Category 目录下 Simulator setting 子目录；在 Simulation mode 下拉列表框中选择 Timing 即选择时序仿真；在 Simulation input 下拉列表框中选择仿真激励文件 COUNTCLR. vwf；在 Select simulation option 选项卡上选择 Glitch detection(毛刺检测)为 1ns 宽度；选中 Simulation coverge reporting(仿真报告)复选框；在 Simulation period 栏，选中 Run simulation until all vector stimuli are used(全程仿真)复选框；单击 OK 按钮。

7）保存仿真文件

单击“保存”按钮。

8）启动仿真器

选择菜单 Processing→Start Simulation 命令，出现 Simulation was successful 的提示信息时仿真成功。

9）观察仿真结果

选择菜单 Assigments→Simulation Report 命令，单击全屏显示按钮，波形窗口全屏显示；单击放大/缩小按钮，再把鼠标光标移到波形编辑区，右键单击缩小，左键单击放大，放大或缩小仿真区域，查看仿真结果，如图 9.6 所示。

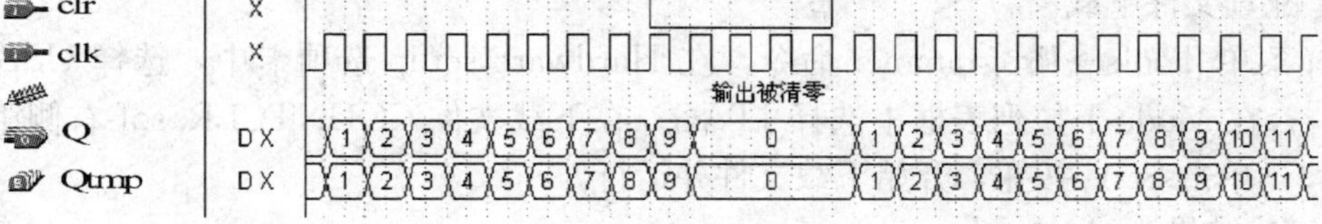

图 9.6 同步清零的计数器仿真结果

10）波形分析

从仿真波形可以看出，每来一个时钟的上升沿，输出数据 Q 就累加一次，相当于对时钟进行计数，符合计数器的逻辑功能。当清零信号 clr 有效电平(低电平)到达时，并没有立刻清零，而是等清零有效电平到达后的下一时钟有效边沿到达时才使计数输出清零。因此，该 VHDL 设计能实现预期的同步计数器的有关逻辑功能。

11）应用 RTL 电路图观察器

选择菜单 Tools→Netlist Viewers 命令，选择 RTL Viewer 命令，显示寄存器传输级电路；对于复杂 RTL 电路，利用过滤器 Filter 来简化电路，右击该模块，选择 Filter 命令，选择 Sources 或 Destinations 命令，产生简化电路。

5. 硬件仿真

1）下载实验验证

(1) 选择器件。

选择菜单 Assigments→Device 命令，出现对话框，选择 Cyclone 系列的 EP1C3T144C8 芯片，单击 OK 按钮。

(2) 锁定引脚。

选择 GW48－PK2/CK 实验箱模式 5，在实验箱上按模式选择键完成。通过查阅GW48－PK2/CK 实验箱有关芯片引脚对照表，确定引脚为：同步清零信号 clr，用键 1 控制，实验箱上信号为 PI00，接 FPGA 芯片 Pin1 引脚，信号灯 D9；时钟信号 clk 选 Clock0 时钟，接 FPGA 芯片 Pin93 引脚，Clock0 时钟频率跳接到 1Hz；输出信号 Q [0]，用信号灯 D1 表示，实验箱上信号为 PI08，接 FPGA 芯片 Pin11 引脚；输出信号 Q [1]，用信号灯 D2 表示，实验箱上信号为 PI09，接 FPGA 芯片 Pin32 引脚；输出信号 Q [2]，用信号灯 D3 表示，实验箱上信号为 PI010，接 FPGA 芯片 Pin33 引脚；输出信号 Q [3]，用信号灯 D4 表示，实验箱上信号为 PI011，接 FPGA 芯片 Pin34 引脚；输出信号 Q [4]，用信号灯 D5 表示，实验箱上信号为 PI012，接 FPGA 芯片 Pin35 引脚；输出信号 Q [5]，用信号灯 D6 表示，实验箱上信号为 PI013，接 FPGA 芯片 Pin36 引脚；输出信号 Q [6]，用信号灯 D7 表示，实验箱上信号为 PI014，接 FPGA 芯片 Pin37 引脚；输出信号 Q [7]，用信号灯 D8 表示，实验箱上信号为 PI015，接 FPGA 芯片 Pin38 引脚。

(3) 引脚锁定操作。

选择菜单 Assigments→Assigment Editor 命令，出现对话框，在 Category 目录中单击 Pin 按钮，双击 To 列表中的 new，分别选择本工程要锁定的端口信号名，双击 Location 列表中的 new，在下拉列表中选择对应端口号信号名的器件引脚号。例如 clr 信号对应 Pin1。

(4) 存储引脚锁定信息并编译。

单击“保存”按钮，选择菜单 Processing→Start Compilation 命令，提示 Full compilation was successful 时表示编译成功，单击“确定”按钮。

(5) 配置文件下载。

选择菜单 Tools→Programmer 命令，在 Hardware setup 选项卡中，选择 USB-Blaster [USB-0]；在 Mode 下拉列表框中选择 JTAG；在下载文件 COUNTCLR. sof 右侧第一个小方框打勾；单击 Start 按钮，开始下载文件并运行。

2）实验结果

将时钟设为 1Hz，将输入按键 KEY1 按下，VHDL 程序被载入芯片后，8 个 LED 灯的亮灭即发生变化，且以二进制数递增的规律变化。当 8 个输出 LED 灯全亮后，又恢复到全灭，然后以同样的二进制数递增的规律变化。当输入按键释放时，8 个 LED 灯全灭。

3）实验解释

12 个输出 LED 与计数器的输出 Q 端相连，LED 灯的亮灭情况符合二进制数递增的规律，表明计数器确实在正常工作。当 8 个输出 LED 灯全亮时，表示计数器已计到“11111111”，下一个时钟在此基础上再加 1，根据二进制规律，结果应为“100000000”，使 LED8～LED1 对应“100000000”的低 8 位，所以输出 LED 恢复到全灭，表明计数器工作正常。下载 VHDL 程序之前就将输入按键按下，即使同步清零端保持无效状态，计数器还能正常计数。KEY1 释放后，相当于计数器清零端输入了“0”电平，结果 8 个 LED 灯全灭，表示清零有效。

实验五：基本移位寄存器的设计——串入/串出移位寄存器

1. 实验目的

熟悉 VHDL 设计串入/串出移位寄存器过程，学习时序逻辑电路设计。

2. 实验原理

数字系统中，经常要用到可以存放二进制数据的部件，这种部件称为数据寄存器。从硬件上看，寄存器就是一组可储存二进制数的触发器，每个触发器都可储存一位二进制数，比如 12 位寄存器用 12 个 D 触发器组合即可实现。

当时钟有效边沿到达时，一组触发器的输入端同时移入各触发器的输出端，时钟撤销后各触发器的输出不变，直到下一有效边沿到来时输入端数据才会有变化。这种寄存器称为基本的数据寄存器。

有时为了处理数据的需要，寄存器中各位数据要从低位向高位(或相反方向)依次移动，这种具有移位功能的寄存器称为移位寄存器。

基本串入串出移位寄存器原理图如图 9.7 所示，8 位移位寄存器由 8 个 D 触发器串联构成，在时钟信号的作用下，前级的数据向后移动。图 9.7 中数据从低位向高位移动，可看做是右移寄存器。

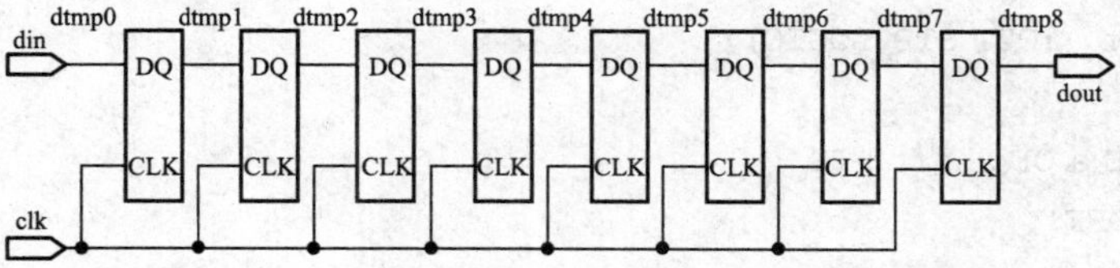

图 9.7 串入/串出移位寄存器原理图

一个串入/串出移位寄存器应具有脚位：

串行数据输入端：din；

脉冲输入端：clk；

串行数据输出端：dout。

3. VHDL 设计实验步骤

1）为本项工程设计建立文件夹

D:\SHIFT1

2）输入设计项目和存盘

(1) 打开 Quartus Ⅱ软件，选择菜单 File→New 命令，出现对话框，选择 VHDL File 选项，单击 OK 按钮，进入源程序编辑窗口。

(2) 在源程序编辑窗口中，输入以下源程序。

程序一(描述方法一)

```
LIBRARY IEEE;
USE IEEE.STD_LOGIC_1164.ALL;
ENTITY shift1 IS
  PORT(din,clk:IN STD_LOGIC;
       dout   :OUT STD_LOGIC);
END shift1;
ARCHITECTURE a OF shift1 IS
SIGNAL dtmp:STD_LOGIC_VECTOR(7 DOWNTO 0);
BEGIN
  PROCESS(clk)
BEGIN
     IF clk'event AND clk='1'THEN
       dtmp(0)<= din;
          dtmp(7 DOWNTO 1)<=dtmp(6 DOWNTO 0);
       dout<=dtmp(7);
     END IF;
  END PROCESS;
END a;
```

程序二(描述方法二)

```
LIBRARY IEEE;
USE IEEE.STD_LOGIC_1164.ALL;
ENTITY shift2 IS
  PORT(din,clk:IN STD_LOGIC;
       dout   :OUT STD_LOGIC);
END shift2;
ARCHITECTURE a OF shift2 IS
 COMPONENT DFF
  PORT(d,clk:IN STD_LOGIC;
      q   :OUT STD_LOGIC);
 END COMPONENT;
SIGNAL dtmp:STD_LOGIC_VECTOR(8 DOWNTO 0);
BEGIN
  dtmp(0)<=din;
    FOR i IN 0 TO 7 GENERATE
       UX:dff PORT MAP(d=>dtmp(i),clk=>clk,q=>dtmp(i+1));
    END GENERATE;
  dout<=dtmp(8);
END a;
```

（3）保存文件。选择菜单 File→Save As 命令，出现保存文件对话框，选择文件保存目录 D:\SHIFT1；输入 VHDL 文件名：SHIFT1. VHD；出现提示：Do you want to create a new project with this file? 单击“是”按钮，进入创建工程流程。

3）将设计文件加入工程

（1）单击 Next 按钮，进入创建工程对话框。

（2）输入工程工作目录名 D:\SHIFT1；输入工程名称：SHIFT1；输入顶层实体名：SHIFT1。

（3）单击 Next 按钮，选择工程中包含的所有设计文件 D:\SHIFT1. VHD。

（4）单击 Next 按钮，进入选择仿真器和综合器对话框。

4）选择仿真器和综合器

（1）在 Family 下拉列表框中选择 Cyclone 系列。

（2）在 Available device 列表中选择 EP1C3T144C8 芯片。

（3）在 Show in available device 下拉列表框中选择封装为 Any QFP；引脚为 144；Speed grade 为 8。

（4）单击 Next 按钮，进入工具设置对话框。

5）工具设置

此对话框有 3 项选择，单击 Next 按钮，表示不做任何选择，仅选择 Quartus Ⅱ自含所有设计工具。

6）结束

单击 Finish 按钮，出现 SHIFT1 工程管理窗口。

7）编译前设置

（1）选择 FPGA 目标芯片。

选择菜单 Assigments→Setting 命令，出现 Settings 对话框，选择 Gategory 目录，下 Device 子目录，选择目标芯片：EP1C3T144C8。

（2）选择配置器件工作方式。

单击 Device and Pin Option 按钮，出现 Device and Pin Options 对话框，选中 Auto-restart configuration after error 复选框。

（3）选择配置器件和编程方式。

选择 Configuration 选项卡，选中 Generate compressed bitstreams 复选框，就能产生用于 EPCS 的 POF 压缩配置文件；选中 Use configuration device 复选框并选择 EPCS1。EPCSx 是 Cyclone Ⅱ系列器件的专用配置器件，Flash 存储结构，编程周期 10 万次。

（4）选择输出设置。

选择 Programming Files 选项卡，选中“Hexadecimal(Intel-Format) output File [. hexout] 复选框，即在生成下载文件的同时，产生二进制配置文件，此文件可用于单片机或 CPLD 与 EPROM 构成的 FPGA 配置电路系统中。

（5）选择目标器件中闲置引脚状态。

选择 Unused Pins 选项卡，选择 Reserve all unused pins 下拉列表框内容为 As output driving ground(输出状态呈低电平)。

（6）退出编译前设置。

单击“确定”按钮，单击 OK 按钮。

8）全程编译

选择菜单 Processing→Start Compilation 命令，启动全程编译，编译成功提示 Full Compilation was succesful 信息，单击“确定”按钮。

9）将移位寄存器设置成可调用的元件

选择菜单 File→Create/Update 命令，当前工程一定要打开，选择 Create Symbol Files for Current File 子命令，出现 Create Block Symbol File SHIFT1 提示框，单击“确定”按钮。即可将当前文件 SHIFT1. vhd 变成一个元件符号存盘，存在当前工程的路径文件中。

4. 时序仿真(软件仿真)

1）打开波形编辑器

选择菜单 File→New 命令，出现 New 对话框，选择 Other Files 选项卡，选择 Vector Waveform File 类型，单击 OK 按钮。

2）设置仿真时间域

选择菜单 Edit→End Time 命令，出现 End Time 对话框，在 Time 文本框中输入 1000，单位选择 ns，单击 OK 按钮。

3）保存波形文件

选择菜单 File→Save As 命令，出现 Save As 对话框，选择保存目录 D:\SHIFT1，波形文件名：SHIFT1. vwf，单击“保存”按钮存盘。

4）将工程 SHIFT1 的端口信号名选入波形编辑器中

选择菜单 View→Utility Windows 命令，选择 Node Finder 子命令，出现 Node Finder 对话框。在 Filter 下拉列表框中，选择 Pins：aLL；单击 List 按钮，显示 SHIFT1 工程所有端口引脚名；用鼠标将输入、输出端口名拖到波形编辑器中，先拖输入端口，后拖输出端口；关闭 Node Finder 对话框，单击全屏显示按钮，波形窗口全屏显示；单击放大/缩小按钮，再把鼠标光标移到波形编辑区，右键单击缩小，左键单击放大，使仿真坐标处于适当位置(数十微秒数量级)。

5）编辑输入波形(输入激励信号)

单击时钟信号 clk 使之变成蓝色，单击左列的时钟设置按钮，弹出 Clock 窗口，在 Period 文本框中输入 35ns，则 clk 时钟周期为 35ns，$f=1/T=1/35=10^9/35=28.6\text{M(Hz)}$单击 OK 按钮。单击串行数据输入信号 din 使之变成蓝色，单击左列波形工具，对 din 信号进行框选，对框选部分进行编辑，使 din 输入数据为“01110110”；单击数据输出信号 dout 使之变成蓝色，双击 dout 信号，出现 Node Properties 对话框，在 Radix 下拉列表中选择 Binary，单击“确定”按钮，则 dout 输出结果以二进制形式显示。

6）仿真器参数设置

选择菜单 Assigments→Setting 命令，选择 Category 目录下 Simulator setting 子目录；在 Simulation mode 下拉列表框中选择 Timing 即选择时序仿真；在 Simulation input 下拉列表框中选择仿真激励文件 SHIFT1. vwf；在 Select simulation option 选项卡上选择 Glitch detection(毛刺检测)为 1ns 宽度；选中 Simulation coverge reporting(仿真报告)复选框；在 Simulation period 栏，选中 Run simulation until all vector stimuli are used(全程仿真)复选框；单击 OK 按钮。

7）保存仿真文件

单击“保存”按钮。

8）启动仿真器

选择菜单 Processing→Start Simulation 命令，出现 Simulation was successful 的提示信息时仿真成功。

9）观察仿真结果

选择菜单 Assigments→Simulation Report 命令，单击全屏显示按钮，波形窗口全屏显示；单击放大/缩小按钮，再把鼠标光标移到波形编辑区，右键单击缩小，左键单击放大，放大或缩小仿真区域，查看仿真结果，如图 9.8 所示。

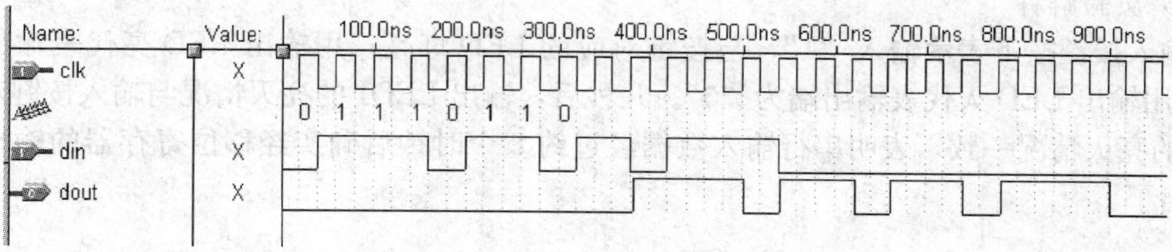

图 9.8　实体 SHIFT1 的仿真结果

10）波形分析

从仿真波形可以看出，8 位的串入/串出移位寄存器经历了 8 个时钟上升沿，最先输入 din 端的输出开始从输出端 dout 输出，实现了串入/串出的逻辑功能。

11）应用 RTL 电路图观察器

选择菜单 Tools→Netlist Viewers 命令，选择 RTL Viewer 命令，显示寄存器传输级电路；对于复杂 RTL 电路，利用过滤器 Filter 来简化电路，右击该模块，选择 Filter 命令，选择 Sources 或 Destinations 命令，产生简化电路。

5. *硬件仿真*

1）下载实验验证

（1）选择器件。

选择菜单 Assigments→Device 命令，出现对话框，选择 Cyclone 系列的 EP1C3T144C8 芯片，单击 OK 按钮。

（2）锁定引脚。

选择 GW48 - PK2/CK 实验箱模式 5，在实验箱上按模式选择键完成。通过查阅 GW48 - PK2/CK 实验箱有关芯片引脚对照表，确定引脚为：时钟信号 clk 选 Clock0 时钟，接 FPGA 芯片 Pin93 引脚，Clock0 时钟频率跳接到 1Hz；输入信号 din，用键 1 控制，实验箱上信号为 PI00，接 FPGA 芯片 Pin1 引脚，信号灯 D9；输出信号 dout，用信号灯 D1 表示，实验箱上信号为 PI08，接 FPGA 芯片 Pin11 引脚。

（3）引脚锁定操作。

选择菜单 Assigments→Assigment Editor 命令，出现对话框，在 Category 目录中单击 Pin 按钮，双击 To 列表中的 new，分别选择本工程要锁定的端口信号名，双击 Location 列表中的 new，在下拉列表中选择对应端口号信号名的器件引脚号。例如 clk 信号对应 Pin93。

（4）存储引脚锁定信息并编译。

单击“保存”按钮，选择菜单 Processing→Start Compilation 命令，提示 Full compilation was successful 时表示编译成功，单击“确定”按钮。

(5) 配置文件下载。

选择菜单 Tools→Programmer 命令，在 Hardware setup 选项卡上选择 USB-Blaster [USB-0]；在 Mode 下拉列表框中选择 JTAG；在下载文件 SHIFT1. sof 右侧第一个小方框打勾；单击 Start 按钮，开始下载文件并运行。

2) 实验结果

选取时钟信号为 1Hz，按下输入键 KEY1，观察输出信号灯 LED1 的亮灭，发现一开始 LED1 保持为灭，几秒后 LED1 的亮灭情况与 KEY1 的按键情况一致。

3) 实验解释

输入按键按下表示输入“1”，与按键对应的 LED 灯亮；用输出 LED 亮代表输出端为“1”，用输出 LED 灭代表输出端为“0”。几秒后，输出 LED1 的亮灭情况与输入按键对应的 LED 的亮灭情况一致，表明串行输入数据经过约 8 个时钟后确实经移位寄存器的输出端串行输出了。

实验六：同步预置数串行输出移位寄存器的设计

1. 实验目的

熟悉 VHDL 设计同步预置数串行输出移位寄存器的过程，学习时序逻辑电路的设计。

2. 实验原理

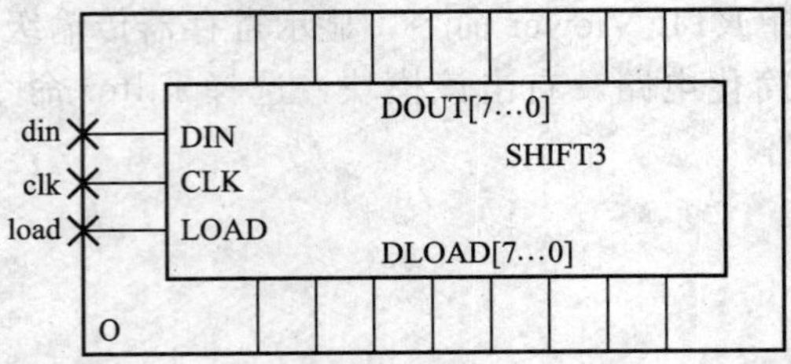

图 9.9　同步预置数串行输出移位寄存器的电路符号

同步预置数移位寄存器综合了基本寄存器和串入/串出移位寄存器的逻辑功能，即它可以将一组二进制数并行送入一组寄存器，然后把这些数据串行从寄存器内输出，这种寄存器称为“并入串出”移位寄存器。并入串出寄存器也可直接从串行输入端串行输出一组二进制数。同步预置数串行输出移位寄存器的电路符号如图 9.9 所示。

一个同步预置数串行输出移位寄存器应具备的脚位有：

串行数据输入端：din；

并行数据输入端：dload；

脉冲输入端：clk；

并行加载数据端：load；

串行数据输出端：dout。

其真值表见表 9-6。

表 9-6　同步预置数串行输出移位寄存器真值表

串行输入端 din	并行数据端 dload	加载控制 load	时钟 clk	输出数据 dout [7..0]
X	dload [7..0]	1	↑	dload [7..0]
din	X	0	↑	dout [6..0]，din

3. VHDL 设计实验步骤

1）为本项工程设计建立文件夹

D:\SHIFT3

2）输入设计项目和存盘

（1）打开 Quartus Ⅱ 软件，选择菜单 File→New 命令，出现对话框，选择 VHDL File 选项，单击 OK 按钮，进入源程序编辑窗口。

（2）在源程序编辑窗口中，输入以下源程序。

```
LIBRARY IEEE;
USE IEEE.STD_LOGIC_1164.ALL;
ENTITY shift3 IS
  PORT(din,clk,load:IN STD_LOGIC;
        dout       :OUT STD_LOGIC_VECTOR(7 DOWNTO 0);
        dload      :IN STD_LOGIC_VECTOR(7 DOWNTO 0));
END shift3;
ARCHITECTURE a OF shift3 IS
SIGNAL dtmp:STD_LOGIC_VECTOR(7 DOWNTO 0);
BEGIN
  PROCESS(clk)
  BEGIN
     IF clk'event AND clk='1'THEN
       IF load='1'THEN
         dtmp<=dload;
       ELSE
         dtmp(7 DOWNTO 0)<=dtmp(6 downto 0)&din;
       END IF;
     END IF;
     dout<=dtmp;
 END PROCESS;
END a;
```

（3）保存文件。选择菜单 File→Save As 命令，出现保存文件对话框，选择文件保存目录 D:\SHIFT3；输入 VHDL 文件名：SHIFT3. VHD；出现提示：Do you want to create a new project with this file? 单击“是”按钮，进入创建工程流程。

3）将设计文件加入工程

（1）单击 Next 按钮，进入创建工程对话框。

（2）输入工程工作目录名 D:\SHIFT3；输入工程名称：SHIFT3；输入顶层实体名：SHIFT3。

（3）单击 Next 按钮，选择工程中包含的所有设计文件 D:\SHIFT3. VHD。

（4）单击 Next 按钮，进入选择仿真器和综合器对话框。

4）选择仿真器和综合器

（1）在 Family 下拉列表框中选择 Cyclone 系列。

（2）在 Available device 列表中选择 EP1C3T144C8 芯片。

(3) 在 Show in available device 下拉列表框中选择封装为 Any QFP；引脚为 144；Speed grade 为 8。

(4) 单击 Next 按钮，进入工具设置对话框。

5) 工具设置

此对话框有 3 项选择，单击 Next 按钮，表示不做任何选择，仅选择 Quartus Ⅱ自含所有设计工具。

6) 结束

单击 Finish 按钮，出现 SHIFT3 工程管理窗口。

7) 编译前设置

(1) 选择 FPGA 目标芯片。

选择菜单 Assigments→Setting 命令，出现 Settings 对话框，选择 Gategory 目录下 Device子目录，选择目标芯片：EP1C3T144C8。

(2) 选择配置器件工作方式。

单击 Device and Pin Options 按钮，出现 Device and Pin Options 对话框，选中 Auto-restart configuration after error 复选框。

(3) 选择配置器件和编程方式。

选择 Configuration 选项卡，选中 Generate compressed bitstreams 复选框，就能产生用于 EPCS 的 POF 压缩配置文件；选中 Use configuration device 复选框并选择 EPCS1。EPC-Sx 是 Cyclone Ⅱ系列器件的专用配置器件，Flash 存储结构，编程周期 10 万次。

(4) 选择输出设置。

选择 Programming Files 选项卡，选中 Hexadecimal(Intel-Format)output File [. hexout] 复选框，即在生成下载文件的同时，产生二进制配置文件，此文件可用于单片机或 CPLD 与 EPROM 构成的 FPGA 配置电路系统。

(5) 选择目标器件中闲置引脚状态。

选择 Unused Pins 选项卡，选择 Reserve all unused pins 下拉列表框内容为 As output driving ground(输出状态呈低电平)。

(6) 退出编译前设置。

单击“确定”按钮，单击 OK 按钮。

8) 全程编译

选择菜单 Processing→Start Compilation 命令，启动全程编译，编译成功提示 Full Compilation was succesful 信息，单击“确定”按钮。

9) 将移位寄存器设置成可调用的元件

选择菜单 File→Create/Update 命令，当前工程一定要打开，选择 Create Symbol Files for Current File 子命令，出现 Create Block Symbol File SHIFT3 提示框，单击“确定”按钮。即可将当前文件 SHIFT3. VHD 变成一个元件符号存盘，存在当前工程的路径文件中。

4. 时序仿真(软件仿真)

1) 打开波形编辑器

选择菜单 File→New 命令，出现 New 对话框，选择 Other Files 选项卡，选择 Vector Waveform File 类型，单击 OK 按钮。

2）设置仿真时间域

选择菜单 Edit→End Time 命令，出现 End Time 对话框，在 Time 文本框中输入 1000，单位选择 ns，单击 OK 按钮。

3）保存波形文件

选择菜单 File→Save As 命令，出现 Save As 对话框，选择保存目录 D:\SHIFT3，波形文件名：SHIFT3.vwf，单击“保存”按钮存盘。

4）将工程 SHIFT3 的端口信号名选入波形编辑器中

选择菜单 View→Utility Windows 命令，选择 Node Finder 子命令，出现 Node Finder 对话框。在 Filter 下拉列表框中选择 Pins：aLL；单击 List 按钮，显示 SHIFT3 工程所有端口引脚名；用鼠标将输入、输出端口名拖到波形编辑器中，先拖输入端口，后拖输出端口；关闭 Node Finder 对话框，单击全屏显示按钮，波形窗口全屏显示；单击放大/缩小按钮，再把鼠标光标移到波形编辑区，右键单击缩小，左键单击放大，使仿真坐标处于适当位置(数十微秒数量级)。

5）编辑输入波形(输入激励信号)

单击并行预加载数据输入信号 load 使之变成蓝色，单击左列波形工具，对 load 信号进行框选，对框选部分进行编辑，使 load 输入一个高电平信号；单击串行数据输入信号 din 使之变成蓝色，单击左列波形工具，对 din 信号进行框选，对框选部分进行编辑，使 din 串行输入一位数据；单击时钟信号 clk 使之变成蓝色，单击左列的时钟设置按钮，弹出 Clock 窗口，在 Period 文本框中输入 35ns，则 clk 时钟周期为 35ns，$f=1/T=1/35=10^9/35=28.6\text{M}(\text{Hz})$，单击 OK 按钮。单击并行数据输入信号 dload 左边“+”号，单击 dload [7] 使之变成蓝色，单击左列波形工具中的高电平 1；单击 dload [6] 使之变成蓝色，单击左列波形工具中的高电平 0；单击 dload [5] 使之变成蓝色，单击左列波形工具中的高电平 0；单击 dload [4] 使之变成蓝色，单击左列波形工具中的高电平 1；单击 dload [3] 使之变成蓝色，单击左列波形工具中的高电平 0；单击 dload [2] 使之变成蓝色，单击左列波形工具中的高电平 1；单击 dload [1] 使之变成蓝色，单击左列波形工具中的高电平 1；单击 dload [0] 使之变成蓝色，单击左列波形工具中的高电平 0；这样 dload=“10010110”为并行加载数据。单击数据输出信号 dout 使之变成蓝色，双击 dout 信号，出现 Node Properties 对话框，在 Radix 下拉列表中选择 Binary，单击“确定”按钮，则 dout 输出结果以二进制形式显示。

6）仿真器参数设置

选择菜单 Assigments→Setting 命令，选择 Category 目录下 Simulator setting 子目录；在 Simulation mode 下拉列表框中选择 Timing 即选择时序仿真；在 Simulation input 列表框中选择仿真激励文件 SHIFT3.vwf；在 Select simulation option 选项卡上选择 Glitch detection(毛刺检测)为 1ns 宽度；选中 Simulation coverge reporting(仿真报告)复选框；在 Simulation period 栏，选中 Run simulation until all vector stimuli are used(全程仿真)复选框；单击 OK 按钮。

7）保存仿真文件

单击“保存”按钮。

8）启动仿真器

选择菜单 Processing→Start Simulation 命令，出现 Simulation was successful 的提示信息时仿真成功。

9）观察仿真结果

选择菜单 Assigments→Simulation Report 命令，单击全屏显示按钮，波形窗口全屏显示；单击放大/缩小按钮，再把鼠标光标移到波形编辑区，右键单击缩小，左键单击放大，放大或缩小仿真区域，查看仿真结果，如图 9.10 所示。

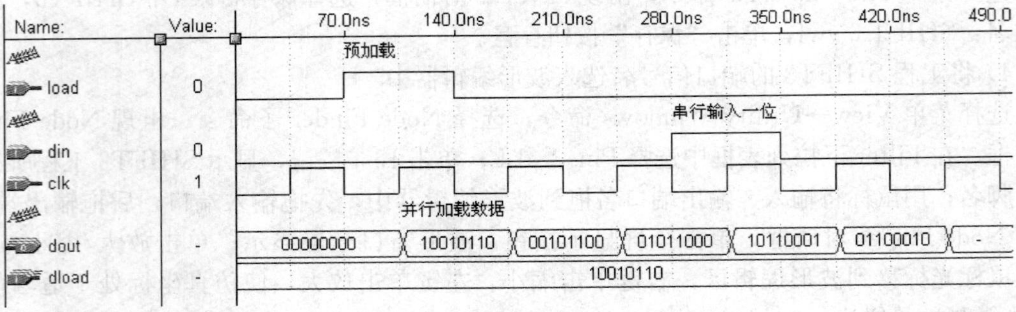

图 9.10　实体 SHIFT3 的仿真结果

10）波形分析

从仿真波形可以看出，8 位的可预置数串行输出移位寄存器预加载信号 load 有效后，并行输入的数据被加载到移位寄存器。随着时钟上升沿的到来，并行输入的数据开始从输出端 dout 串行输出，观察到该程序使数据从较低位向较高位移位，实现了并入串出的逻辑功能。

若串行输入端 din 有数据输入，则在下个上升沿该数据也被串行输入到移位寄存器，并随后参加移位，实现了串入/串出的逻辑功能。

从以上分析可知，该 VHDL 程序能够实现预期的可预置数串行输出移位寄存器所要求的逻辑功能。

11）应用 RTL 电路图观察器

选择菜单 Tools→Netlist Viewers 命令，选择 RTL Viewer 命令，显示寄存器传输级电路；对于复杂 RTL 电路，利用过滤器 Filter 来简化电路，右击该模块，选择 Filter 命令，选择 Sources 或 Destinations 命令，产生简化电路。

5. 硬件仿真

1）下载实验验证

(1) 选择器件。

选择菜单 Assigments→Device 命令，出现对话框，选择 Cyclone 系列的 EP1C3T144C8 芯片，单击 OK 按钮。

(2) 锁定引脚。

选择 GW48－PK2/CK 实验箱模式 6，在实验箱上按模式选择键完成。通过查阅 GW48－PK2/CK 实验箱有关芯片引脚对照表，确定引脚为：预加载输入信号 load，用键 8 控制，实验箱上信号为 PI013，接 FPGA 芯片 Pin36 引脚，信号灯 D16；串行输入信号 din，用键 7 控制，实验箱上信号为 PI012，接 FPGA 芯片 Pin35 引脚，信号灯 D15；时钟信号 clk 选 Clock0 时钟，接 FPGA 芯片 Pin93 引脚，Clock0 时钟频率跳接到 1Hz；并行输入信号 dload，用十六进制键 2、键 1 控制，键 2 输入 9 对应数码管显示 9，键 1 输入 6 对应数码管显示 6，dload＝“10010110”为并行输入数据；键 1 输入并行数据低 4 位，对应 dload [3...0]，实验箱上信号为 PI03～PI00，接 FPGA 芯片 Pin1～4 引脚；键 2 输入并行数据高

4 位，对应 dload [7...4]，实验箱上信号为 PI07～PI04，接 FPGA 芯片 Pin5～7、Pin10 引脚；输出信号 dout，用信号灯 D1～D8 表示，实验箱上信号为 PI016～PI023，接 FPGA 芯片 Pin39～42、Pin47～50 引脚。

(3) 引脚锁定操作。

选择菜单 Assigments→Assigment Editor 命令，出现对话框，在 Category 目录中单击 Pin 按钮，双击 To 列表的 new，分别选择本工程要锁定的端口信号名，双击 Location 列表的 new，在下拉列表中选择对应端口号信号名的器件引脚号。例如 clk 信号对应 Pin93。

(4) 存储引脚锁定信息并编译。

单击"保存"按钮，选择菜单 Processing→Start Compilation 命令，提示 Full compilation was successful 时表示编译成功，单击"确定"按钮。

(5) 配置文件下载。

选择菜单 Tools→Programmer 命令，在 Hardware setup 选项卡上选择 USB-Blaster [USB-0]；在 Mode 下拉列表框中选择 JTAG；在下载文件 SHIFT3. sof 右侧第一个小方框打勾；单击 Start 按钮，开始下载文件并运行。

2) 实验结果

选取时钟信号为 1Hz，用十六进制键 2、键 1 控制，键 2 输入 9，键 1 输入 6，dload＝"10010110"为并行输入数据；然后按下 KEY8，发现输出 D8～D1 的亮灭情况与 dload＝"10010110"的并行输入数据符合，再次按下 KEY8 看到 D8～D1 的亮灭从 D1 向 D8 方向有移动现象。若按下 KEY7，则随着 KEY7 的按下，D1～D8 变亮。

3) 实验解释

输入 KEY8 按键按下，D16 灯亮，表示输入"1"，用输出 D8～D1 灯亮代表输出端为"1"，用输出 D8～D1 灯灭代表输出端为"0"。再次按下 KEY8，D16 灯灭，看到 D8～D1 的亮灭从 D1 向 D8 方向有移动现象，表明串行输入数据经过约 8 个时钟后确实经移位寄存器的输出端串行输出了。

实验七：半整数分频器的设计

1. 实验目的

掌握数字系统设计方法，提高综合设计数字系统的能力。

2. 实验原理

在数字系统设计中，分频器是一种基本电路。分频器的实现非常简单，可采用标准的计数器，也可采用可编程逻辑器件来实现一个整数分频器。分频器通常用来对某个给定频率进行分频，得到所需的频率。在某些场合下，用户所需要的频率与频率时钟源不是整数倍关系，此时可采用小数分频器进行分频。

1) 小数分频的基本原理

设有一个 5MHz 的时钟源，但电路中需要产生一个 2MHz 的时钟信号，由于分频比为 2.5，因此，整数分频器将不能胜任。

采用可编程逻辑器件实现分频系数为 2.5 的分频器，可采用以下方法：设计一个模 3 的计数器，再设计一个扣除脉冲电路，加在模 3 计数器输出之后，每来两个脉冲就扣除一个脉冲(实际上是使被扣除的脉冲变成很窄的脉冲，可由异或门实现)，就可以得到分频系数为 2.5 的小数分频器。采用类似方法，可以设计分频系数为任意半整数的分频器。

小数分频的基本原理为脉冲吞吐计数法：设计两个不同分频比的整数分频器，通过控制单位时间内两种分频比出现的不同次数，从而获得所需的小数分频值。例如设计一个分频系数为 10.1 的分频器，可以将分频器设计成 9 次 10 分频，1 次 11 分频，这样总的分频值为

$$(9\times10+1\times11)/(9+1)=10.1$$

从这种实现方法的特点可以看出，由于分频器的分频值在不断改变，因此，分频后得到的信号抖动较大。

当分频系数为 $N-0.5$(N 为整数)时，可控制扣除脉冲的时间，使输出为一个稳定的脉冲频率，而不是一次 N 分频，一次 $N-1$ 分频。

2）电路组成

设需要设计一个分频系数为 $N-0.5$ 的分频器，其电路可由一个模 N 计数器、一个二分频器和一个异或门组成，如图 9.11 所示。

图 9.11　通用半整数分频器

在实现时，模 N 计数器可设计成带预置的计数器，这样就可以实现任意分频系数为 $N-0.5$ 的分频器。

3. VHDL 设计实验步骤

1）为本项工程设计建立文件夹

D:\DECCOUNT

2）输入设计项目和存盘

(1) 打开 Quartus Ⅱ软件，选择菜单 File→New 命令，出现对话框，选择 VHDL File 选项，单击 OK 按钮，进入源程序编辑窗口。

(2) 在源程序编辑窗口中，输入以下源程序。

```
LIBRARY IEEE;
USE IEEE.STD_LOGIC_1164.ALL;
USE IEEE.STD_LOGIC_UNSIGNED.ALL;?
ENTITY deccount IS
     PORT(
         inclk:IN STD_LOGIC;                              --时钟源
         preset:IN STD_LOGIC_VECTOR(3 DOWNTO 0);          --预置分频值 N
         outclk1:OUT STD_LOGIC;
         outclk2:BUFFER STD_LOGIC                         --输出时钟
    );
END deccount;?
ARCHITECTURE deccount_arch OF deccount IS
SIGNAL clk,divide2:STD_LOGIC;
SIGNAL count:STD_LOGIC_VECTOR(3 DOWNTO 0);
BEGIN
```

```
clk<=inclk XOR divide2;                    --inclk 与 divide2 异或后作为
                                             模 N 计数器的时钟

outclk1<=inclk;
PROCESS(clk)
BEGIN
 IF(clk'event AND clk='1')THEN
   IF(count="0000")THEN
      count<=preset-1;                     --置整数分频值 N
      outclk2<='1';
   ELSE
      count<=count-1;                      --模 N 计数器减法计数
      outclk2<='0';
   END IF;
 END IF;
END PROCESS;?
PROCESS(outclk2)
BEGIN
 IF(outclk2'event AND outclk2='1')THEN
     divide2<=NOT divide2;                 --输出时钟二分频
 END IF;
END PROCESS;
END deccount_arch;
END a;
```

以上程序实现对时钟源 inclk 进行分频系数为 $N-0.5$ 的分频，得到输出频率 outclk2。preset 输入端口是预置分频值 N，本例中 preset 设为 4 位宽的位矢量，也即分频系数为 16 以内的半整数值。若分频系数大于 16，需同时增大 preset 和 count 的位宽，两者的位宽则要求始终一致。本设计的外部接口如图 9.12 所示，程序中设置 outclk1 是为了方便观察输入信号的波形，以与输出信号 outclk2 比较。

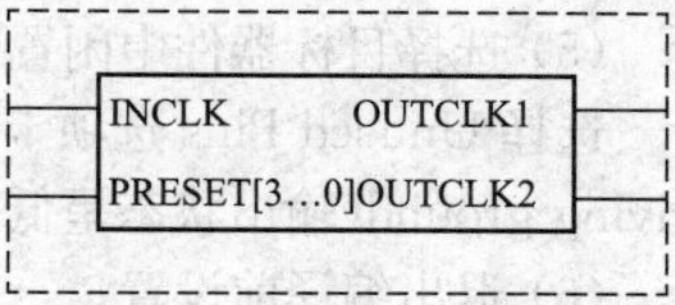

图 9.12 半整数分频器外部接口

(3) 保存文件。选择菜单 File→Save As 命令，出现保存文件对话框，选择文件保存目录 D:\DECCOUNT；输入 VHDL 文件名：DECCOUNT. VHD；出现提示：Do you want to create a new project with this file? 单击“是”按钮，进入创建工程流程。

3) 将设计文件加入工程

(1) 单击 Next 按钮，进入创建工程对话框。

(2) 输入工程工作目录名 D:\DECCOUNT；输入工程名称：DECCOUNT；输入顶层实体名：DECCOUNT。

(3) 单击 Next 按钮，选择工程中包含的所有设计文件 D:\DECCOUNT. VHD。

(4) 单击 Next 按钮，进入选择仿真器和综合器对话框。

4) 选择仿真器和综合器

(1) 在 Family 下拉列表框中选择 Cyclone 系列。

(2) 在 Available device 下拉列表框中选择 EP1C3T144C8 芯片。

(3) 在Show in available device下拉列表框中选择封装为Any QFP；引脚为144；Speed grade为8。

(4) 单击Next按钮，进入工具设置对话框。

5) 工具设置

此对话框有3项选择，单击Next按钮，表示不做任何选择，仅选择Quartus Ⅱ自含所有设计工具。

6) 结束

单击Finish按钮，出现DECCOUNT工程管理窗口。

7) 编译前设置

(1) 选择FPGA目标芯片。

选择菜单Assigments→Setting命令，出现Settings对话框，选择Gategory目录下Device子目录，选择目标芯片：EP1C3T144C8。

(2) 选择配置器件工作方式。

单击Device and Pin Options按钮，出现Device and Pin Options对话框，选中Auto-restart configuration after error复选框。

(3) 选择配置器件和编程方式。

选择Configuration选项卡，选中Generate compressed bitstreams复选框，就能产生用于EPCS的POF压缩配置文件；选中Use configuration device复选框并选择EPCS1。EPCSx是CycloneⅡ系列器件的专用配置器件，Flash存储结构，编程周期10万次。

(4) 选择输出设置。

选择Programming Files选项卡，选中Hexadecimal(Intel-Format)output File [.hexout] 复选框，即在生成下载文件的同时，产生二进制配置文件，此文件可用于单片机或CPLD与EPROM构成的FPGA配置电路系统。

(5) 选择目标器件中闲置引脚状态。

选择Unused Pins选项卡，选择Reserve all unused pins下拉列表框内容为As output driving ground(输出状态呈低电平)。

(6) 退出编译前设置。

单击“确定”按钮，单击OK按钮。

8) 全程编译

选择菜单Processing→Start Compilation命令，启动全程编译，编译成功提示Full Compilation was successful信息，单击“确定”按钮。

9) 将分频器设置成可调用的元件

选择菜单File→Create/Update命令，当前工程一定要打开，选择Create Symbol Files for Current File子命令，出现Create Block Symbol File DECCOUNT提示框，单击“确定”按钮。即可将当前文件DECCOUNT.VHD变成一个元件符号存盘，存在当前工程的路径文件中。

4. 时序仿真(软件仿真)

1) 打开波形编辑器

选择菜单File→New命令，出现New对话框，选择Other Files选项卡，选择Vector Waveform File类型，单击OK按钮。

2) 设置仿真时间域

选择菜单 Edit→End Time 命令，出现 End Time 对话框，在 Time 文本框中输入 10，单位选择 μs，单击 OK 按钮。

3）保存波形文件

选择菜单 File→Save As 命令，出现 Save As 对话框，选择保存目录 D:\DECCOUNT，波形文件名：DECCOUNT. vwf，单击“保存”按钮存盘。

4）将工程 DECCOUNT 的端口信号名选入波形编辑器中

选择菜单 View→Utility Windows 命令，选择 Node Finder 子命令，出现 Node Finder 对话框。在 Filter 下拉列表框中选择 Pins：aLL；单击 List 按钮，显示 DECCOUNT 工程所有端口引脚名；用鼠标将输入、输出端口名拖到波形编辑器中，先拖输入端口，后拖输出端口；关闭 Node Finder 对话框，单击全屏显示按钮，波形窗口全屏显示；单击放大/缩小按钮，再把鼠标光标移到波形编辑区，右键单击缩小，左键单击放大，使仿真坐标处于适当位置(数十微秒数量级)。

5）编辑输入波形(输入激励信号)

单击时钟信号 clk 使之变成蓝色，单击左列的时钟设置按钮，弹出 Clock 窗口，在 Period 文本框中输入 1000ns，则 clk 时钟周期为 1000ns，$f=1/T=1/1000=10^9/1000=1\text{M}$(Hz)，单击 OK 按钮。单击预置数据输入信号 preset 左边“+”号，单击 preset［3］使之变成蓝色，单击左列波形工具中的低电平 0；单击 preset［2］使之变成蓝色，单击左列波形工具中的低电平 0；单击 preset［1］使之变成蓝色，单击左列波形工具中的高电平 1；单击 preset［0］使之变成蓝色，单击左列波形工具中的高电平 1；这样 preset=“0011”为预加载数据；双击 preset 信号，出现 Node Properties 对话框，在 Radix 下拉列表中选择 Hexadecimal，单击“确定”按钮，则 preset 输出结果以十六进制形式显示。单击数据输出信号 outclk1 使之变成蓝色，双击 outclk1 信号，出现 Node Properties 对话框，在 Radix 下拉列表中选择 Binary，单击“确定”按钮，则 outclk1 输出结果以二进制形式显示。单击数据输出信号 outclk2 使之变成蓝色，双击 outclk2 信号，出现 Node Properties 对话框，在 Radix 下拉列表中选择 Binary，单击“确定”按钮，则 outclk2 输出结果以二进制形式显示。

6）仿真器参数设置

选择菜单 Assigments→Setting 命令，选择 Category 目录下 Simulator setting 子目录；在 Simulation mode 下拉列表框中选择 Timing 即选择时序仿真；选择 Simulation input 列表框中选择仿真激励文件 DECCOUNT. vwf；在 Select simulation option 选项卡上选择 Glitch detection(毛刺检测)为 1ns 宽度；选中 Simulation coverge reporting(仿真报告)复选框；在 Simulation period 栏，选中 Run simulation until all vector stimuli are used(全程仿真)复选框；单击 OK 按钮。

7）保存仿真文件

单击“保存”按钮。

8）启动仿真器

选择菜单 Processing→Start Simulation 命令，出现 Simulation was successful 的提示信息时仿真成功。

9）观察仿真结果

选择菜单 Assigments→Simulation Report 命令，单击全屏显示按钮，波形窗口全屏显示；单击放大/缩小按钮，再把鼠标光标移到波形编辑区，右键单击缩小，左键单击放大，放大或缩小仿真区域，查看仿真结果，如图 9.13 所示。

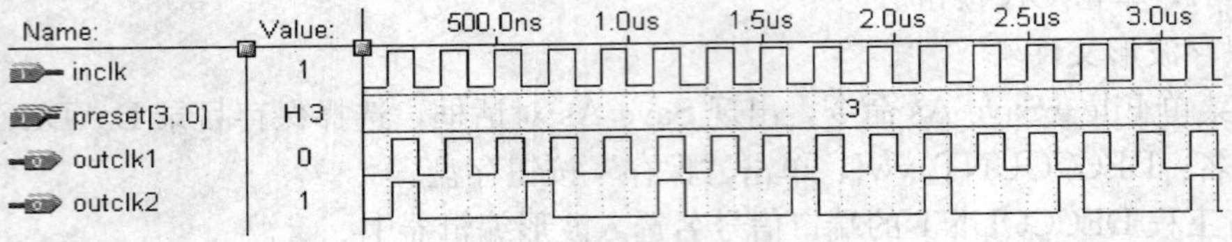

图 9.13 半整数分频器仿真波形图

10）应用 RTL 电路图观察器

选择菜单 Tools→Netlist Viewers 命令，选择 RTL Viewer 命令，显示寄存器传输级电路；对于复杂 RTL 电路，利用过滤器 Filter 来简化电路，右击该模块，选择 Filter 命令，选择 Sources 或 Destinations 命令，产生简化电路。

实验八：音乐发生器的设计

1. 实验目的

掌握数字系统设计方法，提高综合设计数字系统的能力。

2. 实验原理

本设计利用可编程逻辑器件配以一个小扬声器设计了一个音乐发生器，其结构如图 9.14 所示。本例产生的音乐选自“梁祝”片段。

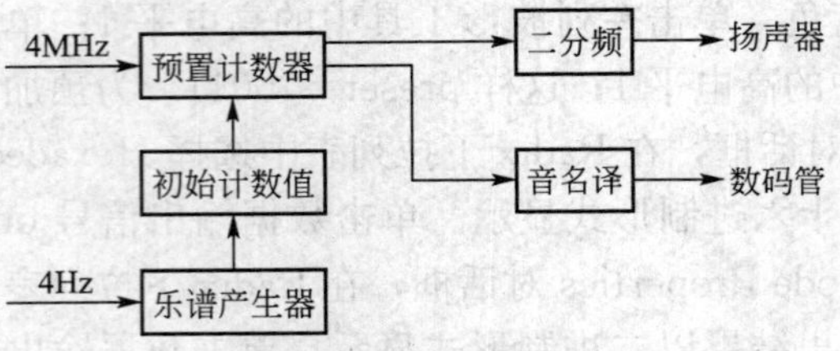

图 9.14 音乐产生器原理框图

1）音名与频率的关系

音乐的十二平均率规定：每两个八度音(如简谱中的中音 1 与高音 1)之间的频率相差 1 倍。在两个八度音之间，又可分为 12 个半音，每两个半音的频率比为$\sqrt[12]{2}$。另外，音名 A(简谱中的低音 6)的频率为 440Hz，音名 B 到 C 之间、E 到 F 之间为半音，其余为全音。由此可以计算出简谱中从低音 1 至高音 1 之间每个音名的频率见表 9－7。

表 9－7 简谱中的音名与频率的关系

音名	频率/Hz	音名	频率/Hz	音名	频率/Hz
低音 1	261.63	中音 1	523.25	高音 1	1046.50
低音 2	293.67	中音 2	587.33	高音 2	1174.66
低音 3	329.63	中音 3	659.25	高音 3	1318.51
低音 4	349.23	中音 4	698.46	高音 4	1396.92
低音 5	391.99	中音 5	783.99	高音 5	1567.98
低音 6	440	中音 6	880	高音 6	1760
低音 7	493.88	中音 7	987.76	高音 7	1975.52

由于音阶频率多为非整数，而分频系数又不能为小数，故必须将计算得到的分频数四舍五入取整。若基准频率过低，则由于分频系数过小，四舍五入取整后的误差较大。若基准频率过高，虽然误码差变小，但分频结构将变大。实际的设计应综合考虑两方面的因素，在尽量减小频率误差的前提下取合适的基准频率。本例中选取 4MHz 的基准频率。若无 4MHz 的时钟频率，则可以先分频得到 4MHz 或换一个新的基准频率。实际上，只要各个音名间的相对频率关系不变，C 作 1 与 D 作 1 演奏出的音乐听起来都不会"走调"。

本例需要演奏的是"梁祝"片段，此片段内各音阶频率及相应的分频比见表 9－8。为了减小输出的偶次谐波分量，最后输出到扬声器的波形应为对称方波，因此在到达扬声器之前，有一个二分频的分频器。表 9－8 中的分频系数就是从 4MHz 频率二分频得到的 2MHz 频率基础上计算得出的。

表 9－8　各音阶频率对应的分频值

音名	分频系数	初始值	音名	分频系数	初始值
低音 3	6067	2124	中音 2	3405	4786
低音 5	5102	3089	中音 3	3034	5157
低音 6	4545	3646	中音 5	2551	5640
低音 7	4050	4141	中音 6	2273	5918
中音 1	3822	4369	高音 1	1911	6280

由于最大的分频系数为 6067，故采用 13 位二进制计数器已能满足分频要求。在表 9－8 中，除给出了分频系数以外，还给出了对应于各个音阶频率时计数器不同的初始值。对于不同的分频系数，只要加载不同的初始值即可。采用加载初始值而不是将分频输出译码反馈的方式，可以有效地减少本设计占用可编程逻辑器件的资源，这也是同步计数器的一个常用设计技巧。

对于乐曲中的休止符，只要将分频系数设为 0，即初始值为 $2^{13}-1=8191$ 即可，此时扬声器将不会发声。

2）音长的控制

本例演奏的"梁祝"片段，最小的节拍为 1/4 拍。将 1 拍的时长定为 1 秒，则只需要再提供一个 4Hz 的时钟频率即可产生 1/4 拍的时长。演奏的时间控制通过记谱来完成，对于占用时间较长的节拍(一定是 1/4 拍的整数倍)，如 2/4 拍，只需将该音名连续记录两次即可。

本例要求演奏时能循环进行，因此需另外设置一个时长计数器，当乐曲演奏完成时，保证能自动从头开始演奏。

3）演奏时音名的动态显示

如果有必要，可以通过一个数码管或 LED 来显示乐曲演奏时对应的音符。如用 3 个数码管，分别显示本例中的高、中、低音名，就可实现演奏的动态显示，且十分直观。本设计通过 3 个数码管来动态显示演奏时的音名，其中 HIGH 显示为高音区音阶(仅高音 1)，MED［2..0］显示的是中音区音阶(中音 6，5，3，2，1)，LOW［2..0］显示的是低音区音阶(低音 7，6，5，3)。数码管显示的七段译码电路在此不作专门讨论。需要说明的是，七段译码电路输入为 4 位，而将 HIGH、MED、LOW 用作输入时，不足 4 位的高位均为低电平“0”。

4）VHDL 程序

图 9.15　音乐产生器外部接口

本设计的外部接口如图 9.15 所示，程序中定义了一个 5 位宽的 zero［4..0］，这是由于实验平台上连向数码管的引脚在不赋值的情况下为高电平，这将导致显示音名错误，设置 zero［4..0］就是要将没用到的引脚(高音的高 3 位、中音的高 1 位和低音的高 1 位)赋一个低电平，从而避免显示错误。

3. VHDL 设计实验步骤

1）为本项工程设计建立文件夹

D:\SONG

2）输入设计项目和存盘

(1) 打开 Quartus Ⅱ软件，选择菜单 File→New 命令，出现对话框，选择 VHDL File 选项，单击 OK 按钮，进入源程序编辑窗口。

(2) 在源程序编辑窗口中，输入以下源程序。

```
LIBRARY IEEE;
USE IEEE.STD_LOGIC_1164.ALL;
USE IEEE.STD_LOGIC_UNSIGNED.ALL;
ENTITY song IS
    PORT(
          clk_4MHz,clk_4Hz:IN STD_LOGIC;
                                                 --预置计数器和乐谱产生器的时钟
          digit:BUFFER STD_LOGIC_VECTOR(6 DOWNTO 0);
                                                 --高、中、低音数码管指示
          zero:OUT STD_LOGIC_VECTOR(4 DOWNTO 0);
                                                 --用于数码管高位置低
          speaker:out STD_LOGIC                  --扬声器
    );
END song;
ARCHITECTURE song_arch OF song IS
SIGNAL divider,origin:STD_LOGIC_VECTOR(12 DOWNTO 0);
                                                 --13 位计数值和预置值
SIGNAL counter:integer range 0 to 140;
                                                 --7 位计数器
SIGNAL count:STD_LOGIC_VECTOR(1 DOWNTO 0);       --记录 1/4 拍
SIGNAL carrier:STD_LOGIC;
BEGIN
zero<="00000";
PROCESS(clk_4MHz)
```

```
BEGIN
  IF(clk_4MHz'event AND clk_4MHz='1')THEN
    IF(divider="1111111111111")THEN
      carrier<='1';
      divider<=origin;
    ELSE
      divider<=divider+'1';
      carrier<='0';
    END IF;
  END IF;
END PROCESS;
PROCESS(carrier)
BEGIN
  IF(carrier'event AND carrier='1')THEN
    count<=count+'1';                           --输出时钟四分频
    IF count="00"THEN
     speaker<='1';
    ELSE
     speaker<='0';
    END IF;
  END IF;
END PROCESS;
PROCESS(clk_4Hz)
BEGIN
  IF(clk_4Hz'event AND clk_4Hz='1')THEN
    IF(counter=140)THEN
     counter<=0;
    ELSE
     counter<=counter+1;
    END IF;
  END IF;
  CASE counter IS
    WHEN 0=>digit<="0000011";     WHEN 1=>digit<="0000011";
    WHEN 2=>digit<="0000011";     WHEN 3=>digit<="0000011";
    WHEN 4=>digit<="0000101";     WHEN 5=>digit<="0000101";
    WHEN 6=>digit<="0000101";     WHEN 7=>digit<="0000110";
    WHEN 8=>digit<="0001000";     WHEN 9=>digit<="0001000";
    WHEN 10=>digit<="0001000";    WHEN 11=>digit<="0010000";
    WHEN 12=>digit<="0000110";    WHEN 13=>digit<="0001000";
    WHEN 14=>digit<="0000101";    WHEN 15=>digit<="0000101";
    WHEN 16=>digit<="0101000";    WHEN 17=>digit<="0101000";
    WHEN 18=>digit<="0101000";    WHEN 19=>digit<="1000000";
    WHEN 20=>digit<="0110000";    WHEN 21=>digit<="0101000";
    WHEN 22=>digit<="0011000";    WHEN 23=>digit<="0101000";
```

```
WHEN 24=>digit<="0010000";       WHEN 25=>digit<="0010000";
WHEN 26=>digit<="0010000";       WHEN 27=>digit<="0010000";
WHEN 28=>digit<="0010000";       WHEN 29=>digit<="0010000";
WHEN 30=>digit<="0010000";       WHEN 31=>digit<="0000000";
WHEN 32=>digit<="0010000";       WHEN 33=>digit<="0010000";
WHEN 34=>digit<="0010000";       WHEN 35=>digit<="0011000";
WHEN 36=>digit<="0000111";       WHEN 37=>digit<="0000111";
WHEN 38=>digit<="0000110";       WHEN 39=>digit<="0000110";
WHEN 40=>digit<="0000101";       WHEN 41=>digit<="0000101";
WHEN 42=>digit<="0000101";       WHEN 43=>digit<="0000110";
WHEN 44=>digit<="0001000";       WHEN 45=>digit<="0001000";
WHEN 46=>digit<="0010000";       WHEN 47=>digit<="0010000";
WHEN 48=>digit<="0000011";       WHEN 49=>digit<="0000011";
WHEN 50=>digit<="0001000";       WHEN 51=>digit<="0001000";
WHEN 52=>digit<="0000110";       WHEN 53=>digit<="0000101";
WHEN 54=>digit<="0000110";       WHEN 55=>digit<="0001000";
WHEN 56=>digit<="0000101";       WHEN 57=>digit<="0000101";
WHEN 58=>digit<="0000101";       WHEN 59=>digit<="0000101";
WHEN 60=>digit<="0000101";       WHEN 61=>digit<="0000101";
WHEN 62=>digit<="0000101";       WHEN 63=>digit<="0000101";
WHEN 64=>digit<="0011000";       WHEN 65=>digit<="0011000";
WHEN 66=>digit<="0011000";       WHEN 67=>digit<="0101000";
WHEN 68=>digit<="0000111";       WHEN 69=>digit<="0000111";
WHEN 70=>digit<="0010000";       WHEN 71=>digit<="0010000";
WHEN 72=>digit<="0000110";       WHEN 73=>digit<="0001000";
WHEN 74=>digit<="0000101";       WHEN 75=>digit<="0000101";
WHEN 76=>digit<="0000101";       WHEN 77=>digit<="0000101";
WHEN 78=>digit<="0000101";       WHEN 79=>digit<="0000101";
WHEN 80=>digit<="0000011";       WHEN 81=>digit<="0000101";
WHEN 82=>digit<="0000011";       WHEN 83=>digit<="0000011";
WHEN 84=>digit<="0000101";       WHEN 85=>digit<="0000110";
WHEN 86=>digit<="0000111";       WHEN 87=>digit<="0010000";
WHEN 88=>digit<="0000110";       WHEN 89=>digit<="0000110";
WHEN 90=>digit<="0000110";       WHEN 91=>digit<="0000110";
WHEN 92=>digit<="0000110";       WHEN 93=>digit<="0000110";
WHEN 94=>digit<="0000101";       WHEN 95=>digit<="0000110";
WHEN 96=>digit<="0001000";       WHEN 97=>digit<="0001000";
WHEN 98=>digit<="0001000";       WHEN 99=>digit<="0010000";
WHEN 100=>digit<="0101000";      WHEN 101=>digit<="0101000";
WHEN 102=>digit<="0101000";      WHEN 103=>digit<="0011000";
WHEN 104=>digit<="0010000";      WHEN 105=>digit<="0010000";
WHEN 106=>digit<="0011000";      WHEN 107=>digit<="0010000";
WHEN 108=>digit<="0001000";      WHEN 109=>digit<="0001000";
WHEN 110=>digit<="0000110";      WHEN 111=>digit<="0000101";
```

```
        WHEN 112=>digit<="0000011";      WHEN 113=>digit<="0000011";
        WHEN 114=>digit<="0000011";      WHEN 115=>digit<="0000011";
        WHEN 116=>digit<="0001000";      WHEN 117=>digit<="0001000";
        WHEN 118=>digit<="0001000";      WHEN 119=>digit<="0001000";
        WHEN 120=>digit<="0000110";      WHEN 121=>digit<="0001000";
        WHEN 122=>digit<="0000110";      WHEN 123=>digit<="0000101";
        WHEN 124=>digit<="0000011";      WHEN 125=>digit<="0000101";
        WHEN 126=>digit<="0000110";      WHEN 127=>digit<="0001000";
        WHEN 128=>digit<="0000101";      WHEN 129=>digit<="0000101";
        WHEN 130=>digit<="0000101";      WHEN 131=>digit<="0000101";
        WHEN 132=>digit<="0000101";      WHEN 133=>digit<="0000101";
        WHEN 134=>digit<="0000101";      WHEN 135=>digit<="0000101";
        WHEN 136=>digit<="0000000";      WHEN 137=>digit<="0000000";
        WHEN 138=>digit<="0000000";      WHEN 139=>digit<="0000000";
        WHEN others=>digit<="0000000";
    END CASE;
    CASE digit IS
        WHEN"0000011"=>origin<="0100001001100";        --2124
        WHEN"0000101"=>origin<="0110000010001";        --3089
        WHEN"0000110"=>origin<="0111000111110";        --3646
        WHEN"0000111"=>origin<="1000000101101";        --4141
        WHEN"0001000"=>origin<="1000100010001";        --4369
        WHEN"0010000"=>origin<="1001010110010";        --4786
        WHEN"0011000"=>origin<="1010000100101";        --5157
        WHEN"0101000"=>origin<="1011000001000";        --5640
        WHEN"0110000"=>origin<="1011100011110";        --5918
        WHEN"1000000"=>origin<="1100010001000";        --6280
        WHEN others=>origin<="1111111111111";          --8191
        END CASE;
        END PROCESS;
END song_arch;
```

(3) 保存文件。选择菜单 File→Save As 命令，出现保存文件对话框，选择文件保存目录 D:\SONG；输入 VHDL 文件名：SONG. VHD；出现提示：Do you want to create a new project with this file? 单击“是”按钮，进入创建工程流程。

3) 将设计文件加入工程

(1) 单击 Next 按钮，进入创建工程对话框。

(2) 输入工程工作目录名 D:\SONG；输入工程名称：SONG；输入顶层实体名：SONG。

(3) 单击 Next 按钮，选择工程中包含的所有设计文件 D:\SONG. VHD。

(4) 单击 Next 按钮，进入选择仿真器和综合器对话框。

4) 选择仿真器和综合器

(1) 在 Family 下拉列表框中选择 Cyclone 系列。

(2) 在 Available device 列表中选择 EP1C3T144C8 芯片。

(3) 在 Show in available device 下拉列表框中选择封装为 Any QFP；引脚为 144；Speed grade 为 8。

(4) 单击 Next 按钮，进入工具设置对话框。

5) 工具设置

此对话框有 3 项选择，单击 Next 按钮，表示不做任何选择，仅选择 Quartus Ⅱ自含所有设计工具。

6) 结束

单击 Finish 按钮，出现 SONG 工程管理窗口。

7) 编译前设置

(1) 选择 FPGA 目标芯片。

选择菜单 Assigments→Setting 命令，出现 Settings 对话框，选择 Gategory 目录下 Device 子目录，选择目标芯片：EP1C3T144C8。

(2) 选择配置器件工作方式。

单击 Device and Pin Options 按钮，出现 Device and Pin Options 对话框，选中 Auto-restart configuration after error 复选框。

(3) 选择配置器件和编程方式。

选择 Configuration 选项卡，选中 Generate compressed bitstreams 复选框，就能产生用于 EPCS 的 POF 压缩配置文件；选中 Use configuration device 复选框并选择 EPCS1。EPCSx 是 Cyclone Ⅱ系列器件的专用配置器件，Flash 存储结构，编程周期 10 万次。

(4) 选择输出设置。

选择 Programming Files 选项卡，选中 Hexadecimal(Intel-Format)output File [. hexout] 复选框，即在生成下载文件的同时，产生二进制配置文件，此文件可用于单片机或 CPLD 与 EPROM 构成的 FPGA 配置电路系统。

(5) 选择目标器件中闲置引脚状态。

选择 Unused Pins 选项卡，选择 Reserve all unused pins 下拉列表框内容为 As output driving ground(输出状态呈低电平)。

(6) 退出编译前设置。

单击“确定”按钮，单击 OK 按钮。

8) 全程编译

选择菜单 Processing→Start Compilation 命令，启动全程编译，编译成功提示 Full Compilation was succesful 信息，单击“确定”按钮。

9) 将音乐发生器设置成可调用的元件

选择菜单 File→Create/Update 命令，当前工程一定要打开，选择 Create Symbol Files for Current File 子命令，出现 Create Block Symbol File SONG 提示框，单击“确定”按钮。即可将当前文件 SONG. VHD 变成一个元件符号存盘，存在当前工程的路径文件中。

4. 时序仿真(软件仿真)

1) 打开波形编辑器

选择菜单 File→New 命令，出现 New 对话框，选择 Other Files 页，选择 Vector Waveform File 类型，单击 OK 按钮。

2）设置仿真时间域

选择菜单 Edit→End Time 命令，出现 End Time 对话框，在 Time 文本框中输入 20，单位选择 ms，单击 OK 按钮。

3）保存波形文件

选择菜单 File→Save As 命令，出现 Save As 对话框，选择保存目录 D:\SONG，波形文件名：SONG. vwf，单击“保存”按钮存盘。

4）将工程 SONG 的端口信号名选入波形编辑器中

选择菜单 View→Utility Windows 命令，选择 Node Finder 子命令，出现 Node Finder 对话框。在 Filter 下拉列表框中选择 Pins：aLL；单击 List 按钮，显示 SONG 工程所有端口引脚名；用鼠标将输入、输出端口名拖到波形编辑器中，先拖输入端口，后拖输出端口；关闭 Node finder 对话框，单击全屏显示按钮，波形窗口全屏显示；单击放大/缩小按钮，再把鼠标光标移到波形编辑区，右键单击缩小，左键单击放大，使仿真坐标处于适当位置(数十微秒数量级)。

5）编辑输入波形(输入激励信号)

单击时钟信号 clk 使之变成蓝色，单击左列的时钟设置按钮，弹出 Clock 窗口，在 Period 文本框中输入 250ns，则 clk 时钟周期为 250ns，$f=1/T=1/250=10^9/250=4\text{M(Hz)}$，单击 OK 按钮。单击时钟信号 clk 使之变成蓝色，单击左列的时钟设置按钮，弹出 Clock 窗口，在 Period 文本框中输入 250μs，则 clk 时钟周期为 250μs，$f=1/T=1/250=10^6/250=4\text{k(Hz)}$，单击 OK 按钮。双击 digit 信号，出现 Node Properties 对话框，在 Radix 下拉列表中选择 Hexadecimal，单击“确定”按钮，则 digit 输出结果以十六进制形式显示。

6）仿真器参数设置

选择菜单 Assigments→Setting 命令，选择 Category 目录下 Simulator setting 子目录；在 Simulation mode 下拉列表框中选择 Timing 即选择时序仿真；在 Simulation input 列表框中选择仿真激励文件 SONG. vwf；在 Select simulation option 选项卡上选中 Glitch detection(毛刺检测)为 1ns 宽度；选中 Simulation coverge reporting(仿真报告)复选框；在 Simulation period 栏，选中 Run simulation until all vector stimuli are used(全程仿真)复选框；单击 OK 按钮。

7）保存仿真文件

单击“保存”按钮。

8）启动仿真器

选择菜单 Processing→Start Simulation 命令，出现 Simulation was successful 提示信息时仿真成功。

9）观察仿真结果

选择菜单 Assigments→Simulation Report 命令，单击全屏显示按钮，波形窗口全屏显示；单击放大/缩小按钮，再把鼠标光标移到波形编辑区，右键单击缩小，左键单击放大，放大或缩小仿真区域，查看仿真结果，如图 9.16 所示。

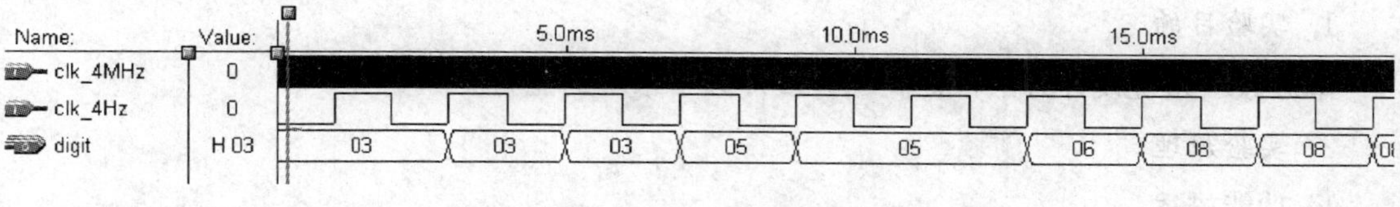

图 9.16 实体 SONG 的仿真结果

10）应用 RTL 电路图观察器

选择菜单 Tools，选择 Netlist Viewers 命令，选择 RTL Viewer 命令，显示寄存器传输级电路；对于复杂 RTL 电路，利用过滤器 Filter 来简化电路，右击该模块，选择 Filter 命令，选择 Sources 或 Destinations 命令，产生简化电路。

5. 硬件仿真

1）下载实验验证

（1）选择器件。

选择菜单 Assigment→Device 命令，出现对话框，选择 Cyclone 系列的 EP1C3T144C8 芯片，单击 OK 按钮。

（2）锁定引脚。

选择 GW48－PK2/CK 实验箱模式 5，在实验箱上按模式选择键完成。通过查阅 GW48－PK2/CK 实验箱有关芯片引脚对照表，确定引脚为：时钟信号 Clk _ 4MHz 选 Clock0 时钟，接 FPGA 芯片 Pin93 引脚，Clock0 时钟频率跳接到 6Mhz；时钟信号 Clk _ 4Hz 选 Clock2 时钟，接 FPGA 芯片 Pin17 引脚，Clock2 时钟频率跳接到 4Hz；声音信号 Speaker，实验箱上信号 Speaker，接 FPGA 芯片 Pin129 引脚，Clock2 时钟频率跳接到 4Hz；高中低音输出 Zero［4..2］、digit［6］接数码管 8，实验箱上信号 PI047～PI044，接 FPGA 芯片 Pin106、Pin105、Pin103、Pin99 引脚；高中低音输出 Zero［1］、digit［5..3］接数码管 4，实验箱上信号 PI031～PI028，接 FPGA 芯片 Pin72～69 引脚；高中低音输出 Zero［0］、digit［2..0］接数码管 1，实验箱上信号 PI019～PI016，接 FPGA 芯片 Pin42～39 引脚。

（3）引脚锁定操作。

选择菜单 Assigments→Assigment Editor 命令，出现对话框，在 Category 目录中单击 Pin 按钮，双击 To 列表中的 new，分别选择本工程要锁定的端口信号名，双击 Location 列表中的 new，在下拉列表中选择对应端口号信号名的器件引脚号。例如 Clk 信号对应 Pin93。

（4）存储引脚锁定信息并编译。

单击“保存”按钮，选择菜单 Processing→Start Compilation 命令，提示 Full compilation was successful 时表示编译成功，单击“确定”按钮。

（5）配置文件下载。

选择菜单 Tools→Programmer 命令，在 Hardware setup 选项卡上选择 USB-Blaster［USB-0］；在 Mode 下拉列表框中选择 JTAG；在下载文件 SONG. sof 右侧第一个小方框打勾；单击 Start 按钮，开始下载文件并运行。

2）实验结果

扬声器发出“梁祝”乐曲，数码管 8、4、1 动态显示演奏时的音名。

实验九：交通灯控制器的设计

1. 实验目的

掌握数字系统设计方法，提高综合设计数字系统的能力。

2. 实验原理

1）功能描述

设东西方向和南北方向的车流量大致相同，因此，红、黄、绿灯的时长也相同，定为红灯45秒，黄灯5秒，绿灯40秒，同时用数码管指示当前状态(红、黄、绿灯)剩余时间。另外，设计一个紧急状态，当紧急状态出现时，两个方向都禁止通行，指示红灯。紧急状态解除后，重新计数并指示时间。

2）交通灯控制器的实现

交通灯控制器是状态机的一个典型应用，除了计数器是状态机外，还有东西、南北方向的不同状态组合(红绿、红黄、绿红、黄红4个状态)，见表9-9。但可以简单地将其看成两个(东西、南北)减1计数的计数器，通过检测两个方向的计数值，可以检测红、黄、绿灯组合的跳变。这样使一个较复杂的状态机设计变成一个较简单的计数器设计。

表9-9　交通灯的4种可能亮灯状态

状态	东西方向			南北方向		
	红	黄	绿	红	黄	绿
1	1	0	0	0	0	1
2	0	1	0	0	0	1
3	0	0	1	1	0	0
4	0	0	1	0	1	0

本例假设东西方向和南北方向的黄灯时间均为5秒，在设计交通灯控制器时，可在简单计数器的基础上增加一些状态检测，即通过检测两个方向的计数值判断交通灯应处于4种可能状态中的哪个状态。本交通灯控制器外部接口如图9.17所示。

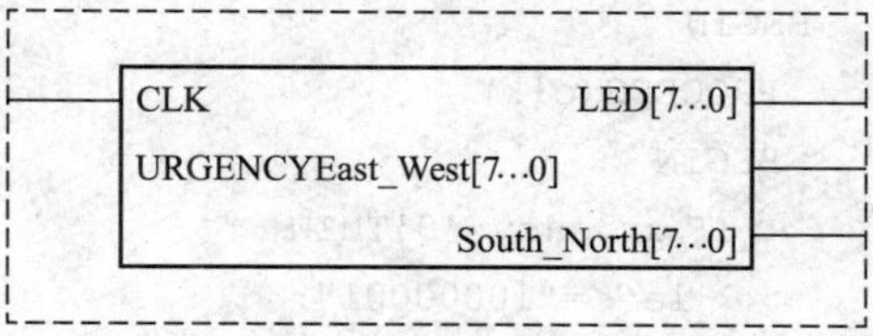

图9.17　交通灯控制器外部接口

表9-10列出了需检测的状态跳变点，从表中可以看出，出现了两种东西方向和南北方向计数值均为1的情况，因此，在检查跳变点时还应同时判断当前是处于状态2还是状态4，这样就可以决定次状态是状态3还是状态1。

表9-10　交通灯设计中的状态跳变点

交通灯现状态	计数器计数值		交通灯次状态	计数器计数值	
	东西方向计数值	南北方向计数值		东西方向计数值	南北方向计数值
1	6	1	2	5	5
2	1	1	3	40	45
3	1	6	4	5	5
4	1	1	1	45	40

对于紧急情况，只需设计一个异步时序电路即可解决。

程序中还应防止出现非法状态，即程序运行后应判断东西方向和南北方向的计数值是否超出范围。此电路仅在电路启动运行时有效，因为一旦两个方向的计数值正确后，就不可能再计数到非法状态。

3. VHDL 设计实验步骤

1）为本项工程设计建立文件夹

D:\TRAFFIC

2）输入设计项目和存盘

(1) 打开 Quartus Ⅱ软件，选择菜单 File→New 命令，出现对话框，选择 VHDL File 选项，单击 OK 按钮，进入源程序编辑窗口。

(2) 在源程序编辑窗口中，输入以下源程序。

```
LIBRARY IEEE;
USE IEEE.STD_LOGIC_1164.ALL;
USE IEEE.STD_LOGIC_UNSIGNED.ALL;
ENTITY traffic IS
PORT(clk,urgency:IN STD_LOGIC;
     led:BUFFER STD_LOGIC_VECTOR(7 DOWNTO 0);
     East_West,South_North:BUFFER STD_LOGIC_VECTOR(7 DOWNTO 0));
END traffic;
ARCHITECTURE rtl OF traffic IS
BEGIN
  PROCESS(clk)
  BEGIN
    IF urgency='0'THEN
      led<="10000001";
      East_West<="00000000";
      South_North<="00000000";
    ELSIF clk'event AND clk='1'THEN
IF East_West>"01000110"OR South_North>"01000110"THEN
       East_West<="01000101";
       South_North<="01000000";
       led<="10000001";    --状态 1
ELSIF East_West="00000110"AND South_North="00000001"THEN
       East_West<="00000101";
       South_North<="00000101";
       led<="01000001";   --状态 2
ELSIF East_West="00000001"AND South_North="00000001"AND led="01000001"THEN
       East_West<="01000000";
       South_North<="01000101";
       led<="00100100";   --状态 3
ELSIF East_West="00000001"AND South_North="00000110"THEN
       East_West<="00000101";
       South_North<="00000101";
       led<="00100010";  --状态 4
```

```
ELSIF East_West="00000001"AND South_North="00000001"AND led="00100010"THEN
      East_West<="01000101";
      South_North<="01000000";
      led<="10000001";    --状态 1
ELSIF East_West(3 DOWNTO 0)=0 THEN
      East_West<=East_West-7;
      South_North<= South_North-1;
ELSIF South_North(3 DOWNTO 0)=0 THEN
      East_West<=East_West-1;
      South_North<=South_North-7;
ELSE
      East_West<=East_West-1;
      South_North<=South_North-1;
   END IF;
  END IF;
 END PROCESS;
END rtl;
```

(3) 保存文件。选择菜单 File→Save As 命令，出现保存文件对话框，选择文件保存目录 D:\TRAFFIC；输入 VHDL 文件名：TRAFFIC. VHD；出现提示：Do you want to create a new project with this file? 单击"是"按钮，进入创建工程流程。

3) 将设计文件加入工程

(1) 单击 Next 按钮，进入创建工程对话框。

(2) 输入工程工作目录名 D:\TRAFFIC；输入工程名称：TRAFFIC；输入顶层实体名：TRAFFIC。

(3) 单击 Next 按钮，选择工程中包含的所有设计文件 D:\TRAFFIC. VHD。

(4) 单击 Next 按钮，进入选择仿真器和综合器对话框。

4) 选择仿真器和综合器

(1) 在 Family 下拉列表框中选择 Cyclone 系列。

(2) 在 Available device 下拉列表中选择 EP1C3T144C8 芯片。

(3) 在 Show in available device 下拉列表框中选择封装为 Any QFP；引脚为 144；Speed grade 为 8。

(4) 单击 Next 按钮，进入工具设置对话框。

5) 工具设置

此对话框有 3 项选择，单击 Next 按钮，表示不做任何选择，仅选择 Quartus Ⅱ自含所有设计工具。

6) 结束

单击 Finish 按钮，出现 TRAFFIC 工程管理窗口。

7) 编译前设置

(1) 选择 FPGA 目标芯片。

选择菜单 Assigments→Setting 命令，出现 Settings 对话框，选择 Gategory 目录下 Device 子目录，选择目标芯片：EP1C3T144C8。

(2) 选择配置器件工作方式。

单击 Device and Pin Options 按钮，出现 Device and Pin Options 对话框，选中 Auto-restart configuration after error 复选框。

(3) 选择配置器件和编程方式。

选择 Configuration 选项卡，选中 Generate compressed bitstreams 复选框，就能产生用于 EPCS 的 POF 压缩配置文件；选中 Use configuration device 复选框并选择 EPCS1。EPCSx 是 Cyclone Ⅱ系列器件的专用配置器件，Flash 存储结构，编程周期 10 万次。

(4) 选择输出设置。

选择 Programming Files 选项卡，选中 Hexadecimal(Intel-Format)output File [.hexout] 复选框，即在生成下载文件的同时，产生二进制配置文件，此文件可用于单片机或 CPLD 与 EPROM 构成的 FPGA 配置电路系统。

(5) 选择目标器件中闲置引脚状态。

选择 Unused Pins 选项卡，选择 Reserve all unused pins 下拉列表框内容为 As output driving ground(输出状态呈低电平)。

(6) 退出编译前设置。

单击“确定”按钮，单击 OK 按钮。

8) 全程编译

选择菜单 Processing→Start Compilation 命令，启动全程编译，编译成功提示 Full Compilation was succesful 信息，单击“确定”按钮。

9) 将交通灯控制器设置成可调用的元件

选择菜单 File，选择 Create/Update 命令，当前工程一定要打开，选择 Create Symbol Files for Current File 子命令，出现 Create Block Symbol File TRAFFIC 提示框，单击“确定”按钮。即可将当前文件 TRAFFIC. VHD 变成一个元件符号存盘，存在当前工程的路径文件中。

4. 时序仿真(软件仿真)

1) 打开波形编辑器

选择菜单 File→New 命令，出现 New 对话框，选择 Other Files 页，选择 Vector Waveform File 类型，单击 OK 按钮。

2) 设置仿真时间域

选择菜单 Edit→End Time 命令，出现 End Time 对话框，在 Time 文本框中输入 10，单位选择 μs，单击 OK 按钮。

3) 保存波形文件

选择菜单 File→Save As 命令，出现 Save As 对话框，选择保存目录 D:\TRAFFIC，波形文件名：TRAFFIC. vwf，单击“保存”按钮存盘。

4) 将工程 TRAFFIC 的端口信号名选入波形编辑器中

选择菜单 View→Utility Windows 命令，选择 Node Finder 子命令，出现 Node Finder 对话框。在 Filter 下拉列表框中选择 Pins：aLL；单击 List 按钮，显示 TRAFFIC 工程所有端口引脚名；用鼠标将输入、输出端口名拖到波形编辑器中，先拖输入端口，后拖输出端口；关闭 Node Finder 对话框，单击全屏显示按钮，波形窗口全屏显示；单击放大/缩小按钮，再把鼠标光标移到波形编辑区，右键单击缩小，左键单击放大，使仿真坐标处于适当位置(数十微秒数量级)。

5）编辑输入波形（输入激励信号）

单击紧急情况控制输入信号 urgency 使之变成蓝色，单击左列波形工具中的高电平 1，这样紧急情况控制输入信号 urgency="1"；单击时钟信号 clk 使之变成蓝色，单击左列的时钟设置按钮，弹出 Clock 窗口，在 Period 文本框中输入 1000ns，则 clk 时钟周期为 1000ns，$f=1/T=1/1000=10^9/1000=1M(Hz)$，单击 OK 按钮；双击 East _ West 信号，出现 Node Properties 对话框，在 Radix 下拉列表框中选择 Hexadecimal，单击"确定"按钮，则 East _ West 输出结果以十六进制形式显示；双击 South _ North 信号，出现 Node Properties 对话框，在 Radix 下拉列表框中选择 Hexadecimal，单击"确定"按钮，则 South _ North 输出结果以十六进制形式显示；单击 Led 信号使之变成蓝色，双击 Led 信号，出现 Node Properties 对话框，在 Radix 下拉列表框中选择 Binary，单击"确定"按钮，则 Led 输出结果以二进制形式显示。

6）仿真器参数设置

选择菜单 Assigments→Setting 命令，选择 Category 目录下 Simulator setting 子目录；在 Simulation mode 下拉列表框中选择 Timing 即选择时序仿真；在 Simulation input 列表框中选择仿真激励文件 TRAFFIC. vwf；在 Select simulation option 选项卡上选择 Glitch detection（毛刺检测）为 1ns 宽度；选中 Simulation coverge reporting（仿真报告）复选框；在"Simulation period"栏，选中 Run simulation until all vector stimuli are used（全程仿真）复选框；单击 OK 按钮。

7）保存仿真文件

单击"保存"按钮。

8）启动仿真器

选择菜单 Processing→Start Simulation 命令，出现 Simulation was successful 的提示信息时仿真成功。

9）观察仿真结果

选择菜单 Assigments→Simulation Report 命令，单击全屏显示按钮，波形窗口全屏显示；单击放大/缩小按钮，再把鼠标光标移到波形编辑区，右键单击缩小，左键单击放大，放大或缩小仿真区域，查看仿真结果，如图 9.18 所示。

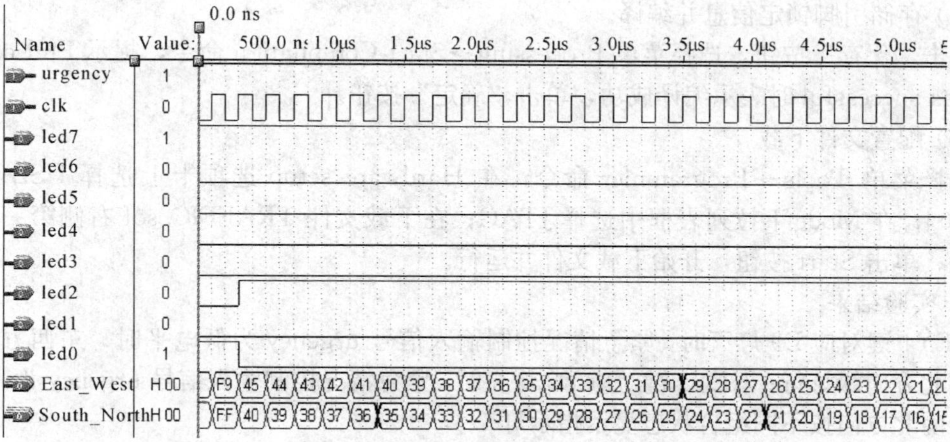

图 9.18　实体 TRAFFIC 的仿真结果

10）应用 RTL 电路图观察器

选择菜单 Tools→Netlist Viewers 命令，选择 RTL Viewer 命令，显示寄存器传输级电路；对于复杂 RTL 电路，利用过滤器 Filter 来简化电路，右击该模块，选择 Filter 命令，选择 Sources 或 Destinations 命令，产生简化电路。

5. 硬件仿真

1）下载实验验证

(1) 选择器件。

选择菜单 Assigments→Device 命令，出现对话框，选择 Cyclone 系列的 EP1C3T144C8 芯片，单击 OK 按钮。

(2) 锁定引脚。

选择 GW48－PK2/CK 实验箱模式 5，在实验箱上按模式选择键完成。通过查阅 GW48－PK2/CK 实验箱有关芯片引脚对照表，确定引脚为：紧急情况控制输入信号 urgency，用键 1 控制，实验箱上信号为 PI00，接 FPGA 芯片 Pin1 引脚，信号灯 D9；时钟信号 clk 选 Clock0 时钟，接 FPGA 芯片 Pin93 引脚，Clock0 时钟频率跳接到 1Hz；输出信号 Led，东西方向用信号灯 D8～D5 表示，试验箱上信号为 PI015～PI012，接 FPGA 芯片 Pin38～35 引脚，南北方向用信号灯 D4～D1 表示，试验箱上信号为 PI011～PI08，接 FPGA 芯片 Pin34、Pin33、Pin32、Pin11 引脚；东西方向计数输出 East _ West 信号，用数码管 8、数码管 7 显示，East _ West [7..4] 接数码管 8，实验箱上信号为 PI047～PI044，接 FPGA 芯片 Pin106、Pin105、Pin103、Pin99，East _ West [3..0] 接数码管 7，实验箱上信号为 PI043～PI040，接 FPGA 芯片 Pin98、Pin97、Pin96、Pin85；南北方向计数输出 South _ North 信号，用数码管 2、数码管 1 显示，South _ North [7..4] 接数码管 2，实验箱上信号为 PI023～PI020，接 FPGA 芯片 Pin50～47，South _ North [3..0] 接数码管 1，实验箱上信号为 PI019～PI016，接 FPGA 芯片 Pin42～39。

(3) 引脚锁定操作。

选择菜单 Assigments→Assigment Editor 命令，出现对话框，在 Category 目录中单击 Pin 按钮，双击 To 列表中的 new，分别选择本工程要锁定的端口信号名，双击 Location 列表中的 new，在下拉列表中选择对应端口号信号名的器件引脚号。例如 clk 信号对应 Pin93。

(4) 存储引脚锁定信息并编译。

单击“保存”按钮，选择菜单 Processing→Start Compilation 命令，提示 Full compilation was successful 时表示编译成功，单击“确定”按钮。

(5) 配置文件下载。

选择菜单 Tools→Programmer 命令，在 Hardware setup 选项卡上选择 USB-Blaster [USB-0]；在 Mode 下拉列表框中选择 JTAG；在下载文件 TRAFFIC. sof 右侧第一个小方框打勾；单击 Start 按钮，开始下载文件并运行。

2）实验结果

KEY1 键对应 D9 灯灭时，紧急情况控制输入信号 urgency 为低电平时，东西方向红灯停，南北方向绿灯行；KEY1 键对应 D9 灯亮时，紧急情况控制输入信号 urgency 为高电平，东西、南北方向按不同组合状态显示指示灯。

实验十：数字时钟的设计

1．实验目的

(1) 掌握六十进制和二十四进制计数器的设计方法。

(2) 掌握多位计数器相连的设计方法。

(3) 掌握多位共阴极扫描显示数码管的驱动及编码方法。掌握 LED 灯的花样显示方法。

(4) 掌握扬声器的驱动设计方法。

(5) 掌握 FPGA/CPLD 技术的层次化设计方法。

2．实验原理

(1) 时钟计数：秒和分位均为六十进制 BCD 码计数；时位为二十四进制 BCD 码计数。时钟具有时、分、秒计数显示功能，每 24 小时循环计时。具有消零和调节小时、分钟功能。可以整点报时，整点报时的同时，LED 灯花样显示。

(2) 具有驱动 8 位七段共阴极扫描数码管的片选驱动信号输出和七段字形译码输出功能。

(3) 扬声器在整点时有报时驱动信号产生(响声持续多长时间?)。

(4) 数字钟的原理图如图 9.19 所示。SECCOUNT、MINCOUNT、COUNT24 3 个模块分别进行秒、分、时的六十、六十、二十四进制 BCD 码计数，同时整个计数器可清零、调分、调时，在接近整点时提供报时信号，驱动蜂鸣器报时。SCANSELECT 模块驱动 8 位七段共阴扫描数码管的片选驱动信号输出。

(5) 实验连线。

输入接口：

① 代表清零、调时、调分信号 rst、sctmp、mintmp 、hrtmp 的引脚分别连接按键开关。

② 代表计数时钟信号 clk 和扫描时钟信号 clkdsp 的引脚分别同 1Hz 时钟源和 64Hz 或更高时钟源相连。

输出接口：

① 代表扫描显示的驱动信号引脚 Q [23..0]。

② 代表扬声器驱动信号的引脚 spk 同扬声器驱动接口 speaker 相连。

3．VHDL 设计实验步骤

1) 为本项工程设计建立文件夹

D:\DCLOCK

2) 输入设计项目和存盘

(1) 打开 Quartus Ⅱ 软件，选择菜单 File→New 命令，出现对话框，选择 Block Diagram/Schematic File 选项，单击 OK 按钮，进入原理图编辑窗口，按上面给出的原理图进行输入。

(2) 在源程序编辑窗口中，分别输入以下源程序。

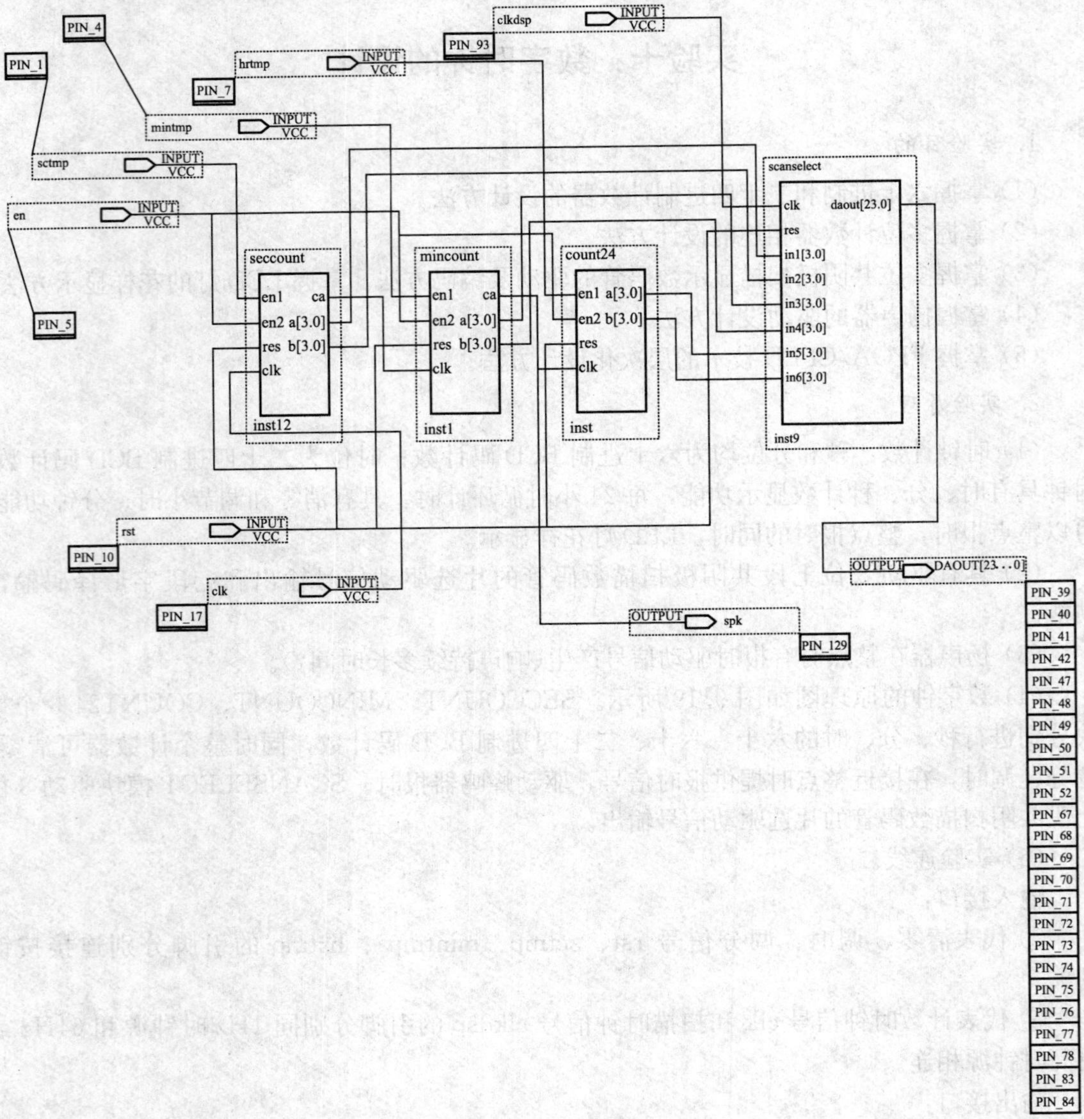

图 9.19 数字钟的原理图

```
--数字钟顶层总装设计源程序:DCLOCK.VHD
LIBRARY ieee;
USE ieee.std_logic_1164.all;

LIBRARY work;

ENTITY DCLOCK IS
    port
    (
        mintmp:IN STD_LOGIC;
        hrtmp:IN STD_LOGIC;
        clk:IN STD_LOGIC;
```

```
        rst:IN STD_LOGIC;
        clkdsp:IN STD_LOGIC;
        en:IN STD_LOGIC;
        sctmp:IN STD_LOGIC;
        spk:OUT STD_LOGIC;
        DAOUT:OUT STD_LOGIC_VECTOR(23 downto 0)
    );
END DCLOCK;

ARCHITECTURE bdf_type OF DCLOCK IS

component count24
    PORT(en1:IN STD_LOGIC;
        en2:IN STD_LOGIC;
        res:IN STD_LOGIC;
        clk:IN STD_LOGIC;
        a:OUT STD_LOGIC_VECTOR(3 downto 0);
        b:OUT STD_LOGIC_VECTOR(3 downto 0)
    );
end component;

component mincount
    PORT(en1:IN STD_LOGIC;
        en2:IN STD_LOGIC;
        res:IN STD_LOGIC;
        clk:IN STD_LOGIC;
        ca:OUT STD_LOGIC;
        a:OUT STD_LOGIC_VECTOR(3 downto 0);
        b:OUT STD_LOGIC_VECTOR(3 downto 0)
    );
end component;

component seccount
    PORT(en1:IN STD_LOGIC;
        en2:IN STD_LOGIC;
        res:IN STD_LOGIC;
        clk:IN STD_LOGIC;
        ca:OUT STD_LOGIC;
        a:OUT STD_LOGIC_VECTOR(3 downto 0);
        b:OUT STD_LOGIC_VECTOR(3 downto 0)
    );
end component;

component scanselect
```

```
    PORT(clk:IN STD_LOGIC;
         res:IN STD_LOGIC;
         in1:IN STD_LOGIC_VECTOR(3 downto 0);
         in2:IN STD_LOGIC_VECTOR(3 downto 0);
         in3:IN STD_LOGIC_VECTOR(3 downto 0);
         in4:IN STD_LOGIC_VECTOR(3 downto 0);
         in5:IN STD_LOGIC_VECTOR(3 downto 0);
         in6:IN STD_LOGIC_VECTOR(3 downto 0);
         daout:OUT STD_LOGIC_VECTOR(23 downto 0)
   );
end component;

signal    a0:STD_LOGIC;
signal    a1:STD_LOGIC;
signal    a2:STD_LOGIC_VECTOR(3 downto 0);
signal    a3:STD_LOGIC_VECTOR(3 downto 0);
signal    a4:STD_LOGIC_VECTOR(3 downto 0);
signal    a5:STD_LOGIC_VECTOR(3 downto 0);
signal    a6:STD_LOGIC_VECTOR(3 downto 0);
signal    a7:STD_LOGIC_VECTOR(3 downto 0);


BEGIN
spk<=a0;



u0:count24
PORT MAP(en1=>hrtmp,
         en2=>en,
         res=>rst,
         clk=>a0,
         a=>a6,
         b=>a7);

u1:mincount
PORT MAP(en1=>mintmp,
         en2=>en,
         res=>rst,
         clk=>a1,
         ca=>a0,
         a=>a4,
         b=>a5);
```

```
u2:seccount
 PORT MAP(en1=>sctmp,
         en2=>en,
         res=>rst,
         clk=>clk,
         ca=>a1,
         a=>a2,
         b=>a3);

u3:scanselect
 PORT MAP(clk=>clkdsp,
         res=>rst,
         in1=>a2,
         in2=>a3,
         in3=>a4,
         in4=>a5,
         in5=>a6,
         in6=>a7,
         daout=>DAOUT);

END;

--seccount.vhd
library ieee;
use ieee.std_logic_1164.all;
use ieee.std_logic_unsigned.all;
entity seccount is
      port(en1,en2,res,clk:in std_logic;
            ca:out std_logic;
            a,b:out std_logic_vector(3 downto 0));
end seccount;
architecture rtl1 of seccount is
    signal aout,bout:std_logic_vector(3 downto 0);
    signal cout,cl:std_logic;
begin
cl<=clk when en2='0'else
          en1;
    process(en1,en2,clk,res)
    begin
         if(res='1')then
              aout<="0000";
              bout<="0000";
              cout<='0';
         elsif(cl'event and cl='1')then
```

```
                if(bout>4)then
                        if(aout=9)then    --60秒
                           aout<="0000";
                           bout<="0000";
                           cout<='1';
                        else
                           aout<= aout+ 1;
                        end if;
                    else
                        if(aout=9)then    --10秒
                           aout<="0000";
                           bout<=bout+1;
                        else
                           aout<=aout+1;
                           cout<='0';
                        end if;


           end if;
       end if;
   end process;

 a <=aout;
 b<=bout;
 ca<=cout;
 end rtl1;
```

```
--mincount.vhd
library ieee;
use ieee.std_logic_1164.all;
use ieee.std_logic_unsigned.all;
entity mincount is
       port(en1,en2,res,clk:in std_logic;
              ca:out std_logic;
              a,b:out std_logic_vector(3 downto 0));
end mincount;
architecture rtl2 of mincount is
     signal aout,bout:std_logic_vector(3 downto 0);
     signal cout,cl:std_logic;
```

```
begin
  cl<=clk when en2='0'else
        en1;
    process(en1,en2,clk,res)
    begin
        if(res='1')then
             aout<="0000";
             bout<="0000";
             cout<='0';
elsif(cl'event and cl='1')then
              if(bout>4)then
                    if(aout= 9)then    --60 分钟
                        aout<="0000";
                        bout<="0000";
                        cout<='1';
                    else
                        aout<=aout+1;
                    end if;
               else
                    if(aout=9)then    --10 分钟
                        aout<="0000";
                        bout<=bout+1;
                    else
                        aout<=aout+1;
                        cout<='0';
                    end if;
               end if;
          end if;

   end process;

a <=aout;
b<=bout;
ca<=cout;
end rtl2;


--count24.vhd
library ieee;
use ieee.std_logic_1164.all;
use ieee.std_logic_unsigned.all;
entity count24 is
      port(en1,en2,res,clk:in std_logic;
           a,b:out std_logic_vector(3 downto 0));
```

```
end count24;
architecture rtl3 of count24 is
     signal aout,bout:std_logic_vector(3 downto 0);
     signal cout,cl:std_logic;
begin
   cl<=clk when en2='0'else
          en1;

   process(en1,en2,cl,res)
   begin
         if(res='1')then
              aout<="0000";
              bout<="0000";
              cout<='0';
           elsif(cl'event and cl='1')then
                    if(bout>1)then
                            if(aout>2)then
                                  aout<="0000";
                                  bout<="0000";
                                  cout<='1';
                            else
                                  aout<=aout+1;
                            end if;
                    else
                            if(aout=9)then
                                  aout<="0000";
                                  bout<=bout+1;
                            else
                                  aout<=aout+1;
                            end if;
                    end if;
              end if;
            end process;
a<=aout;
b<=bout;
end rtl3;


--scanselect.vhd
library ieee;
use ieee.std_logic_1164.all;
use ieee.std_logic_unsigned.all;
entity scanselect is
     port(clk:in std_logic;
```

```
            res:in std_logic;
        in1,in2,in3,in4,in5,in6:in std_logic_vector(3 downto 0);

        daout:out std_logic_vector(23 downto 0));
end scanselect;
architecture behave of scanselect is
 begin
 PROCESS(clk)
  VARIABLE cnt:std_logic_vector(2 downto 0);
  BEGIN
  IF(clk'event AND clk='1')THEN
      if res='1'then
          cnt:="000";
      else
      if cnt="101"then
         cnt:="000";
      else cnt:=cnt+1;
      end if;
   end if;
   if cnt="000"then--秒低位
     daout(0)<=in1(0);
     daout(1)<=in1(1);
     daout(2)<=in1(2);
     daout(3)<=in1(3);
   elsif cnt="001"then-- 秒高位
     daout(4)<=in2(0);
     daout(5)<=in2(1);
     daout(6)<=in2(2);
     daout(7)<=in2(3);
   elsif cnt="010"then--分低位
     daout(8)<=in3(0);
     daout(9)<=in3(1);
     daout(10)<=in3(2);
     daout(11)<=in3(3);
   elsif cnt="011"then--分高位
     daout(12)<=in4(0);
     daout(13)<=in4(1);
     daout(14)<=in4(2);
     daout(15)<=in4(3);
   elsif cnt="100"then--时低位
     daout(16)<=in5(0);
     daout(17)<=in5(1);
     daout(18)<=in5(2);
     daout(19)<=in5(3);
```

```
        elsif cnt="101"then--时高位
            daout(20)<=in6(0);
            daout(21)<=in6(1);
            daout(22)<=in6(2);
            daout(23)<=in6(3);
        end if;
    end if;

    end process;
    end behave;
```

(3) 保存文件。选择菜单 File→Save As 命令，出现保存文件对话框，选择文件保存目录 D:\DCLOCK；分别输入 VHDL 文件名：SECCOUNT. VHD、MINCOUNT. VHD、COUNT24. VHD 、SCANSELECT. VHD；出现提示：Do you want to create a new project with this file? 单击“是”按钮，进入创建工程流程。

(4) 按图 9. 19 设计顶层文件并存盘为 dclock. gdf。

3) 将设计文件加入工程

(1) 单击 Next 按钮，进入创建工程对话框。

(2) 输入工程工作目录名 D:\DCLOCK；输入工程名称：dclock；输入顶层实体名：dclock。

(3) 单击 Next 按钮，选择工程中包含的所有设计文件 D:\DCLOCK\ *. VHD。

(4) 单击 Next 按钮，进入选择仿真器和综合器对话框。

4) 选择仿真器和综合器

(1) 在 Family 下拉列表框中选择 CYCLONE 系列。

(2) 在 Available device 列表中选择 EP1C3T144C8 芯片。

(3) 在 Show in available device 下拉列表框中选择封装为 Any QFP；引脚为 144；Speed grade 为 8。

(4) 单击 Next 按钮，进入工具设置对话框。

5) 工具设置

此对话框有 3 项选择，单击 Next 按钮，表示不做任何选择，仅选择 Quartus Ⅱ 自含所有设计工具。

6) 结束

单击 Finish 按钮，出现 DCLOCK 工程管理窗口。

7) 编译前设置

(1) 选择 FPGA 目标芯片。

选择菜单 Assigments→Setting 命令，出现 Settings 对话框，选择 Gategory 目录下 Device 子目录，选择目标芯片：EP1C3T144C8。

(2) 选择配置器件工作方式。

单击 Device and Pin Options 按钮，出现 Device and Pin Options 对话框，选中 Auto-restart configuration after error 复选框。

(3) 选择配置器件和编程方式。

选择 Configuration 选项卡，选中 Generate compressed bitstreams 复选框，就能产生用于 EPCS 的 POF 压缩配置文件；选中 Use configuration device 复选框并选择 EPCS1。EPC-Sx 是 Cyclone Ⅱ系列器件的专用配置器件，Flash 存储结构，编程周期 10 万次。

（4）选择输出设置。

选择 Programming Files 选项卡，选中 Hexadecimal(Intel-Format)output File［. hexout］复选框，即在生成下载文件的同时，产生二进制配置文件，此文件可用于单片机或 CPLD 与 EPROM 构成的 FPGA 配置电路系统。

（5）选择目标器件中闲置引脚状态。

选择 Unused Pins 选项卡，选择 Reserve all unused pins 下拉列表框内容为 As output driving ground(输出状态呈低电平)。

（6）退出编译前设置。

单击“确定”按钮，单击 OK 按钮。

8）全程编译

选择菜单 Processing→Start Compilation 命令，启动全程编译，编译成功提示 Full Compilation was succesful 信息，单击“确定”按钮。

4. 时序仿真(软件仿真)

1）打开波形编辑器

选择菜单 File→New 命令，出现 New 对话框，选择 Other Files 页，选择 Vector Waveform file 类型，单击 OK 按钮。

2）设置仿真时间域

选择菜单 Edit→End Time 命令，出现 End Time 对话框，在 Time 文本框中输入 20，单位选择 s，单击 OK 按钮。

3）保存波形文件

选择菜单 File→Save As 命令，出现 Save As 对话框，选择保存目录 D:\DCLOCK，波形文件名：Dclock. vwf，单击“保存”按钮存盘。

4）将工程 TRAFFIC 的端口信号名选入波形编辑器中

选择菜单 View→Utility Windows 命令，选择 Node Finder 子命令，出现 Node Finder 对话框。在 Filter 下拉列表框中选择 Pins：aLL；单击 List 按钮，显示 DCLOCK 工程所有端口引脚名；用鼠标将输入、输出端口名拖到波形编辑器中，先拖输入端口，后拖输出端口；关闭 Node Finder 对话框，单击全屏显示按钮，波形窗口全屏显示；单击放大/缩小按钮，再把鼠标光标移到波形编辑区，右键单击缩小，左键单击放大，使仿真坐标处于适当位置(数十微秒数量级)。

5）编辑输入波形(输入激励信号)

单击手动调秒控制输入信号 sctmp 使之变成蓝色，单击左列波形工具中的低电平 0，这样手动调秒控制输入信号 sctmp=“0”；单击手动调分控制输入信号 mintmp 使之变成蓝色，单击左列波形工具中的低电平 0，这样手动调分控制输入信号 mintmp=“0”；单击手动调时控制输入信号 hrtmp 使之变成蓝色，单击左列波形工具中的低电平 0，这样手动调时控制输入信号 hrtmp=“0”；单击调节使能控制输入信号 en 使之变成蓝色，单击左列波形工具中的低电平 0，这样调节使能控制输入信号 en=“0”；单击时钟信号 clk 使之变成蓝色，单击左列的时钟设置按钮，弹出 Clock 窗口，在 Period 文本框中输入 1s，则 clk 时钟周期为 1s，

$f=1/T=1/1=1/1=1$(Hz)，单击 OK 按钮；单击刷新 LED 显示时钟信号 clkdsp 使之变成蓝色，单击左列的时钟设置按钮，弹出 Clock 窗口，在 Period 文本框中输入 15625μs，则 clk 时钟周期为 15625μs，$f=1/T=10^6/15625=64$Hz，单击 OK 按钮；双击 daout［23..0］信号，出现 Node Properties 对话框，在 Radix 下拉列表中选择 Binary，单击“确定”按钮，则 East _ west 输出结果以二进制形式显示；双击 spk 信号，出现 Node Properties 对话框，在“Radix”下拉列表中选择 Binary，单击“确定”按钮，则 Led 输出结果以二进制形式显示。

6）仿真器参数设置

选择菜单 Assigments→Setting 命令，选择 Category 目录下 Simulator setting 子目录；在 Simulation mode 下拉列表框中选择 Timing 即选择时序仿真；在 Simulation input 下拉列表框中选择仿真激励文件 Dclock. vwf；在 Select simulation option 选项卡选择 Glitch detection(毛刺检测)为 1ns 宽度；选中 Simulation coverge reporting(仿真报告)复选框；在 Simulation period 栏，选中 Run simulation until all vector stimuli are used(全程仿真)复选框；单击 OK 按钮。

7）保存仿真文件

单击“保存”按钮。

8）启动仿真器

选择菜单 Processing→Start Simulation 命令，出现 Simulation was successful 的提示信息时仿真成功。

9）观察仿真结果

选择菜单 Assigments→Simulation Report 命令，单击全屏显示按钮，波形窗口全屏显示；单击放大/缩小按钮，再把鼠标光标移到波形编辑区，右键单击缩小，左键单击放大，放大或缩小仿真区域，查看仿真结果。

10）应用 RTL 电路图观察器

选择菜单 Tools→Netlist Viewers 命令，选择 RTL Viewer 命令，显示寄存器传输级电路；对于复杂 RTL 电路，利用过滤器 Filter 来简化电路，右击该模块，选择 Filter 命令，选择 Sources 或 Destinations 命令，产生简化电路。

5. *硬件仿真*

1）下载实验验证

(1) 选择器件。

选择菜单 Assigments→Device 命令，出现对话框，选择 Cyclone 系列的 EP1C3T144C8 芯片，单击 OK 按钮。

(2) 锁定引脚。

选择 GW48 - PK2/CK 实验箱模式 7，在实验箱上按模式选择键完成。通过查阅 GW48 - PK2/CK 实验箱有关芯片引脚对照表，确定引脚为：手动调秒控制输入信号 sctmp，用键 1 控制，实验箱上信号为 PI00，接 FPGA 芯片 Pin1 引脚，信号灯 D9；手动调分控制输入信号 mintmp，用键 4 控制，实验箱上信号为 PI03，接 FPGA 芯片 Pin4 引脚，信号灯 D12；手动调时控制输入信号 hrtmp，用键 7 控制，实验箱上信号为 PI06，接 FPGA 芯片 Pin7 引脚，信号灯 D15；复位信号 rst，用键 8 控制，实验箱上信号为 PI07，接 FPGA 芯片 Pin10 引脚，信号灯 D16；调节使能控制输入信号 en，用键 5 控制，实验箱上信号为 PI04，接 FP-

GA芯片Pin5引脚，信号灯D13；时钟信号clk选Clock2时钟，接FPGA芯片Pin17引脚，Clock2时钟频率跳接到1Hz；刷新LED显示时钟信号clkdsp选Clock0时钟，接FPGA芯片Pin93引脚，Clock0时钟频率跳接到62Hz；输出信号spk，实验箱上信号为speaker，接FPGA芯片Pin129引脚；输出信号daout［3..0］接数码管1的译码器输入，实验箱上信号为PI0［19..16］，接FPGA芯片Pin［42..39］引脚；输出信号daout［7..4］接数码管2的译码器输入，实验箱上信号为PI0［23..20］，接FPGA芯片Pin［50..47］引脚；输出信号daout［11..8］接数码管4的译码器输入，实验箱上信号为PI0［27..23］，接FPGA芯片Pin［68、67、52、51］引脚；输出信号daout［15..12］接数码管5的译码器输入，实验箱上信号为PI0［31..28］，接FPGA芯片Pin［72..69］引脚；输出信号daout［19..16］接数码管7的译码器输入，实验箱上信号为PI0［35..32］，接FPGA芯片Pin［76..73］引脚；输出信号daout［23..20］接数码管8的译码器输入，实验箱上信号为PI0［39..36］，接FPGA芯片Pin［84、83、78、77］引脚。

(3) 引脚锁定操作。

选择菜单Assigments→Assigment Editor命令，出现对话框，在Category目录中单击Pin按钮，双击To列表中的new，分别选择本工程要锁定的端口信号名，双击Location列表中的new，在下拉列表框中选择对应端口号信号名的器件引脚号。例如clk信号对应Pin17。

(4) 存储引脚锁定信息并编译。

单击“保存”按钮，选择菜单Processing→Start Compilation命令，提示Full compilation was successful时表示编译成功，单击“确定”按钮。

(5) 配置文件下载。

选择菜单Tools→Programmer命令，在Hardware setup选项卡上选择USB-Blaster［USB-0］；在Mode下拉列表框中选择JTAG；在下载文件TRAFFIC. sof右侧第一个小方框打勾；单击Start按钮，开始下载文件并运行。

2) 实验结果

可以进行时、分、秒计数显示，每24小时计时循环一次，具有消零和调节小时、分钟功能，可以整点报时。按下调节使能控制输入信号en，用键5控制，实验箱上信号灯D13亮；暂停计时，连续按键7，可以调节小时；连续按键4，可以调节分钟；连续按键1，可以调节秒，再按键5，时钟继续计时。

参考文献

[1] 潘松，黄继业．EDA 技术实用教程［M］．北京：科学出版社，2006．

[2] 黄仁欣．EDA 技术实用教程［M］．北京：清华大学出版社，2006．

[3] 顾斌，赵明忠，姜志鹏，马才根．数字电路 EDA 设计［M］．西安：西安电子科技大学出版社，2004．

[4] 刘爱荣，王振成．EDA 技术与 CPLD/FPGA 开发应用简明教程［M］．北京：清华大学出版社，2007．

[5] 谭会生．EDA 技术综合应用实例与分析［M］．西安：西安电子科技大学出版社，2004．

[6] 谭会生．EDA 技术及应用［M］．西安：西安电子科技大学出版社，2006．

[7] 张亦华．数字电路 EDA 入门——VHDL 程序实例集［M］．北京：北京邮电大学出版社，2003．

[8] 罗朝霞．CPLD/FPGA 设计及应用［M］．北京人民邮电出版社，2007．

北京大学出版社高职高专机电系列教材

序号	书　号	书　名	编著者	定价	出版日期
1	978-7-5038-4861-2	公差配合与测量技术	南秀蓉	23.00	2007.9
2	978-7-5038-4863-6	汽车专业英语	王欲进	26.00	2007.8
3	978-7-5038-4864-3	汽车底盘电控系统原理与维修	闵思鹏	25.00	2007.8
4	978-7-5038-4865-0	CAD/CAM 数控编程与实训(CAXA 版)	刘玉春	27.00	2007.9
5	978-7-5038-4862-9	工程力学	高　原	28.00	2007.9
6	978-7-5038-4868-1	AutoCAD 机械绘图基础教程与实训	欧阳全会	28.00	2007.8
7	978-7-5038-4869-8	设备状态监测与故障诊断技术	林英志	22.00	2007.9
8	978-7-5038-4866-7	数控技术应用基础	宋建武	22.00	2007.8
9	978-7-5038-4937-4	数控机床	黄应勇	26.00	2007.8
10	978-7-301-10464-2	工程力学	余学进	18.00	2006.01
11	978-7-301-10371-9	液压传动与气动技术	曹建东	28.00	2006.01
12	978-7-5038-4867-4	汽车发动机构造与维修	蔡兴旺	50.00(1CD)	2008.1
13	978-7-301-13258-6	塑模设计与制造	晏志华	38.00	2007.8
14	978-7-301-13260-9	机械制图	徐　萍	32.00	2008.1
15	978-7-301-13263-0	机械制图习题集	吴景淑	40.00	2008.1
16	978-7-301-13264-7	工程材料与成型工艺	杨红玉	35.00	2008.1
17	978-7-301-13262-3	实用数控编程与操作	钱东东	32.00	2008.1
18	978-7-301-13261-6	微机原理及接口技术(数控专业)	程　艳	32.00	2008.1
19	978-7-301-13383-5	机械专业英语图解教程	朱派龙	22.00	2008.2
20	978-7-301-12182-5	电工电子技术	李艳新	29.00	2007.8
21	978-7-301-12181-8	自动控制原理与应用	梁南丁	23.00	2007.8
22	978-7-301-12180-1	单片机开发应用技术	李国兴	21.00	2007.8
23	978-7-301-12173-3	模拟电子技术	张　琳	26.00	2007.8
24	978-7-301-12392-8	电工与电子技术基础	卢菊洪	28.00	2007.9
25	978-7-301-11566-4	电路分析与仿真教程与实训	刘辉珞	20.00	2007.2
26	978-7-301-09529-5	电路电工基础与实训	李春彪	31.00	2007.8
27	978-7-301-12386-7	高频电子线路	李福勤	20.00	2008.1
28	978-7-301-13657-7	汽车机械基础	邰　茜	40.00	2008.8
29	978-7-301-13655-3	工程制图	马立克	32.00	2008.8
30	978-7-301-13654-6	工程制图习题集	马立克	25.00	2008.8
31	978-7-301-13573-0	机械设计基础	朱凤芹	32.00	2008.8
32	978-7-301-13572-3	模拟电子技术及应用	刁修睦	28.00	2008.6
33	978-7-301-12389-8	电机与拖动	梁南丁	32.00(估)	2009.4
34	978-7-301-12383-6	电气控制与 PLC(西门子系列)	李　伟	30.00(估)	2009.4
35	978-7-301-13574-7	机械制造基础	徐从清	32.00	2008.7

续表

序号	书　　号	书　　名	编著者	定价	出版日期
36	978-7-301-12384-3	电路分析基础	徐　锋	22.00	2008.5
37	978-7-301-12385-0	微机原理与接口技术	王用伦	30.00(估)	2009.4
38	978-7-301-12390-4	电力电子技术	梁南丁	32.00(估)	2009.4
39	978-7-301-12391-1	数字电子技术	房永刚	28.00 (估)	2009.4
40	978-7-301-13575-4	数字电子技术及应用	何首贤	28.00	2008.6
41	978-7-301-13582-2	液压与气压传动	袁　广	24.00	2008.8
42	978-7-301-13662-1	机械制造技术	宁广庆	42.00	2008.8
43	978-7-301-13661-4	汽车电控技术	祁翠琴	39.00	2008.8
44	978-7-301-13660-7	汽车构造	罗灯明	36.00(估)	2009.9
45	978-7-301-13659-1	CAD/CAM实体造型教程与实训(ProEngineer版)	诸小丽	40.00(1CD)(估)	2009.4
46	978-7-301-13658-4	汽车发动机电控系统原理与维修	张吉国	25.00	2008.8
47	978-7-301-13653-9	工程力学	武昭晖	25.00	2008.8
48	978-7-301-13651-5	金属工艺学	柴增田	30.00(估)	2009.4
49	978-7-301-13652-2	金工实训	柴增田	22.00	2009.1
50	978-7-301-13656-0	机械设计基础	时忠明	32.00(估)	2009.11
51	978-7-301-14139-7	汽车空调原理及维修	林　钢	26.00	2008.8
52	978-7-301-14453-4	EDA技术与VHDL	宋振辉	28.00	2009.3